Horst Werkle
Finite Elemente in der Baustatik

Band 1

Horst Werkle

Finite Elemente in der Baustatik

Band 1
Lineare Statik der Stab- und Flächentragwerke

Die Deutsche Bibliothek – CIP-Einheitsaufnahme

Werkle, Horst
Finite Elemente in der Baustatik / Horst Werkle. –
Braunschweig; Wiesbaden: Vieweg.
  Bd. 1. Lineare Statik der Stab- und Flächentragwerke. – 1995
    ISBN 3-528-08882-6

SOFiSTiK ist Warenzeichen der SOFiSTiK GmbH, Oberschleißheim.
MicroFe ist Warenzeichen der mb-Programme, Software im Bauwesen GmbH, Hameln.

Alle Rechte vorbehalten
© Friedr. Vieweg & Sohn Verlagsgesellschaft mbH, Braunschweig / Wiesbaden, 1995

Der Verlag Vieweg ist ein Unternehmen der Bertelsmann Fachinformation GmbH.

Das Werk einschließlich aller seiner Teile ist urheberrechtlich geschützt. Jede Verwertung außerhalb der engen Grenzen des Urheberrechtsgesetzes ist ohne Zustimmung des Verlags unzulässig und strafbar. Das gilt insbesondere für Vervielfältigungen, Übersetzungen, Mikroverfilmungen und die Einspeicherung und Verarbeitung in elektronischen Systemen.

Satz und Druck: Lengericher Handelsdruckerei, Lengerich
Gedruckt auf säurefreiem Papier
Printed in Germany

ISBN 3-528-08882-6

Inhalt

Vorwort 9

1 Matrizenrechnung 11

1.1 Matrizen und Vektoren 11

1.2 Matrizenalgebra 14
    1.2.1 Addition und Subtraktion 14
    1.2.2 Multiplikation 14
    1.2.3 Matrizeninversion 17

1.3 Gleichungssysteme 18
    1.3.1 Inhomogene und homogene Gleichungssysteme 18
    1.3.2 Existenz von Lösungen 19
    1.3.3 Lösungsverfahren 20

2 Die Grundgleichungen der Elastizitätstheorie 31

2.1 Tragwerkstypen und Grundgleichungen 31

2.2 Grundgleichungen von Fachwerkstab und Scheibe 33

2.3 Grundgleichungen von Biegebalken und Platte 43

3 Finite-Element-Methode für Stabwerke 53

3.1 Überblick 53
    3.1.1 Die Finite-Element-Methode als statisches Berechnungsverfahren 53
    3.1.2 Knotenpunkte, Freiheitsgrade und Finite Elemente 54
    3.1.3 Berechnungsverfahren 55

3.2 Einführungsbeispiel: Ebene Fachwerke 58
    3.2.1 Statisches System 58
    3.2.2 Elementsteifigkeitsmatrix des Fachwerkstabs 59
    3.2.3 Koordinatentransformation 63
    3.2.4 Systemsteifigkeitsmatrix 67
    3.2.5 Auflagerbedingungen 76
    3.2.6 Lösung des Gleichungssystems 78
    3.2.7 Auflagerkräfte und Elementspannungen 79

3.3 Federn 81

3.4 Biegebalken 83
    3.4.1 Elementsteifigkeitsmatrix und Spannungsmatrix 83
    3.4.2 Elementlasten 85
    3.4.3 Erweiterung der Steifigkeitsmatrix für Normalkräfte
          und zur Berücksichtigung der Schubsteifigkeit 90
    3.4.4 Koordinatentransformation 91
    3.4.5 Gelenke 93

3.5 Zusammengesetzte Stabwerke 97

3.6 Räumliche Stabwerke 100

3.7 Modellbildung bei Stabwerken 101
    3.7.1 Auflager 101
    3.7.2 Federn 103
    3.7.3 Biegebalken 106
    3.7.4 Symmetrische Systeme 109

3.8 Qualitätssicherung und Dokumentation von Stabwerksberechnungen 112
    3.8.1 Fehlermöglichkeiten bei Stabwerksberechnungen 112
    3.8.2 Kontrolle von Stabwerksberechnungen 116

4 Finite-Element-Methode für Flächentragwerke 121

4.1 Historische Entwicklung 121

4.2 Überblick 122

4.3 Näherungscharakter der Finite-Element-Methode 124
    4.3.1 Eindimensionales Erläuterungsbeispiel 124
    4.3.2 Analytische Lösung 124
    4.3.3 FEM-Näherungslösung mit linearem Verschiebungsansatz 128
    4.3.4 FEM-Näherungslösung mit quadratischem Verschiebungsansatz 134
    4.3.5 Eigenschaften der FEM-Näherungslösung 143

4.4 Rechteckelement für Scheiben 144
    4.4.1 Ansatzfunktionen 144
    4.4.2 Verzerrungen und Spannungen 148
    4.4.3 Steifigkeitsmatrix 150
    4.4.4 Elementlasten 153
    4.4.5 Beispiele 156

4.5 Finite Elemente für Scheiben 162
    4.5.1 Eigenschaften von Finiten Elementen 162
    4.5.2 Elemente mit stetigen Verschiebungsansätzen 169
    4.5.3 Nichtkonforme Elemente 178
    4.5.4 Hybride Elemente 179

4.6 Rechteckelement für Platten ... 188
4.6.1 Elementtyp ... 188
4.6.2 Ansatzfunktionen ... 188
4.6.3 Verzerrungsgrößen und Schnittgrößen ... 190
4.6.4 Steifigkeitsmatrix ... 192
4.6.5 Elementlasten ... 194

4.7 Finite Elemente für Platten ... 196
4.7.1 Schubweiche Plattenelemente mit Verschiebungsansatz ... 196
4.7.2 Schubstarre Plattenelemente mit Verschiebungsansatz ... 198
4.7.3 Hybride Plattenelemente ... 200
4.7.4 Beispiel ... 201

4.8 Finite Elemente für Schalen ... 205
4.8.1 Ebene Schalenelemente ... 205
4.8.2 Gekrümmte Schalenelemente als spezielle Volumenelementen ... 208
4.8.3 Rotationssymmetrische Schalenelemente ... 209

4.9 Modellbildung von Bauteilen ... 212
4.9.1 Tragwerksmodelle ... 212
4.9.2 Singularitäten von Zustandsgrößen ... 214
4.9.3 Elementwahl und Netzbildung ... 216
4.9.4 Modellbildung von Scheiben ... 227
4.9.5 Modellbildung von Platten ... 234
4.9.6 Ergebnisausgabe ... 254

4.10 Qualitätssicherung und Dokumentation von Finite-Element-Berechnungen bei Flächentragwerken ... 257
4.10.1 Fehlerabschätzung und adaptive Netzverdichtung ... 257
4.10.2 Kontrollen bei Flächentragwerken ... 261
4.10.3 Dokumentation der Finite-Element-Berechnung ... 262

5 Softwaretechnische Aspekte von Finite-Element-Programmen ... 265

5.1 Programmaufbau ... 265

5.2 Netzgenerierung ... 268

5.3 Rechnerinterne Behandlung von Gleichungssystemen ... 273

5.4 Integration in die computerunterstützte Tragwerksplanung ... 280

Literatur ... 283

Finite-Element-Software ... 290

Sachwortverzeichnis ... 291

Man kann gewiß nicht alles simpel sagen,
aber man kann es einfach sagen.
Und tut man es nicht,
so ist das ein Zeichen,
daß die Denkarbeit noch nicht beendet war.

Tucholsky

Vorwort

Computerorientierte Berechnungsverfahren der Baustatik unterscheiden sich grundlegend von klassischen Berechnungsverfahren, die für die Handrechnung oder für die zeichnerische Lösung einer statischen Aufgabe entwickelt wurden. Zwar sind die mechanischen Grundlagen und deren mathematische Formulierung in der Regel bei beiden Verfahren gleich, jedoch ist die Lösung der mathematischen Aufgabe nach sehr unterschiedlichen Gesichtspunkten optimiert. Bei den klassischen Verfahren werden die zu lösenden Gleichungen so aufbereitet, daß ein Minimum an Rechenaufwand entsteht und ein größtmögliches Maß an Anschaulichkeit in den einzelnen Lösungsschritten gegeben ist. Damit sollen die Bearbeitungszeit für die Durchführung der Berechnung so kurz wie möglich gehalten und die Richtigkeit der Rechenergebnisse sichergestellt werden. Demgegenüber ist der Rechenaufwand bei den computerorientierten Berechnungsverfahren nahezu bedeutungslos. Erst bei Gleichungen mit mehreren tausend Unbekannten wird er hier von Interesse. Computerorientierte Berechnungsverfahren sind in Hinblick auf eine möglichst schematische Durchführung der Rechenaufgabe formuliert. Das gesamte Tragwerk wird hierzu in eine Vielzahl von Abschnitten zerlegt, deren statisches Verhalten verhältnismäßig einfach und leicht überschaubar ist. Erst durch das Zusammenfügen aller Abschnitte entsteht das gesamte Tragwerk mit seinem komplizierten statischen Tragverhalten. Durch diese Vorgehensweise sind die Verfahren sehr übersichtlich und verhältnismäßig leicht zu programmieren. Sie erlauben die Berechnung von komplizierten Tragwerken mit nahezu dem gleichen Aufwand wie bei einfachen statischen Systemen. Darüber hinaus ermöglichen es computerorientierte Verfahren auch, komplizierte Flächentragwerke in sehr guter Näherung statisch zu berechnen, während die klassischen statischen Verfahren sich in der Regel auf Stabtragwerke beschränken müssen.

Computerorientierte Berechnungsverfahren wurden mit einer eher abstrakten, analysierenden Denkweise entwickelt, während die klassischen Verfahren einer eher ganzheitlichen Betrachtung des statischen Systems entsprechen. Dies bedeutet jedoch nicht, daß die computerorientierten Berechnungsverfahren keiner ganzheitlichen Betrachtung bedürfen. Nach jeder Computerberechnung sind die Ergebnisse - wie im übrigen auch bei der Handrechnung - auf ihre Richtigkeit, zumindest aber auf ihre Plausibilität hin zu überprüfen. Dies erfordert das 'ganze' statische Wissen und die Erfahrung des konstruktiven Ingenieurs.

Für Computerberechnungen in der Baustatik hat sich heute die Finite-Element-Methode in der Praxis durchgesetzt. Für topologisch eindimensionale Systeme wie Durchlaufträger ist noch das Übertragungsmatrizenverfahren von Bedeutung. Eine gewisse Sonderstellung nimmt auch die Randelementmethode für Flächentragwerke und Kontinua ein. In der vorliegenden Arbeit wird ausschließlich die Finite-Element-Methode behandelt.

Eine statische Berechnung ist nur dann transparent, wenn das zugrunde liegende Verfahren einsichtig und verständlich ist. Dies gilt auch für die Finite-Element-Methode. Daher ist das Verständnis der Grundlagen der Finite-Element-Methode auch für den Anwender baustatischer Berechnungsprogramme unabdingbar. Hierzu werden zunächst als mathematisches Hilfsmittel die Grundzüge der Matrizenrechnung und weiterhin die Grundgleichungen des Stabes, der Scheibe und der Platte behandelt. Daran schließt sich eine Einführung in die Finite-Element-Methode für Stabwerke an. Danach werden die theoretischen Grundlagen der Finite-Element-Berechnung von Scheiben- und Plattentragwerken, für die die Finite-Element-Methode heute zum Standardwerkzeug geworden ist, behandelt. Die Eigenschaften von gängigen, in kommerzielle Finite-Element-Software implementierten Elementtypen werden in einem Überblick dargestellt. Abschließend werden die in der Praxis wichtigen Fragen der Modellbildung und der Qualitätssicherung von Finite-Element-Berechnungen erörtert.

Das Buch richtet sich an praktisch tätige Ingenieure sowie an Studierende der Fachhochschulen und - soweit die Anwendung der Finite-Element-Methode im Vordergrund steht - auch der Technischen Hochschulen und Universitäten. Es hat zum Ziel, zu einem vertieften Verständnis der Finite-Element-Methode und der qualifizierten Interpretation der mit ihr erhaltenen Ergebnisse beizutragen.

Die Arbeit entstand im Zusammenhang mit meiner Lehrtätigkeit an der Fachhochschule Konstanz. Mein Dank für die unermüdliche Unterstützung hierbei gilt vor allem Frau Outi Teirikangas-Lerssi sowie Herrn Petri Aitta. Dem Vieweg-Verlag danke ich für die hilfreiche Zusammenarbeit.

1 Matrizenrechnung

1.1 Matrizen und Vektoren

Matrizen ermöglichen die übersichtliche Darstellung linearer Zusammenhänge von mehreren Veränderlichen. Sie werden hierzu auch bei den computerorientierten Berechnungsverfahren der Baustatik eingesetzt.

Die Übersichtlichkeit der Matrizenschreibweise wird bereits am Beispiel eines linearen Gleichungssystems deutlich. Gegeben seien die vier Gleichungen

$$\begin{aligned} 5x_1 - 3x_2 - 6x_3 &= 0 \\ -3x_1 + 8x_2 + 2x_3 + x_4 &= 2 \\ 4x_1 - 9x_2 + 5x_3 + 7x_4 &= 1 \\ 3x_2 + 4x_3 + 5x_4 &= -2 \end{aligned}$$

mit den Unbekannten x_1, x_2, x_3 und x_4. In Matrizenschreibweise lautet das Gleichungssystem:

$$\begin{bmatrix} 5 & -3 & -6 & 0 \\ -3 & 8 & 2 & 1 \\ 4 & -9 & 5 & 7 \\ 0 & 3 & 4 & 5 \end{bmatrix} \cdot \begin{bmatrix} x_1 \\ x_2 \\ x_3 \\ x_4 \end{bmatrix} = \begin{bmatrix} 0 \\ 2 \\ 1 \\ -2 \end{bmatrix}$$

wobei die Koeffizienten der Unbekannten auf der linken Seite zu einer Matrix zusammengefaßt werden. Ebenso werden die Unbekannten der linken Seite und die bekannten Größer der rechten Seite zu jeweils einem Vektor zusammengefaßt. Unter Verwendung vor Matrizensymbolen für die Felder kann man die obige Gleichung auch schreiben:

$$\underline{A} \cdot \underline{x} = \underline{b}$$

wobei $\underline{A}$ die Koeffizientenmatrix des linearen Gleichungssystems, $\underline{x}$ der Vektor der unbekannten und $\underline{b}$ der Vektor der bekannten Größen bedeuten. Es ist also

$$\underline{A} = \begin{bmatrix} 5 & -3 & -6 & 0 \\ -3 & 8 & 2 & 1 \\ 4 & -9 & 5 & 7 \\ 0 & 3 & 4 & 5 \end{bmatrix} \qquad \underline{x} = \begin{bmatrix} x_1 \\ x_2 \\ x_3 \\ x_4 \end{bmatrix} \qquad \underline{b} = \begin{bmatrix} 0 \\ 2 \\ 1 \\ -2 \end{bmatrix}$$

Die Definition einer Matrix lautet somit:

Definition

Eine Matrix ist ein System von m∗n Elementen, die in einem rechteckigen Schema von m Zeilen und n Spalten angeordnet sind.

$$\underline{A} = \begin{bmatrix} a_{11} & a_{12} & \cdots & a_{1n} \\ a_{21} & a_{22} & \cdots & a_{2n} \\ \vdots & \vdots & & \vdots \\ a_{m1} & a_{m2} & \cdots & a_{mn} \end{bmatrix}$$

Die Matrix hat eine Ordnung n∗m. Eine Matrix mit nur einer Spalte heißt auch Vektor.

Der Begriff des Vektors wird also nicht geometrisch definiert, sondern ist ganz allgemein zu verstehen als ein System geordneter Elemente. Somit lassen sich auch Größen verschiedener Dimension, wie z.B. die Schnittgrößen M, N, Q zu einem Vektor zusammenfassen.

Weitere spezielle Formen von Matrizen sind in Tabelle 1-1 angegeben. Danach ist z.B. die Matrix $\underline{A}$ im obigen Beispiel eine unsymmetrische Quadratmatrix der Ordnung 4.

Da Matrizen als Koeffizientenschema eines linearen Gleichungssystems aufgefaßt werden können, ist die lineare Unabhängigkeit der Zeilen und Spalten für die Lösbarkeit des Gleichungssystems von Bedeutung. Besitzt eine quadratische Matrix linear abhängige Spalten oder Zeilen, so heißt sie singulär. Das entsprechende Gleichungssystem ist in diesem Fall nicht mehr eindeutig lösbar.

Für Matrizen lassen sich, ähnlich wie für reelle Zahlen, bestimmte Rechenoperationen definieren.

1.1 Matrizen und Vektoren

	BEZEICHNUNG
$\begin{bmatrix} & a_{ik} & \\ & & \end{bmatrix}_{(m,n)}$	<u>Rechteckmatrix</u> $(m \neq n)$
$\begin{bmatrix} & a_{ik} & \\ & & \end{bmatrix}_{(n,n)}$	<u>Quadratmatrix</u> $(m = n)$
$\begin{bmatrix} & 0 & \\ & & \end{bmatrix}_{(m,n)} = \underline{0}$	<u>Nullmatrix</u> $a_{ik} = 0$
$\begin{bmatrix} 1 & & & & \\ & 1 & & 0 & \\ & & 1 & & \\ & 0 & & 1 & \\ & & & & 1 \end{bmatrix}_{(n,n)} = \underline{I}$	<u>Einheitsmatrix</u> $a_{ik} = 0$ für $i \neq k$ $a_{ik} = 1$ für $i = k$
$\begin{bmatrix} a_{11} & & & & \\ & a_{22} & \cdots & & \\ \vdots & & \ddots & a_{ik} & \\ & a_{ki} & & \ddots & \\ & & & & a_{nn} \end{bmatrix}_{(n,n)}$	<u>Symmetrische Matrix</u> $a_{ik} = a_{ki}$
$\begin{bmatrix} a_{11} & & & & \\ & a_{22} & & 0 & \\ & & \ddots & & \\ & 0 & & \ddots & \\ & & & & a_{nn} \end{bmatrix}_{(n,n)}$	<u>Diagonalmatrix</u> $a_{ik} = 0$ für $i \neq k$
$\begin{bmatrix} a_{11} & a_{21} & a_{31} & & \\ a_{12} & a_{22} & \cdots & & \\ \vdots & & \ddots & a_{ki} & \\ & a_{ik} & & & \\ & & & a_{mn} \end{bmatrix}_{(m,n)} = \underline{A}^T$	<u>Transponierte Matrix</u> $\underline{A}^T$ entsteht durch Vertauschen der Spalten und Zeilen der Ausgangsmatrix $\underline{A}$ Es gilt: $(\underline{A} \cdot \underline{B})^T = \underline{B}^T \cdot \underline{A}^T$

Tabelle 1-1 Spezielle Formen von Matrizen

1.2 Matrizenalgebra

1.2.1 Addition und Subtraktion

Zur Addition oder Subtraktion zweier Matrizen werden die entsprechenden Elemente addiert bzw. subtrahiert. Die Matrizenaddition und -subtraktion sind also nur für Matrizen von gleicher Ordnung definiert.

$$\underline{A} + \underline{B} = \underline{C} \quad \text{wobei} \quad a_{ij} + b_{ij} = c_{ij} \tag{1.1}$$

Es gelten wie bei den reellen Zahlen die Rechenregeln:

$$\underline{A} + \underline{B} = \underline{B} + \underline{A} \qquad \text{(Kommutativgesetz)}$$

$$\underline{A} + (\underline{B} + \underline{C}) = (\underline{A} + \underline{B}) + \underline{C} \qquad \text{(Assoziativgesetz)}$$

1.2.2 Multiplikation

Zur Multiplikation einer Matrix mit einem Faktor muß jedes Element der Matrix mit dem Faktor multipliziert werden, d.h.:

$$c \cdot \underline{A} = \underline{B} \quad \text{wobei} \quad b_{ij} = c \cdot a_{ij} \tag{1.2}$$

Das Produkt zweier Matrizen $\underline{A}$ und $\underline{B}$ kann nur dann gebildet werden, wenn die Anzahl der Spalten von $\underline{A}$ gleich der Anzahl der Zeilen von $\underline{B}$ ist. Man erhält das Element c_{ij} der Matrix $\underline{C}$, wenn man die Elemente der i-ten Zeile der Matrix $\underline{A}$ mit den entsprechenden Elementen der j-ten Spalte der Matrix $\underline{B}$ multipliziert und die Produkte addiert:

$$\underline{A} \cdot \underline{B} = \underline{C} \quad \text{wobei} \quad c_{ij} = \sum_{k=1}^{n} (a_{ik} \cdot b_{kj}) \tag{1.3}$$

Die neue Matrix $\underline{C}$ hat so viele Zeilen wie die erste Matrix $\underline{A}$ und so viele Spalten wie die zweite Matrix $\underline{B}$.

Für die Handrechnung ist das sogenannte Falksche Schema nützlich:

	n	n $\underline{B}$
m	$\underline{A}$	$\underline{C}$

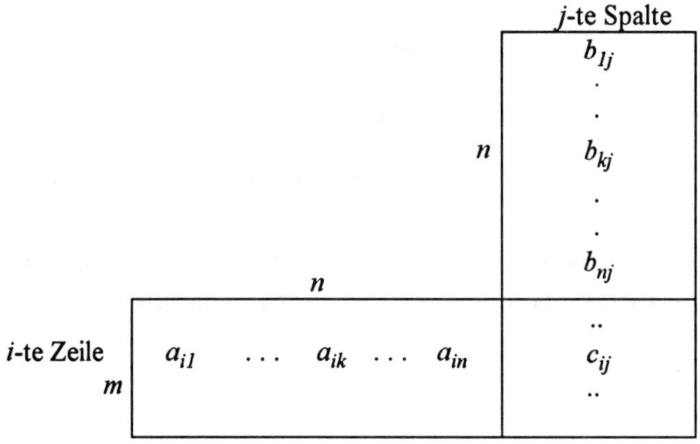

1.2 Matrizenalgebra

<!-- Falksches Schema diagram -->

Beispiel 1.1

Ermitteln Sie die Matrix $\underline{C} = \underline{A} \cdot \underline{B}$ nach dem Falkschen Schema

$$\underline{A} = \begin{bmatrix} 4 & -3 & -3 & 0 \\ -3 & 8 & 2 & 1 \\ 4 & -9 & 0 & 7 \end{bmatrix} \qquad \underline{B} = \begin{bmatrix} 1 & 3 \\ 0 & 2 \\ 4 & -1 \\ -1 & 2 \end{bmatrix}$$

$\underline{C} = \underline{A} \cdot \underline{B}$

				1	3
				0	2
				4	-1
				-1	2
4	-3	-3	0	-8	9
-3	8	2	1	4	7
4	-9	0	7	-3	8

Es gelten folgende Rechenregeln:

$$\underline{A} \cdot (\underline{B} \cdot \underline{C}) = (\underline{A} \cdot \underline{B}) \cdot \underline{C} \quad \text{(Assoziativgesetz)} \tag{1.4a}$$

$$\underline{A} \cdot (\underline{B} + \underline{C}) = \underline{A} \cdot \underline{B} + \underline{A} \cdot \underline{C} \quad \text{(Distributivgesetz)} \tag{1.4b}$$

Hingegen gilt das Kommutativgesetz bei der Matrizenmultiplikation nicht, d.h. $\underline{A} \cdot \underline{B} \neq \underline{B} \cdot \underline{A}$.

Die Matrizenmultiplikation kann anschaulich als das Einsetzen des "Lösungsvektors" eines Gleichungssystems in ein anderes Gleichungssystem gedeutet werden (Beispiel 1.3).

Beispiel 1.2

Es ist anhand der Matrizenprodukte $(B \cdot A)$ und $(A \cdot B)$ zu zeigen, daß das Kommutativgesetz nicht gilt.

$$\underline{A} = \begin{bmatrix} 1 & 1 \\ -1 & -1 \end{bmatrix} \qquad \underline{B} = \begin{bmatrix} 1 & 1 \\ 1 & 1 \end{bmatrix}$$

Man erhält:

$$\underline{A} \cdot \underline{B} = \begin{bmatrix} 2 & 2 \\ -2 & -2 \end{bmatrix} \qquad \underline{B} \cdot \underline{A} = \begin{bmatrix} 0 & 0 \\ 0 & 0 \end{bmatrix}$$

Das Beispiel zeigt auch, daß das Produkt zweier Matrizen auch dann eine Nullmatrix sein kann, wenn keine der beiden miteinander multiplizierten Matrizen eine Nullmatrix ist.

Beispiel 1.3

Gegeben sind die beiden Gleichungen

$$\underline{A} \cdot \underline{x} = \underline{f}$$

$$\underline{x} = \underline{B} \cdot \underline{y}$$

mit den Unbekannten $\underline{x}$ und $\underline{y}$. Durch Einsetzen von $\underline{x} = \underline{B} \cdot \underline{y}$ in die Gleichung $\underline{A} \cdot \underline{x} = \underline{f}$ erhält man:

$$\underline{A} \cdot \underline{B} \cdot \underline{y} = \underline{f}$$

Es ist zu zeigen, daß man mit dem Matrizenprodukt $(\underline{A} \cdot \underline{B})$ dieselbe Koeffizientenmatrix für die Unbekannten $\underline{y}$ erhält wie mit dem Einsetzen der Gleichungen für x_1 und x_2 aus dem zweiten Gleichungssystem in das erste Gleichungssystem.

1.2 Matrizenalgebra

Lösung in Matrizenschreibweise:

$$\underline{A} \cdot \underline{x} = \underline{f} \qquad \underline{x} = \underline{B} \cdot \underline{y} \qquad \underline{A} \cdot \underline{B} \cdot \underline{y} = \underline{f}$$

$$\begin{bmatrix} 3 & 2 \\ 4 & 1 \end{bmatrix} \cdot \begin{bmatrix} x_1 \\ x_2 \end{bmatrix} = \begin{bmatrix} 4 \\ 7 \end{bmatrix} \qquad \begin{bmatrix} x_1 \\ x_2 \end{bmatrix} = \begin{bmatrix} 2 & 4 \\ 3 & 2 \end{bmatrix} \cdot \begin{bmatrix} y_1 \\ y_2 \end{bmatrix}$$

$$\begin{bmatrix} 3 & 2 \\ 4 & 1 \end{bmatrix} = \underline{A} \qquad \underline{B} = \begin{bmatrix} 2 & 4 \\ 3 & 2 \end{bmatrix} \qquad \underline{A} \cdot \underline{B} = \begin{bmatrix} 2 \cdot 3 + 3 \cdot 2 & 4 \cdot 3 + 2 \cdot 2 \\ 2 \cdot 4 + 3 \cdot 1 & 4 \cdot 4 + 2 \cdot 1 \end{bmatrix}$$

Lösung durch Einsetzen von Gleichungen:

$$\begin{aligned} 3x_1 + 2x_2 &= 4 & x_1 &= 2y_1 + 4y_2 & (2 \cdot 3 + 3 \cdot 2)y_1 + (4 \cdot 3 + 2 \cdot 2)y_2 &= 4 \\ 4x_1 + x_2 &= 7 & x_2 &= 3y_1 + 2y_2 & (2 \cdot 4 + 3 \cdot 1)y_1 + (4 \cdot 4 + 2 \cdot 1)y_2 &= 7 \end{aligned}$$

1.2.3 Matrizeninversion

Die Matrizeninversion entspricht in der Zahlenalgebra der Division. Überträgt man etwa den aus $a / b = c$ erhaltenen Ausdruck

$$a \cdot b^{-1} = c$$

formal in Matrizenschreibweise, erhält man

$$\underline{A} \cdot \underline{B}^{-1} = \underline{C}$$

Hierin bedeutet $\underline{B}^{-1}$ die Inverse der quadratischen Matrix $\underline{B}$. Multipliziert man eine Matrix mit ihrer Inversen, so erhält man die Einheitsmatrix:

$$\underline{A} \cdot \underline{A}^{-1} = \underline{I} \qquad (1.5)$$

Diese Gleichung ist bereits die Ausgangsgleichung zur Berechnung einer inversen Matrix $\underline{A}^{-1}$ bei gegebener Matrix $\underline{A}$. Dies sei an einem Beispiel erläutert. In dem Matrizenprodukt

$$\underline{A} \cdot \underline{B} = \underline{I}$$

ist $\underline{B} = \underline{A}^{-1}$ die Inverse der Matrix $\underline{A}$. Nimmt man an, daß $\underline{A}$ und $\underline{B}$ zwei 3x3-Matrizen darstellen, läßt sich die Gleichung schreiben:

$$\begin{bmatrix} a_{11} & a_{12} & a_{13} \\ a_{21} & a_{22} & a_{23} \\ a_{31} & a_{32} & a_{33} \end{bmatrix} \cdot \begin{bmatrix} b_{11} & b_{12} & b_{13} \\ b_{21} & b_{22} & b_{23} \\ b_{31} & b_{32} & b_{33} \end{bmatrix} = \begin{bmatrix} 1 & 0 & 0 \\ 0 & 1 & 0 \\ 0 & 0 & 1 \end{bmatrix}$$

Die Matrizengleichung läßt sich in folgende drei Matrizengleichungen aufspalten:

$$\begin{bmatrix} a_{11} & a_{12} & a_{13} \\ a_{21} & a_{22} & a_{23} \\ a_{31} & a_{32} & a_{33} \end{bmatrix} \cdot \begin{bmatrix} b_{11} \\ b_{21} \\ b_{31} \end{bmatrix} = \begin{bmatrix} 1 \\ 0 \\ 0 \end{bmatrix}$$

$$\begin{bmatrix} a_{11} & a_{12} & a_{13} \\ a_{21} & a_{22} & a_{23} \\ a_{31} & a_{32} & a_{33} \end{bmatrix} \cdot \begin{bmatrix} b_{12} \\ b_{22} \\ b_{32} \end{bmatrix} = \begin{bmatrix} 0 \\ 1 \\ 0 \end{bmatrix}$$

$$\begin{bmatrix} a_{11} & a_{12} & a_{13} \\ a_{21} & a_{22} & a_{23} \\ a_{31} & a_{32} & a_{33} \end{bmatrix} \cdot \begin{bmatrix} b_{13} \\ b_{23} \\ b_{33} \end{bmatrix} = \begin{bmatrix} 0 \\ 0 \\ 1 \end{bmatrix}$$

Hierbei handelt es sich um drei lineare Gleichungssysteme mit den drei Spalten der Matrix $\underline{B}$ als Unbekannten. Die Inversion einer $n \times n$-Matrix erfordert allgemein die Lösung von n Gleichungssystemen. Man berechnet die einzelnen Spalten der Matrix $\underline{A}^{-1}$ mit einem Verfahren zur Lösung linearer Gleichungssysteme (Abschnitt 1.3.3), wobei man die Spalten der Einheitsmatrix $\underline{I}$ als rechte Seiten einsetzt.

Eine Matrix ist nur invertierbar, wenn sie quadratisch und regulär ist. Für die Inversion eines Matrizenprodukts gilt die Rechenregel:

$$(\underline{A} \cdot \underline{B})^{-1} = \underline{B}^{-1} \cdot \underline{A}^{-1} \tag{1.5a}$$

1.3 Gleichungssysteme

1.3.1 Inhomogene und homogene Gleichungssysteme

Ein Gleichungssystem wird als inhomogen bezeichnet, wenn die rechte Seite Werte ungleich Null aufweist.

Gegeben sei z.B. folgendes Gleichungssystem:

$$\begin{bmatrix} a_{11} & a_{12} & \cdots & a_{1n} \\ a_{21} & a_{22} & \cdots & a_{2n} \\ \vdots & \vdots & & \vdots \\ a_{n1} & a_{n2} & \cdots & a_{nn} \end{bmatrix} \cdot \begin{bmatrix} x_1 \\ x_2 \\ \vdots \\ x_n \end{bmatrix} = \begin{bmatrix} b_1 \\ b_2 \\ \vdots \\ b_n \end{bmatrix} \tag{1.6}$$

$$\underline{A} \qquad \cdot \quad \underline{x} = \underline{b}$$

mit den Koeffizienten a_{ik}, den Unbekannten x_i und den Werten der rechten Seite b_i. $\underline{A}$ ist die Gleichungsmatrix oder Koeffizientenmatrix, $\underline{x}$ der Lösungsvektor, $\underline{b}$ der Vektor der rechten Seite und n die Anzahl der Gleichungen. Das Gleichungssystem ist inhomogen, wenn mindestens ein Wert b_i ungleich Null ist.

Gleichungssysteme, deren rechte Seiten Null sind, werden homogen genannt. Im folgenden werden ausschließlich inhomogene Gleichungssysteme betrachtet.

1.3 Gleichungssysteme

1.3.2 Existenz von Lösungen

Lineare Gleichungssysteme besitzen nicht in jedem Fall eine Lösung. Betrachtet man beispielsweise das Gleichungssystem

$$1000 \cdot x_1 + 500 \cdot x_2 = 500$$
$$2000 \cdot x_1 + 1000 \cdot x_2 = 1000$$

so stellt man fest, daß die zweite Gleichung sich aus der ersten Gleichung durch Multiplikation mit dem Faktor 2 ergibt. Sie stellt also keine 'neue Aussage' dar, sondern ist vielmehr in der ersten Gleichung bereits enthalten. Man nennt die beiden Zeilen der Matrix des Gleichungssystems linear abhängig. Betrachtet man die Zeilen der Matrix eines Gleichungssystems als Vektoren, so gilt allgemein die

Definition

Ein System von Vektoren heißt linear abhängig, wenn es Konstanten c_i gibt (mindestens ein $c_i \neq 0$), so daß $\sum c_i \cdot \underline{a}_i = 0$, d.h. ein Vektor läßt sich als Linearkombination der anderen Vektoren darstellen.

Im obigen Beispiel gilt also mit

$$\underline{a}_1 = [\,1000 \quad 500\,]$$
$$\underline{a}_2 = [\,2000 \quad 1000\,]$$

daß $c_1 = -2$ und $c_2 = 1$

$$c_1 \cdot \underline{a}_1 + c_2 \cdot \underline{a}_2 = \underline{0} \quad \text{oder}$$
$$-2 \cdot [\,1000 \quad 500\,] + 1 \cdot [\,2000 \quad 1000\,] = [\,0 \quad 0\,]$$

ergibt. Die Zeilen der Matrix des Gleichungssystems sind also linear abhängig.

Die Matrix eines Gleichungssystems mit linear abhängigen Zeilen oder Spalten bezeichnet man als singulär, anderenfalls ist die Matrix regulär. Ob eine Matrix singulär oder regulär ist, kann man mit Hilfe ihrer Determinate prüfen. Ist die Determinante

$$\det(\underline{A}) = 0$$

so ist die Matrix singulär, anderenfalls regulär.

Die Determinante einer quadratischen Matrix ermittelt man

für 2x2-Matrizen

$$\det(\underline{A}) = a_{11} \cdot a_{22} - a_{12} \cdot a_{21}$$

für 3x3-Matrizen

$$\det(\underline{A}) = a_{11} \cdot a_{22} \cdot a_{33} + a_{12} \cdot a_{23} \cdot a_{31} + a_{13} \cdot a_{21} \cdot a_{32}$$
$$- a_{13} \cdot a_{22} \cdot a_{31} - a_{11} \cdot a_{23} \cdot a_{32} - a_{12} \cdot a_{21} \cdot a_{33}$$

und für $n \times n$-Matrizen ($n > 3$) durch Zurückführen auf Determinanten niedriger Ordnung oder mit der Permutationsregel (siehe z.B. [1.1]).

Im obigen Beispiel ergibt sich die Determinante zu:

$$\det(\underline{A}) = 1000 \cdot 1000 - 2000 \cdot 500 = 0$$

Damit ist die Matrix des Gleichungssystems singulär.

Lineare Gleichungssysteme von n Gleichungen mit n Unbekannten besitzen nur dann eine eindeutige Lösung, wenn ihre n Zeilen linear unabhängig sind bzw. wenn ihre Matrix regulär ist.

Ist die Matrix eines inhomogenen Gleichungssystems singulär, dann existieren entweder unendlich viele Lösungen oder es existiert keine Lösung.

Im obigen Beispiel sind alle Wertepaare x_1, x_2, die die Bedingung

$$1000 \cdot x_1 + 500 \cdot x_2 = 500$$

erfüllen, eine Lösung des Gleichungssystems. Es existieren also unendlich viele Lösungen. Hätte aber das Gleichungssystem die Form

$$1000 \cdot x_1 + 500 \cdot x_2 = 1000$$
$$2000 \cdot x_1 + 1000 \cdot x_2 = 1000$$

so bestünde zwischen der ersten Gleichung und der zweiten Gleichung ein Widerspruch und das Gleichungssystem hätte keine Lösung.

1.3.3 Lösungsverfahren

In diesem Abschnitt wird ein Überblick über die praktische Behandlung sehr großer Gleichungssysteme, wie sie bei der Finite-Element-Methode auftreten, gegeben. Für ein vertiefendes Studium sei auf [1.2] hingewiesen.

Inhomogene lineare Gleichungssysteme können grundsätzlich nach Eliminationsverfahren oder nach iterativen Verfahren gelöst werden.

Zu den klassischen Eliminationsmethoden zählen der Gaußsche Algorithmus und seine Variante als Cholesky-Verfahren. Bei der praktischen Berechnung nutzt man hierbei die Eigenschaften des bei der Finiten-Element-Methode zu lösenden Gleichungssystems aus: die

1.3 Gleichungssysteme

Matrix ist symmetrisch und schwach besetzt (d.h. viele Koeffizienten sind Null). Weiterhin ist sie positiv definit (Definition von positiv definit siehe z.B. [1.1]), was insbesondere bedeutet, daß die Diagonalterme positive Zahlen sind und gegenüber den übrigen Termen überwiegen. Die positive Definitheit vereinfacht den Lösungsprozess wesentlich, da hierdurch keine Pivotsuche erforderlich ist und somit die Symmetrie des Gleichungssystems beim Auflösungsprozess erhalten bleibt.

Nach Gauß eliminiert man die Unbekannten des Gleichungssystems sukzessiv. Im ersten Eliminationsschritt wird aus allen Gleichungen die Unbekannte x_1 eliminiert. Um x_1 aus der i-ten Gleichung zu eliminieren multipliziert man die erste Zeile der Gleichungsmatrix und des Vektors der rechten Seite mit mit dem Faktor

$$l_{i1} = \frac{a_{i1}}{a_{11}} \qquad (i = 2,3,...,n) \tag{1.7}$$

und subtrahiert das Ergebnis von der i-ten Zeile:

$$a_{ik}^{(1)} = a_{ik} - l_{i1} \cdot a_{1k} \qquad b_i^{(1)} = b_i - l_{i1} \cdot b_1 \tag{1.7a}$$
$$(i = 2,3,...,n;\ k = 2,3,...,n)$$

Die somit erhaltene i-te Zeile des ersten Eliminationsschrittes enthält die Unbekannte x_1 nicht mehr. Die Koeffizienten der Gleichungsmatrix und der rechten Seite des ersten Eliminationsschrittes werden mit $a_{ik}^{(1)}$ bzw. $b_i^{(1)}$ bezeichnet. Auf diese Weise wird x_1 aus den Zeilen 2 bis n eliminiert.

Zur Elimination aller weiteren Unbekannten x_i verfährt man analog. So erhält man zur Elimination der nächsten Unbekannten x_2 die Multiplikationsfaktoren der zweiten Zeile zu

$$l_{i2} = \frac{a_{i2}^{(1)}}{a_{22}^{(1)}} \qquad (i = 3,4,...,n) \tag{1.7b}$$

und die Koeffizienten des zweiten reduzierten Gleichungssystems zu

$$a_{ik}^{(2)} = a_{ik}^{(1)} - l_{i2} \cdot a_{2k}^{(1)} \qquad b_i^{(2)} = b_i^{(1)} - l_{i2} \cdot b_2^{(1)} \tag{1.7c}$$
$$(i = 3,4...,n;\ k = 3,4,...,n).$$

Nach $(n-1)$ Reduktionsschritten besteht das Gleichungssystem aus einer einzigen Gleichung für die Unbekannte x_n. Die Symmetrie des Gleichungssystems bleibt bei diesem Eliminationsprozeß erhalten.

Beispiel 1.4

Führen Sie die Reduktion des folgenden Gleichungssystems nach dem Gaußschen Verfahren durch:

$$\begin{bmatrix} 1.35 & -0.35 & -1.00 & 0 & -0.35 \\ -0.35 & 1.35 & 0 & 0 & 0.35 \\ -1.00 & 0 & 1.35 & 0.35 & 0 \\ 0 & 0 & 0.35 & 1.35 & 0 \\ -0.35 & 0.35 & 0 & 0 & 1.35 \end{bmatrix} \cdot \begin{bmatrix} x_1 \\ x_2 \\ x_3 \\ x_4 \\ x_5 \end{bmatrix} = \begin{bmatrix} 0 \\ 0 \\ 10 \\ -10 \\ 0 \end{bmatrix}$$

$$\underline{A} \qquad\qquad \cdot \quad \underline{x} \quad = \quad \underline{b}$$

Zur Reduktion des Gleichungssystems mit fünf Unbekannten sind vier Schritte erforderlich.

Reduktionsschritt (1):
$$\begin{bmatrix} 0 & 0 & 0 & 0 & 0 \\ 0 & 1.259 & -0.259 & 0 & 0.259 \\ 0 & -0.259 & 0.609 & 0.350 & -0.259 \\ 0 & 0 & 0.350 & 1.350 & 0 \\ 0 & 0.259 & -0.259 & 0 & 1.259 \end{bmatrix} \cdot \begin{bmatrix} 0 \\ x_2 \\ x_3 \\ x_4 \\ x_5 \end{bmatrix} = \begin{bmatrix} 0 \\ 0 \\ 10 \\ -10 \\ 0 \end{bmatrix}$$

Reduktionsschritt (2):
$$\begin{bmatrix} 0 & 0 & 0 & 0 & 0 \\ 0 & 0 & 0 & 0 & 0 \\ 0 & 0 & 0.556 & 0.350 & -0.206 \\ 0 & 0 & 0.350 & 1.350 & 0 \\ 0 & 0 & -0.206 & 0 & 1.206 \end{bmatrix} \cdot \begin{bmatrix} 0 \\ 0 \\ x_3 \\ x_4 \\ x_5 \end{bmatrix} = \begin{bmatrix} 0 \\ 0 \\ 10 \\ -10 \\ 0 \end{bmatrix}$$

Reduktionsschritt (3):
$$\begin{bmatrix} 0 & 0 & 0 & 0 & 0 \\ 0 & 0 & 0 & 0 & 0 \\ 0 & 0 & 0 & 0 & 0 \\ 0 & 0 & 0 & 1.130 & 0.130 \\ 0 & 0 & 0 & 0.130 & 1.130 \end{bmatrix} \cdot \begin{bmatrix} 0 \\ 0 \\ 0 \\ x_4 \\ x_5 \end{bmatrix} = \begin{bmatrix} 0 \\ 0 \\ 0 \\ -16.296 \\ 3.704 \end{bmatrix}$$

Reduktionsschritt (4):
$$\begin{bmatrix} 0 & 0 & 0 & 0 & 0 \\ 0 & 0 & 0 & 0 & 0 \\ 0 & 0 & 0 & 0 & 0 \\ 0 & 0 & 0 & 0 & 0 \\ 0 & 0 & 0 & 0 & 1.115 \end{bmatrix} \cdot \begin{bmatrix} 0 \\ 0 \\ 0 \\ 0 \\ x_5 \end{bmatrix} = \begin{bmatrix} 0 \\ 0 \\ 0 \\ 0 \\ 5.574 \end{bmatrix}$$

1.3 Gleichungssysteme

Aus dem reduzierten Gleichungssystem lassen sich die Unbekannten durch Rückwärtseinsetzen leicht ermitteln. So folgt aus dem letzten Eliminationsschritt unmittelbar die Unbekannte x_n. Mit dem nunmehr bekannten x_n erhält man aus der vorletzten Gleichung des vorletzten Eliminationsschrittes die Unbekannte x_{n-1} u.s.w. Zuletzt erhält man aus der ersten Gleichung des ursprünglichen Gleichungssystems die Unbekannte x_1.

Beispiel 1.5

Ermitteln Sie die Unbekannten des Gleichungssystems in Beispiel 1.4 durch Rückwärtseinsetzen.

$$x_5 = 5.574 / 1.115 = 5.0$$

$$x_4 = (-0.130 \cdot 5.0 - 16.296) / 1.130 = -15.0$$

$$x_3 = (-0.350 \cdot (-15.0) + 0.206 \cdot 5.0 + 10) / 0.556 = 29.3$$

$$x_2 = (0.259 \cdot 29.3 - 0.259 \cdot 5.0) / 1.259 = 5.0$$

$$x_1 = (0.35 \cdot 5.0 + 29.3 + 0.35 \cdot 5.0) / 1.350 = 24.3$$

Weiterhin kann man zeigen, daß sich das Gleichungssystem (1.6) auch durch folgende Matrizenmultiplikation darstellen läßt (siehe [1.2]):

$$\underline{L} \cdot \underline{D} \cdot \underline{L}^T \cdot \underline{x} = \underline{b} \tag{1.8}$$

Die Koeffizienten der Matrizen $\underline{L}$ und $\underline{D}$ ergeben sich aus dem Gaußschen Lösungsprozeß. Sie lauten beispielsweise für eine 5x5-Matrix:

$$\underline{L} = \begin{bmatrix} 1 & 0 & 0 & 0 & 0 \\ l_{21} & 1 & 0 & 0 & 0 \\ l_{31} & l_{32} & 1 & 0 & 0 \\ l_{41} & l_{42} & l_{43} & 1 & 0 \\ l_{51} & l_{52} & l_{53} & l_{54} & 1 \end{bmatrix} \tag{1.8a}$$

$$\underline{D} = \begin{bmatrix} a_{11} & 0 & 0 & 0 & 0 \\ 0 & a_{22}^{(1)} & 0 & 0 & 0 \\ 0 & 0 & a_{33}^{(2)} & 0 & 0 \\ 0 & 0 & 0 & a_{44}^{(3)} & 0 \\ 0 & 0 & 0 & 0 & a_{55}^{(4)} \end{bmatrix} \tag{1.8b}$$

Führt man die Hilfsvektoren $\underline{y}$ und $\underline{c}$ mit

$$\underline{c} = \underline{L}^T \cdot \underline{x} \tag{1.9a}$$

$$\underline{y} = \underline{D} \cdot \underline{L}^T \cdot \underline{x} = \underline{D} \cdot \underline{c} \tag{1.9b}$$

ein, ergibt sich folgendes Lösungsverfahren in drei Schritten:

Gaußsches Verfahren

1. Schritt: Gauß-Zerlegung von $\underline{A}$ zur Ermittlung von $\underline{L}$ und $\underline{D}$

2. Schritt: $\underline{L} \cdot \underline{y} = \underline{b}$ (Vorwärtseinsetzen)

$\underline{D} \cdot \underline{c} = \underline{y}$

3. Schritt: $\underline{L}^T \cdot \underline{x} = \underline{c}$ (Rückwärtseinsetzen)

Da die Matrix $\underline{L}$ Dreieckform besitzt und $\underline{D}$ eine Diagonalmatrix ist, sind die Rechenoperationen leicht durchführbar.

Beispiel 1.6

Ermitteln Sie die Matrizen $\underline{L}$ und $\underline{D}$ für das Gleichungssystem in Beispiel 1.4 und lösen Sie das Gleichungssystem durch Vorwärts- und Rückwärtseinsetzen.

$$\underline{L} = \begin{bmatrix} 1 & 0 & 0 & 0 & 0 \\ l_{21} & 1 & 0 & 0 & 0 \\ l_{31} & l_{32} & 1 & 0 & 0 \\ l_{41} & l_{42} & l_{43} & 1 & 0 \\ l_{51} & l_{52} & l_{53} & l_{54} & 1 \end{bmatrix} = \begin{bmatrix} 1 & 0 & 0 & 0 & 0 \\ -0.259 & 1 & 0 & 0 & 0 \\ -0.741 & -0.206 & 1 & 0 & 0 \\ 0 & 0 & 0.630 & 1 & 0 \\ -0.259 & 0.206 & -0.370 & 0.115 & 1 \end{bmatrix}$$

$$\underline{D} = \begin{bmatrix} a_{11} & 0 & 0 & 0 & 0 \\ 0 & a_{22}^{(1)} & 0 & 0 & 0 \\ 0 & 0 & a_{33}^{(2)} & 0 & 0 \\ 0 & 0 & 0 & a_{44}^{(3)} & 0 \\ 0 & 0 & 0 & 0 & a_{55}^{(4)} \end{bmatrix} = \begin{bmatrix} 1.350 & 0 & 0 & 0 & 0 \\ 0 & 1.259 & 0 & 0 & 0 \\ 0 & 0 & 0.556 & 0 & 0 \\ 0 & 0 & 0 & 1.130 & 0 \\ 0 & 0 & 0 & 0 & 1.115 \end{bmatrix}$$

$$\underline{A} = \underline{L} \cdot \underline{D} \cdot \underline{L}^T$$

1.3 Gleichungssysteme

Vorwärtseinsetzen:

$$\underline{L} \cdot \underline{y} = \underline{b}$$

$$\begin{bmatrix} 1 & 0 & 0 & 0 & 0 \\ -0.259 & 1 & 0 & 0 & 0 \\ -0.741 & -0.206 & 1 & 0 & 0 \\ 0 & 0 & 0.630 & 1 & 0 \\ -0.259 & 0.206 & -0.370 & 0.115 & 1 \end{bmatrix} \cdot \begin{bmatrix} y_1 \\ y_2 \\ y_3 \\ y_4 \\ y_5 \end{bmatrix} = \begin{bmatrix} 0 \\ 0 \\ 10 \\ -10 \\ 0 \end{bmatrix}$$

$y_1 = 0$ $\qquad$ $y_2 = 0$ $\qquad$ $y_3 = 10.00$ $\qquad$ $y_4 = -16.30$ $\qquad$ $y_5 = 5.58$

$$\underline{D} \cdot \underline{c} = \underline{y}$$

$$\begin{bmatrix} 1.35 & 0 & 0 & 0 & 0 \\ 0 & 1.259 & 0 & 0 & 0 \\ 0 & 0 & 0.556 & 0 & 0 \\ 0 & 0 & 0 & 1.130 & 0 \\ 0 & 0 & 0 & 0 & 1.115 \end{bmatrix} \cdot \begin{bmatrix} c_1 \\ c_2 \\ c_3 \\ c_4 \\ c_5 \end{bmatrix} = \begin{bmatrix} 0 \\ 0 \\ 10 \\ -16.30 \\ 5.58 \end{bmatrix}$$

$c_1 = 0$ $\qquad$ $c_2 = 0$ $\qquad$ $c_3 = 17.99$ $\qquad$ $c_4 = -14.43$ $\qquad$ $c_5 = 5.00$

Rückwärtseinsetzen:

$$\underline{L}^T \cdot \underline{x} = \underline{c}$$

$$\begin{bmatrix} 1 & -0.259 & -0.741 & 0 & -0.259 \\ 0 & 1 & -0.206 & 0 & 0.206 \\ 0 & 0 & 1 & 0.630 & -0.370 \\ 0 & 0 & 0 & 1 & 0.115 \\ 0 & 0 & 0 & 0 & 1 \end{bmatrix} \cdot \begin{bmatrix} x_1 \\ x_2 \\ x_3 \\ x_4 \\ x_5 \end{bmatrix} = \begin{bmatrix} 0 \\ 0 \\ 17.99 \\ -14.43 \\ 5.00 \end{bmatrix}$$

$x_5 = 5.0$

$x_4 = -14.43 - 0.115 \cdot 5.00 = -15.0$

$x_3 = 17.99 - 0.630 \cdot (-15.0) + 0.370 \cdot 5.00 = 29.3$

$x_2 = 0.206 \cdot 29.3 - 0.206 \cdot 5.00 = 5.0$

$x_1 = 0.259 \cdot 5.00 + 0.741 \cdot 29.3 + 0.259 \cdot 5.0 = 24.3$

Bei der Programmierung besitzt das Lösungsverfahren nach Gauß allerdings den Nachteil, daß die Zahlenwerte der Faktoren l_{ik} erst an der Stelle der entsprechenden Matrixelemente gespeichert werden dürfen, wenn der entsprechende Eliminationsschritt beendet worden ist.

Dieser Nachteil wird durch die vollständig symmetrische Zerlegung nach Cholesky beseitigt. Daher wird in den meisten Finite-Element-Programmen das Verfahren von Cholesky verwendet. Während das Gaußsche Verfahren grundsätzlich immer anwendbar ist, ist das Verfahren von Cholesky allerdings auf Gleichungssysteme mit symmetrischen, positiv definiten Matrizen beschränkt.

Nach Cholesky stellt man das Matrizenprodukt $\underline{L} \cdot \underline{D} \cdot \underline{L}^T$ durch

$$\underline{A} = \underline{L} \cdot \underline{D} \cdot \underline{L}^T = \underline{L} \cdot \underline{D}^{1/2} \cdot \underline{D}^{1/2} \cdot \underline{L}^T = \underline{L}^* \cdot \underline{L}^{*T}$$

mit $\quad \underline{L}^* = \underline{L} \cdot \underline{D}^{1/2}$

dar. Damit ergibt sich folgende Variante des Gaußschen Verfahrens:

Cholesky-Verfahren

1. Schritt: Gauß-Zerlegung von $\underline{A}$ zur Ermittlung von $\underline{L}$, $\underline{D}$ und $\underline{L}^*$

2. Schritt: $\quad \underline{L}^* \cdot \underline{c} = \underline{b} \quad$ *(Vorwärtseinsetzen)*

3. Schritt: $\quad \underline{L}^{*T} \cdot x = \underline{c} \quad$ *(Rückwärtseinsetzen)*

Ist das Gleichungssystem für mehrere rechte Seiten $\underline{b}$ zu lösen, so braucht die rechenintensive Zerlegung von $\underline{A}$ nur einmal durchgeführt zu werden. Dies ist z.B. der Fall, wenn der Vektor $\underline{b}$ die Lastterme enthält und das Gleichungssystem für mehrere Lastfälle zu lösen ist.

Beispiel 1.7

Ermitteln Sie die Cholesky-Matrix $\underline{L}^*$ für das Gleichungssystem in Beispiel 1.4 bzw. Beispiel 1.6 und lösen Sie das Gleichungssystem nach Cholesky.

$$\underline{L} \cdot \underline{D} \cdot \underline{L}^T = \underline{L} \cdot \underline{D}^{1/2} \cdot \underline{D}^{1/2} \cdot \underline{L}^T = \underline{L}^* \cdot \underline{L}^{*T}$$

$$\underline{L}^* = \begin{bmatrix} 1 & 0 & 0 & 0 & 0 \\ l_{21} & 1 & 0 & 0 & 0 \\ l_{31} & l_{32} & 1 & 0 & 0 \\ l_{41} & l_{42} & l_{43} & 1 & 0 \\ l_{51} & l_{52} & l_{53} & l_{54} & 1 \end{bmatrix} \cdot \begin{bmatrix} \sqrt{a_{11}} & 0 & 0 & 0 & 0 \\ 0 & \sqrt{a_{22}^{(1)}} & 0 & 0 & 0 \\ 0 & 0 & \sqrt{a_{33}^{(2)}} & 0 & 0 \\ 0 & 0 & 0 & \sqrt{a_{44}^{(3)}} & 0 \\ 0 & 0 & 0 & 0 & \sqrt{a_{55}^{(4)}} \end{bmatrix}$$

1.3 Gleichungssysteme

$$\underline{L}^* = \begin{bmatrix} \sqrt{a_{11}} & 0 & 0 & 0 & 0 \\ \sqrt{a_{11}} \cdot l_{21} & \sqrt{a_{22}^{(1)}} & 0 & 0 & 0 \\ \sqrt{a_{11}} \cdot l_{31} & \sqrt{a_{22}^{(1)}} \cdot l_{32} & \sqrt{a_{33}^{(2)}} & 0 & 0 \\ \sqrt{a_{11}} \cdot l_{41} & \sqrt{a_{22}^{(1)}} \cdot l_{42} & \sqrt{a_{33}^{(2)}} \cdot l_{43} & \sqrt{a_{44}^{(3)}} & 0 \\ \sqrt{a_{11}} \cdot l_{51} & \sqrt{a_{22}^{(1)}} \cdot l_{52} & \sqrt{a_{33}^{(2)}} \cdot l_{53} & \sqrt{a_{44}^{(3)}} \cdot l_{54} & \sqrt{a_{55}^{(4)}} \end{bmatrix}$$

$$= \begin{bmatrix} 1.162 & 0 & 0 & 0 & 0 \\ -0.301 & 1.122 & 0 & 0 & 0 \\ -0.861 & -0.231 & 0.746 & 0 & 0 \\ 0 & 0 & 0.470 & 1.063 & 0 \\ -0.301 & 0.231 & -0.276 & 0.122 & 1.056 \end{bmatrix}$$

Vorwärtseinsetzen:

$$\underline{L}^* \cdot \underline{y} = \underline{b}$$

$$\begin{bmatrix} 1.162 & 0 & 0 & 0 & 0 \\ -0.301 & 1.122 & 0 & 0 & 0 \\ -0.861 & -0.231 & 0.746 & 0 & 0 \\ 0 & 0 & 0.470 & 1.063 & 0 \\ -0.301 & 0.231 & -0.276 & 0.122 & 1.056 \end{bmatrix} \cdot \begin{bmatrix} y_1 \\ y_2 \\ y_3 \\ y_4 \\ y_5 \end{bmatrix} = \begin{bmatrix} 0 \\ 0 \\ 10 \\ -10 \\ 0 \end{bmatrix}$$

$y_1 = 0$ $\qquad$ $y_2 = 0$ $\qquad$ $y_3 = 13.41$ $\qquad$ $y_4 = -15.33$ $\qquad$ $y_5 = 5.28$

Rückwärtseinsetzen:

$$\underline{L}^T \cdot \underline{x} = \underline{c}$$

$$\begin{bmatrix} 1.162 & -0.301 & -0.861 & 0 & -0.301 \\ 0 & 1.122 & -0.231 & 0 & 0.231 \\ 0 & 0 & 0.746 & 0.470 & -0.276 \\ 0 & 0 & 0 & 1.063 & 0.122 \\ 0 & 0 & 0 & 0 & 1.056 \end{bmatrix} \cdot \begin{bmatrix} x_1 \\ x_2 \\ x_3 \\ x_4 \\ x_5 \end{bmatrix} = \begin{bmatrix} 0 \\ 0 \\ 13.41 \\ -15.33 \\ 5.28 \end{bmatrix}$$

$x_5 = 5.28 / 1.056 = 5.0$

$x_4 = (-15.33 - 0.122 \cdot 5.0) / 1.063 = -15.0$

$x_3 = (13.41 - 0.470 \cdot (-15.0) + 0.276 \cdot 5.0) / 0.746 = 29.3$

$x_2 = (0.231 \cdot 29.3 - 0.231 \cdot 5.0) / 1.122 = 5.0$

$x_1 = (-0.301 \cdot 5.0 - 0.861 \cdot 29.3 - 0.301 \cdot 5.0) / 1.162 = 24.3$

Neben den Eliminationsverfahren gibt es die iterativen Verfahren. Sie werden bei statischen Berechnungsprogrammen nur selten verwendet. Als Beispiel sei das Verfahren nach Gauß-Seidel (auch Einzelschrittverfahren genannt) erläutert.

Iterationsverfahren nach Gauß-Seidel

1. Iterationsvorschrift:

Die Iterationsvorschrift erhält man, wenn man die erste Gleichung nach x_1, die zweite Gleichung nach x_2, die dritte Gleichung nach x_3 bzw. allgemein die i-te Gleichung nach x_i auflöst.

2. Iteration:

Für die Unbekannten auf der rechten Seite der Gleichungen wird zunächst 0 oder ein Schätzwert eingesetzt und dann die jeweils zuletzt errechnete Zahl. Die Rechnung wird solange wiederholt bis sich die Unbekannten im Rahmen der gewünschten Genauigkeit nicht mehr ändern.

Ist das Gleichungssystem für mehrere rechte Seiten zu lösen, so ist die Iteration für jede rechte Seite erneut durchzuführen. Der Rechenaufwand steigt damit linear mit der Anzahl der rechten Seiten an.

Beispiel 1.8

Lösen Sie das Gleichungssystem in Beispiel 1.4 mit dem Iterationsverfahren nach Gauß-Seidel.

1.3 Gleichungssysteme

Gleichungssystem:

$$1.35 x_1 - 0.35 x_2 - x_3 + 0 \cdot x_4 - 0.35 \cdot x_5 = 0$$
$$-0.35 x_1 + 1.35 x_2 + 0 \cdot x_3 + 0 \cdot x_4 + 0.35 \cdot x_5 = 0$$
$$- x_1 + 0 \cdot x_2 + 1.35 x_3 + 0.35 x_4 + 0 \cdot x_5 = 10$$
$$0 \cdot x_1 + 0 \cdot x_2 + 0.35 x_3 + 1.35 x_4 + 0 \cdot x_5 = -10$$
$$-0.35 x_1 + 0.35 x_2 + 0 \cdot x_3 + 0 \cdot x_4 + 1.35 \cdot x_5 = 0$$

Iterationsvorschrift:

$$x_1^{(k+1)} = (0.35 x_2^{(k)} + x_3^{(k)} + 0.35 x_5^{(k)}) / 1.35$$
$$x_2^{(k+1)} = (0.35 x_1^{(k+1)} - 0.35 x_5^{(k)})/1.35$$
$$x_3^{(k+1)} = (10 + x_1^{(k+1)} - 0.35 x_4^{(k)})/1.35$$
$$x_4^{(k+1)} = (-10 - 0.35 x_3^{(k+1)})/1.35$$
$$x_5^{(k+1)} = (0.35 x_1^{(k+1)} - 0.35 x_2^{(k+1)})/1.35$$

Iteration:

	ITERATIONSSCHRITT k				
	1	2	3	4	5
$x_1^{(k)}$	0	0	5.487	10.931	13.918
$x_2^{(k)}$	0	0	1.423	2.561	3.335
$x_3^{(k)}$	0	7.407	13.890	17.923	20.842
$x_4^{(k)}$	0	-9.328	-11.009	-12.054	-12.811
$x_5^{(k)}$	0	0	1.054	2.465	2.744
	6	7	8	9	10
$x_1^{(k)}$	17.015	19.137	20.639	21.650	22.418
$x_2^{(k)}$	3.700	4.066	4.338	4.499	4.659
$x_3^{(k)}$	23.332	25.072	26.301	27.133	27.758
$x_4^{(k)}$	-13.456	-13.908	-14.226	-14.442	-14.604
$x_5^{(k)}$	3.452	3.907	4.297	4.447	4.604

	11	12	13	14	15
$x_1^{(k)}$	22.963	23.349	23.622	23.815	23.941
$x_2^{(k)}$	4.760	4.830	4.880	4.915	4.947
$x_3^{(k)}$	28.203	28.519	28.742	28.900	29.004
$x_4^{(k)}$	-14.719	-14.801	-14.859	-14.900	-14.927
$x_5^{(k)}$	4.719	4.801	4.859	4.900	4.924
	16	17	18	19	20
$x_1^{(k)}$	24.044	24.115	24.162	24.199	24.225
$x_2^{(k)}$	4.957	4.969	4.980	4.985	4.989
$x_3^{(k)}$	29.088	29.146	29.185	29.215	29.236
$x_4^{(k)}$	-14.949	-14.964	-14.974	-14.982	-14.987
$x_5^{(k)}$	4.948	4.964	4.973	4.981	4.987
	21	22	23	24	25
$x_1^{(k)}$	24.043	24.255	24.264	24.270	24.275
$x_2^{(k)}$	4.992	4.994	4.996	4.997	4.998
$x_3^{(k)}$	29.250	29.261	29.268	29.273	29.277
$x_4^{(k)}$	-14.991	-14.994	-14.995	-14.997	-14.998
$x_5^{(k)}$	4.991	4.994	4.995	4.997	4.998

Ergebnis (gerundet auf 1 Nachkommastelle):

$x_1 = 24.3 \qquad x_2 = 5.0 \qquad x_3 = 29.3 \qquad x_4 = -15.0 \qquad x_5 = 5.0$

2 Die Grundgleichungen der Elastizitätstheorie

2.1 Tragwerkstypen und Grundgleichungen

Zur Herleitung des Verfahrens der Finiten Elemente geht man von den Grundgleichungen der Elastizitätstheorie aus. Diese können für verschiedene Beanspruchungsarten oder Tragwerkstypen formuliert werden. Einfachster Fall ist der eindimensionale Spannungszustand, dem als Tragwerkselement der Fachwerkstab entspricht. Beim zweidimensionalen Spannungszustand treten als Spannungskomponenten zwei Normalspannungen und eine Schubspannung auf. Das zugehörige Flächentragwerk ist die Scheibe. Der allgemeine Fall ist das dreidimensionale Kontinuum mit sechs Spannungskomponenten (Bild 2-1).

Balken und Platten stellen Tragwerkselemente in einem speziellen zwei- bzw. dreidimensionalen Spannungszustands dar, der sich aufgrund der Bernoulli-Hypothese des Ebenbleibens der Querschnitte ergibt. Balken können damit als eindimensionale Systeme, Platten als zweidimensionale Systeme dargestellt werden.

Das mechanische Verhalten der Tragwerke wird durch Zustandsgrößen beschrieben. Diese sind:

- Verschiebungsgrößen und die daraus ableitbaren Verzerrungsgrößen wie Dehnungen und Krümmungen,
- Kraftgrößen und die zugehörigen Spannungen.

Mit diesen Zustandsgrößen lassen sich folgende Grundgleichungen formulieren:

- die Gleichgewichtsbedingungen,
- die kinematischen Bedingungen
  (Verträglichkeit der Verzerrungen mit den Verschiebungsgrößen),
- das Materialgesetz (z.B. das Hooksche Gesetz).

Diese Gleichungen gelten an jedem Punkt des Kontinuums. Hinzu kommen die Randbedingungen, bei denen es sich um Randbedingungen der Verschiebung (Auflager) oder um Randbedingungen der Kräfte (äußere Lasten) handeln kann.

2 Die Grundgleichungen der Elastizitätstheorie

Im folgenden werden nun die Grundgleichungen für die verschiedenen Tragwerkstypen zusammengestellt. Hinzu kommt die Formulierung des Prinzips der virtuellen Verschiebungen, das für die Finite-Element-Methode von grundlegender Bedeutung ist.

EINDIMENSIONALER SPANNUNGSZUSTAND:

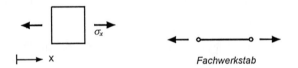

ZWEIDIMENSIONALER SPANNUNGSZUSTAND:

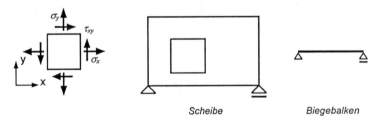

DREIDIMENSIONALER SPANNUNGSZUSTAND:

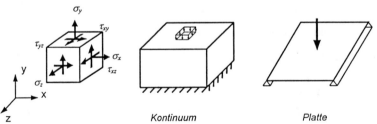

Bild 2-1 Spannungszustände und Tragwerkstypen

2.2 Grundgleichungen von Fachwerkstab und Scheibe

Der Fachwerkstab wird im eindimensionalen, die Scheibe im zweidimensionalen Spannungszustand beansprucht. Die Verformung des Stabes kann durch die Verschiebung *u(x)* und die sich daraus ergebende Dehnung $\varepsilon_x = du/dx$ beschrieben werden (Bild 2-2). Als einzige Spannungskomponente tritt die Normalspannung σ_x auf.

Bei der Scheibe wird der Verschiebungszustand durch die beiden Verschiebungskomponenten *u(x,y)* und *v(x,y)* beschrieben. Aus den Verschiebungen erhält man die drei Dehnungen ε_x, ε_y und γ_{xy}. Diesen entsprechen die drei Spannungskomponenten σ_x, σ_y bzw. τ_{xy}.

Für die Vorzeichen der Spannungskomponenten in Fachwerkstab und Scheibe gilt folgende Definition (Bild 2-2):

Vorzeichendefinition der Spannungen
Positive Spannungen zeigen an einem positiven Schnittufer in die positive Koordinatenrichtung. Das Schnittufer, dessen Normalenvektor in die positive Koordinatenrichtung zeigt, heißt positives Schnittufer.

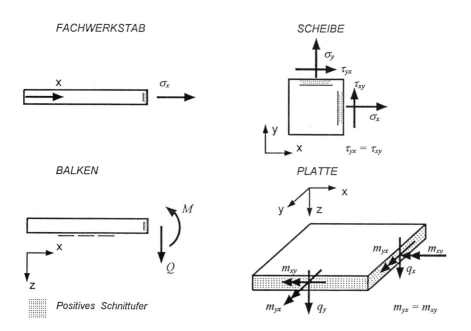

Bild 2-2 Vorzeichendefinition von Spannungen und Schnittgrößen

2 Die Grundgleichungen der Elastizitätstheorie

FACHWERKSTAB	SCHEIBE

Spannungen

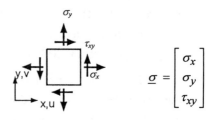

$$\underline{\sigma} = \begin{bmatrix} \sigma_x \\ \sigma_y \\ \tau_{xy} \end{bmatrix}$$

Verzerrungen

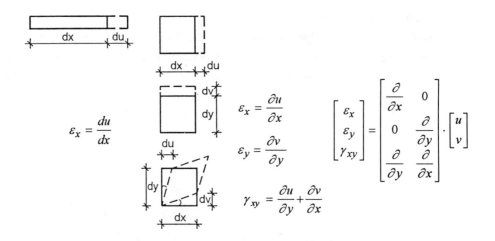

$$\varepsilon_x = \frac{du}{dx}$$

$$\varepsilon_x = \frac{\partial u}{\partial x}$$

$$\varepsilon_y = \frac{\partial v}{\partial y}$$

$$\gamma_{xy} = \frac{\partial u}{\partial y} + \frac{\partial v}{\partial x}$$

$$\begin{bmatrix} \varepsilon_x \\ \varepsilon_y \\ \gamma_{xy} \end{bmatrix} = \begin{bmatrix} \dfrac{\partial}{\partial x} & 0 \\ 0 & \dfrac{\partial}{\partial y} \\ \dfrac{\partial}{\partial y} & \dfrac{\partial}{\partial x} \end{bmatrix} \cdot \begin{bmatrix} u \\ v \end{bmatrix}$$

Hooksches Gesetz

$$\sigma_x = E \cdot \varepsilon_x$$

$$\begin{bmatrix} \sigma_x \\ \sigma_y \\ \tau_{xy} \end{bmatrix} = \frac{E}{1-\mu^2} \begin{bmatrix} 1 & \mu & 0 \\ \mu & 1 & 0 \\ 0 & 0 & \dfrac{1-\mu}{2} \end{bmatrix} \cdot \begin{bmatrix} \varepsilon_x \\ \varepsilon_y \\ \gamma_{xy} \end{bmatrix}$$

$$\underline{\sigma} \quad = \quad \underline{D} \quad \cdot \quad \underline{\varepsilon}$$

E = Elastizitätsmodul
μ = Querdehnzahl

Bild 2-3 Spannungen, Verzerrungen und Hooksches Gesetz bei Fachwerkstab und Scheibe

2.2 Grundgleichungen von Fachwerkstab und Scheibe

Die Verzerrungen lassen sich aus den Verschiebungen durch Differenzieren ermitteln (Bild 2-3). Beim Stab gilt

$$\varepsilon_x = \frac{du}{dx} \tag{2.1a}$$

und bei der Scheibe:

$$\begin{bmatrix} \varepsilon_x \\ \varepsilon_y \\ \gamma_{xy} \end{bmatrix} = \begin{bmatrix} \frac{\partial}{\partial x} & 0 \\ 0 & \frac{\partial}{\partial y} \\ \frac{\partial}{\partial y} & \frac{\partial}{\partial x} \end{bmatrix} \cdot \begin{bmatrix} u \\ v \end{bmatrix}. \tag{2.1b}$$

$$\underline{\varepsilon} = \underline{L} \cdot \underline{u} \tag{2.1c}$$

Das Materialgesetz gibt die Beziehung zwischen den Spannungen und den Verzerrungen an. Es erlaubt, aus einem gegebenen Dehnungszustand die Spannungen zu ermitteln. Für das isotrope elastische Kontinuum gilt das Hooksche Gesetz:

$$\sigma_x = E \cdot \varepsilon_x \tag{2.2a}$$

Beim zweidimensionalen Spannungszustand der Scheibe (Herleitung vgl. z.B. [2.3]) gilt:

$$\begin{bmatrix} \sigma_x \\ \sigma_y \\ \tau_{xy} \end{bmatrix} = \frac{E}{1-\mu^2} \begin{bmatrix} 1 & \mu & 0 \\ \mu & 1 & 0 \\ 0 & 0 & \frac{1-\mu}{2} \end{bmatrix} \cdot \begin{bmatrix} \varepsilon_x \\ \varepsilon_y \\ \gamma_{xy} \end{bmatrix} \tag{2.2b}$$

$$\underline{\sigma} = \underline{D} \cdot \underline{\varepsilon} \tag{2.2c}$$

Bei der Scheibe sind aufgrund der Querdehnung die beiden Normalspannungskomponenten gekoppelt.

Andere Materialgesetze des zweidimensional beanspruchten elastischen Materials sind in Tabelle 2.1 zusammengestellt [4.5]. Orthotrope Materialgesetze finden bei Holz sowie bei bestimmten Bodenarten Anwendung. Auch dreidimensionale Körper, die in einer Richtung als 'unendlich lang' betrachtet werden können, lassen sich als zweidimensionale Aufgabe beschreiben, wenn ihr Querschnitt und ihre Belastung sich in der 'unendlich langen' Richtung nicht ändern. Da dann die Dehnungen senkrecht zur betrachteten Ebene Null sind, bezeichnet man diesen Fall als ebenen Dehnungszustand, während der Fall der Scheibe auch als ebener Spannungszustand bezeichnet wird.

Die Gleichgewichtsbedingungen des Stabes und der Scheibe sind in Bild 2-5 angegeben. Sie ergeben sich aus dem Gleichgewicht aller Kräfte in x- bzw. y-Richtung am infinitesimal kleinen Element des Kontinuums.

Alternativ zu den Gleichgewichtsbedingungen kann auch das Prinzip der virtuellen Verschiebungen verwendet werden.

EBENER SPANNUNGSZUSTAND

Die Spannungen quer zur Scheibenebene sind Null.

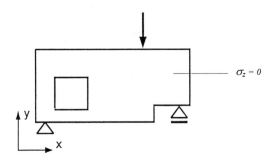

EBENER DEHNUNGSZUSTAND

Die Dehnungen quer zur betrachteten Ebene sind Null.

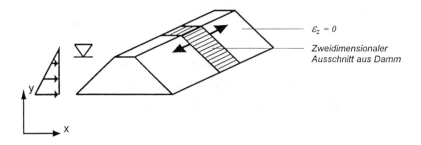

Bild 2-4 Ebener Spannungs- und ebener Dehnungszustand

2.2 Grundgleichungen von Fachwerkstab und Scheibe

ISOTROPES MATERIAL	ORTHOTROPES MATERIAL
Ebener Spannungszustand	
$\begin{bmatrix} \sigma_x \\ \sigma_y \\ \tau_{xy} \end{bmatrix} = \dfrac{E}{1-\mu^2} \cdot \begin{bmatrix} 1 & \mu & 0 \\ \mu & 1 & 0 \\ 0 & 0 & \dfrac{1-\mu}{2} \end{bmatrix} \cdot \begin{bmatrix} \varepsilon_x \\ \varepsilon_y \\ \gamma_{xy} \end{bmatrix}$	$\begin{bmatrix} \sigma_x \\ \sigma_y \\ \tau_{xy} \end{bmatrix} = \dfrac{E_2}{(1-n\mu_2^2)} \begin{bmatrix} n & n\mu_2 & 0 \\ n\mu_2 & 1 & 0 \\ 0 & 0 & m(1-n\mu_2^2) \end{bmatrix} \cdot \begin{bmatrix} \varepsilon_x \\ \varepsilon_y \\ \gamma_{xy} \end{bmatrix}$
Ebener Dehnungszustand	
$\begin{bmatrix} \sigma_x \\ \sigma_y \\ \sigma_{xy} \end{bmatrix} = \dfrac{E(1-\mu)}{(1+\mu)(1-2\mu)} \cdot \begin{bmatrix} 1 & \dfrac{\mu}{1-\mu} & 0 \\ \dfrac{\mu}{1-\mu} & 1 & 0 \\ 0 & 0 & \dfrac{1-2\mu}{2(1-\mu)} \end{bmatrix} \cdot \begin{bmatrix} \varepsilon_x \\ \varepsilon_y \\ \gamma_{xy} \end{bmatrix}$	$\begin{bmatrix} \sigma_x \\ \sigma_y \\ \tau_{xy} \end{bmatrix} = \dfrac{E_2}{(1+\mu_1)\cdot(1-\mu_1-2n\mu_2^2)} \cdot \begin{bmatrix} n(1-n\mu_2^2) & n\mu_2(1+\mu_1) & 0 \\ n\mu_2(1+\mu_1) & (1-\mu_1^2) & 0 \\ 0 & 0 & \ell \end{bmatrix} \cdot \begin{bmatrix} \varepsilon_x \\ \varepsilon_y \\ \gamma_{xy} \end{bmatrix}$ $\ell = m(1+\mu_1)(1-\mu_1-2n\mu_2^2)$
Materialkonstanten	

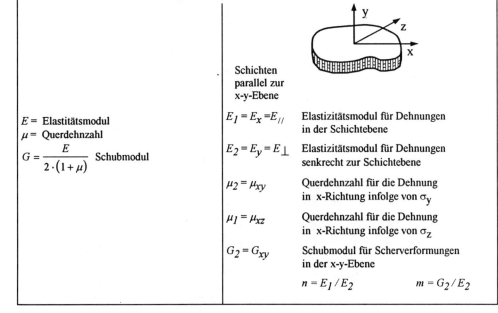

ISOTROPES MATERIAL	ORTHOTROPES MATERIAL
E = Elastitätsmodul μ = Querdehnzahl $G = \dfrac{E}{2\cdot(1+\mu)}$ Schubmodul	Schichten parallel zur x-y-Ebene $E_1 = E_x = E_{//}$ Elastizitätsmodul für Dehnungen in der Schichtebene $E_2 = E_y = E_\perp$ Elastizitätsmodul für Dehnungen senkrecht zur Schichtebene $\mu_2 = \mu_{xy}$ Querdehnzahl für die Dehnung in x-Richtung infolge von σ_y $\mu_1 = \mu_{xz}$ Querdehnzahl für die Dehnung in x-Richtung infolge von σ_z $G_2 = G_{xy}$ Schubmodul für Scherverformungen in der x-y-Ebene $n = E_1/E_2$ $\quad m = G_2/E_2$

Tabelle 2-1 Zweidimensionale Materialgesetze

FACHWERKSTAB   SCHEIBE

Infinitesimales Element:

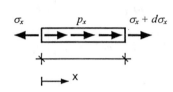
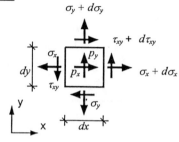

p_x = Linienlast in x-Richtung p_x = Flächenlast in x- Richtung
A = Querschnittsfläche p_y = Flächenlast in y- Richtung
                                                             t = Scheibendicke

Summe aller Kräfte am infinitesimalen Element = 0:

$\sum X = 0$ (Kräfte in x-Richtung):

$-A \cdot \sigma_x + p_x dx + A(\sigma_x + d\sigma_x) = 0$

$A \cdot d\sigma_x + p_x \cdot dx = 0$

$\sum X = 0$ (Kräfte in x-Richtung):

$-\sigma_x \cdot t \cdot dy + (\sigma_x + d\sigma_x) \cdot t \cdot dy$
$- \tau_{xy} \cdot t \cdot dx + (\tau_{xy} + d\tau_{xy}) \cdot t \cdot dx$
$+ p_x \cdot dx \cdot dy = 0$

$d\sigma_x \cdot t \cdot dy \quad + d\tau_{xy} \cdot t \cdot dx$
$\qquad\qquad\qquad + p_x \cdot dx \cdot dy = 0$

$\sum Y = 0$ (Kräfte in y-Richtung):

$-\sigma_y \cdot t \cdot dx + (\sigma_y + d\sigma_y) \cdot t \cdot dx$
$- \tau_{xy} \cdot t \cdot dy + (\tau_{xy} + d\tau_{xy}) \cdot t \cdot dy$
$+ p_y \cdot dx \cdot dy = 0$

$d\sigma_y \cdot t \cdot dx \quad + d\tau_{xy} \cdot t \cdot dy$
$\qquad\qquad\qquad + p_y \cdot dx \cdot dy = 0$

Division durch $A \cdot dx$:   Division durch $t \cdot dx \cdot dy$:

Gleichgewichtsbedingungen:

aus $\sum X = 0$: $\quad \dfrac{d\sigma_x}{dx} + \dfrac{p_x}{A} = 0$

(für A = konstant)

aus $\sum X = 0$: $\quad \dfrac{\partial \sigma_x}{\partial x} + \dfrac{\partial \tau_{xy}}{\partial y} + \dfrac{p_x}{t} = 0$

aus $\sum Y = 0$: $\quad \dfrac{\partial \sigma_y}{\partial y} + \dfrac{\partial \tau_{xy}}{\partial x} + \dfrac{p_y}{t} = 0$

Bild 2-5 Gleichgewichtsbedingungen bei Fachwerkstab und Scheibe

2.2 Grundgleichungen von Fachwerkstab und Scheibe

Es lautet:

Prinzip der virtuellen Verschiebungen
Wenn sich ein Körper im Gleichgewicht befindet, ist für beliebige, infinitesimal kleine, virtuelle auf den Körper einwirkende Verschiebungen, die die Auflagerbedingungen erfüllen, die gesamte innere virtuelle Arbeit gleich der äußeren virtuellen Arbeit.

Eine virtuelle Verschiebung ist eine kleine, fiktive Verschiebung, also eine reine Rechengröße, die man zusätzlich zu den tatsächlichen Verschiebungen annimmt. Die virtuelle äußere Arbeit ist diejenige Arbeit, die die wirklichen äußeren Kräfte leisten würden, wenn der virtuelle Verschiebungszustand zusätzlich zu den wirklichen Lasten auf das System aufgebracht würde. Die virtuelle innere Arbeit ist diejenige Arbeit, die die wirklichen inneren Kräfte leisten würden, wenn der virtuelle Verschiebungszustand aufgebracht würde. Das Prinzip der virtuellen Verschiebungen sagt also etwas über die Arbeiten aus, die geleistet würden, wenn man auf einen im Gleichgewicht befindlichen Körper eine virtuelle Verschiebung zwangsweise aufbringen würde. In diesem Fall müßte die von den wirklichen äußeren Kräften mit den virtuellen Verschiebungen geleistete äußere Arbeit gleich der von den wirklichen inneren Kräften mit den virtuellen Formänderungen geleisteten inneren Arbeiten sein. Der Verlauf der Verschiebungsfunktion ist beliebig, sie muß jedoch stetig und hinreichend oft differenzierbar und mit den geometrischen Randbedingungen verträglich sein.

Die äußere virtuelle Arbeit ist das Produkt der wirklichen Lasten und der virtuellen Verschiebungen in Richtung der betreffenden Lasten. Nach Bild 2-7 gilt für die Einzelkraft

$$\overline{W}_a = \overline{u} \cdot F, \tag{2.3a}$$

und bei mehreren Kräften

$$\overline{W}_a = F_1 \cdot \overline{u}_1 + F_2 \cdot \overline{u}_2 + F_3 \cdot \overline{u}_3 + \cdots \text{ bzw.}$$

$$\overline{W}_a = \begin{bmatrix} \overline{u}_1 & \overline{u}_2 & \overline{u}_3 & \cdots \end{bmatrix} \cdot \begin{bmatrix} F_1 \\ F_2 \\ F_3 \\ \vdots \end{bmatrix}$$

$$\overline{W}_a = \underline{\overline{u}}^T \cdot \underline{F}. \tag{2.3b}$$

Um zu verdeutlichen, daß es sich bei den Verschiebungen und der äußeren Arbeit um virtuelle Größen handelt, werden sie mit einem Querstrich gekennzeichnet.

| FACHWERKSTAB | SCHEIBE |

Infinitesimales Element:

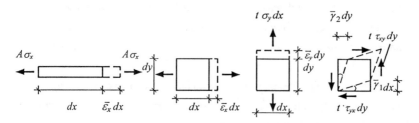

A = Querschnittsfläche (Fachwerkstab) $\sigma_x, \sigma_y, \tau_{xy}$ = wirkliche Spannungen

t = Scheibendicke (konstant) $\bar{\varepsilon}_x, \bar{\varepsilon}_y, \bar{\gamma}_{xy}$ = virtuelle Dehnungen

Kräfte und entsprechende virtuelle Verschiebungen am infinitesimalen Element:

Kraft	Verschiebung	Kraft	Verschiebung
$\sigma_x \cdot A$	$\bar{\varepsilon}_x\, dx$	$t \cdot \sigma_x\, dy$	$\bar{\varepsilon}_x\, dx$
		$t \cdot \sigma_y\, dx$	$\bar{\varepsilon}_y\, dy$
		$t \cdot \tau_{xy}\, dx$	$\bar{\gamma}_2\, dy$
		$t \cdot \tau_{xy}\, dy$	$\bar{\gamma}_1\, dx$

Virtuelle innere Arbeit im infinitesimalen Element:

Virtuelle innere Arbeit = Σ (wirkliche innere Kraft * entsprechende virtuelle Verschiebung)

$d\overline{W}_i = A \cdot \sigma_x \cdot \bar{\varepsilon}_x \cdot dx$

$d\overline{W}_i = t \cdot \sigma_x \cdot \bar{\varepsilon}_x \cdot dx \cdot dy + t \cdot \sigma_y \cdot \bar{\varepsilon}_y \cdot dx \cdot dy$
$+ t \cdot \tau_{xy} \cdot (\bar{\gamma}_1 + \bar{\gamma}_2) \cdot dx \cdot dy$

und mit $\bar{\gamma}_{xy} = (\bar{\gamma}_1 + \bar{\gamma}_2)$:

$d\overline{W}_i = t \cdot (\sigma_x \bar{\varepsilon}_x + \sigma_y \bar{\varepsilon}_y + \tau_{xy} \bar{\gamma}_{xy}) dx\, dy$

Virtuelle innere Arbeit im gesamten System:

Die gesamte virtuelle innere Arbeit $\overline{W}_i$ ergibt sich durch Integration über alle infinitesimalen Elemente

$\boxed{\overline{W}_i = \int A \cdot \bar{\varepsilon}_x \cdot \sigma_x\, dx}$

$\boxed{\overline{W}_i = t \cdot \int \begin{bmatrix} \bar{\varepsilon}_x & \bar{\varepsilon}_y & \bar{\gamma}_{xy} \end{bmatrix} \cdot \begin{bmatrix} \sigma_x \\ \sigma_y \\ \tau_{xy} \end{bmatrix} dx\, dy}$

$\overline{W}_i = t \cdot \int \underline{\bar{\varepsilon}}^T \cdot \underline{\sigma}\, dx\, dy$

Bild 2-6 Innere virtuellen Arbeit bei Fachwerkstab und Scheibe

2.2 Grundgleichungen von Fachwerkstab und Scheibe

Einzelkraft und -moment

Virtuelle äußere Arbeit $\overline{W}_a$ = wirkliche Kraft (Moment) * virtuelle Verschiebung
(Verdrehung) in Kraftrichtung (Dreh-richtung)

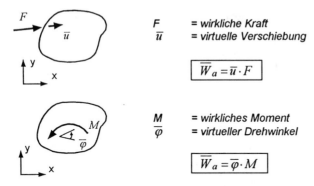

F = wirkliche Kraft
$\overline{u}$ = virtuelle Verschiebung

$$\boxed{\overline{W}_a = \overline{u} \cdot F}$$

M = wirkliches Moment
$\overline{\varphi}$ = virtueller Drehwinkel

$$\boxed{\overline{W}_a = \overline{\varphi} \cdot M}$$

Mehrere Kräfte bzw. -momente

Virtuelle äußere Arbeit = Σ (wirkliche äußere Kraft (äußeres Moment)*
entsprechende virtuelle Verschiebung (Verdrehung))

$$\overline{W}_a = F_1 \cdot \overline{u}_1 + F_2 \cdot \overline{u}_2 + F_3 \cdot \overline{u}_3 + \cdots \quad \text{bzw.:}$$

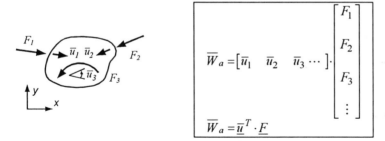

$$\overline{W}_a = [\overline{u}_1 \quad \overline{u}_2 \quad \overline{u}_3 \quad \cdots] \cdot \begin{bmatrix} F_1 \\ F_2 \\ F_3 \\ \vdots \end{bmatrix}$$

$$\overline{W}_a = \overline{\underline{u}}^T \cdot \underline{F}$$

F_i = wirkliche Kraft bzw. wirkliches Moment
$\overline{u}_i$ = virtuelle Verschiebung bzw. virtueller Drehwinkel

Bild 2-7 Äußere virtuelle Arbeit von Einzelkräften und -momenten

Die virtuelle innere Arbeit eines infinitesimal kleinen Stababschnitts der Länge dx ist das Produkt aus der wirklichen Normalkraft N und der virtuellen Verschiebung $\overline{\varepsilon}_x \cdot dx$ (Bild 2-6). Die virtuelle Dehnung $\overline{\varepsilon}$ ermittelt man aus dem virtuellen Verschiebungszustand des Stabes. Für einen Stababschnitt der Länge l erhält man die innere virtuelle Arbeit durch Integration über die Abschnittslänge zu

$$\overline{W}_i = \int A \cdot \sigma_x \cdot \overline{\varepsilon}_x \, dx$$

Diese Beziehung ist formal identisch mit der bekannten Beziehung

$$\overline{W}_i = \int \frac{N\overline{N}}{EA} dx$$

der Arbeitsgleichung zur Ermittlung der Verschiebungen bei Fachwerken, die sich aus dem mit dem Prinzip der virtuellen Verschiebungen verwandten Prinzip der virtuellen Kräfte ergibt. Es gilt nämlich

$$A \cdot \sigma_x = N \qquad \overline{\varepsilon}_x = \frac{\overline{\sigma}_x}{E} = \frac{\overline{N}}{EA} \qquad \text{und damit}$$

$$\int A \cdot \sigma_x \cdot \overline{\varepsilon}_x \, dx = \int \frac{N\overline{N}}{EA} dx.$$

Bei der Scheibe wird von den Kräften $\sigma_x \cdot dy \cdot t$, $\sigma_y \cdot dx \cdot t$ und $\tau_{xy} \cdot dx \cdot t$ bzw. $\tau_{xy} \cdot dy \cdot t$, die sich aus den drei Spannungskomponenten ergeben, mit den zugehörigen virtuellen Verschiebungskomponenten Arbeit geleistet (Bild 2-6).

Die gesamte innere virtuelle Arbeit erhält man damit beim Stab zu

$$\overline{W}_i = \int A \cdot \sigma_x \cdot \overline{\varepsilon}_x \, dx \tag{2.4a}$$

und bei der Scheibe zu

$$\overline{W}_i = t \cdot \int \begin{bmatrix} \overline{\varepsilon}_x & \overline{\varepsilon}_y & \overline{\gamma}_{xy} \end{bmatrix} \cdot \begin{bmatrix} \sigma_x \\ \sigma_y \\ \gamma_{xy} \end{bmatrix} dx \, dy$$

$$\overline{W}_i = t \cdot \int \underline{\overline{\varepsilon}}^T \cdot \underline{\sigma} \, dx \, dy \quad . \tag{2.4b}$$

Nach dem Prinzip der virtuellen Verschiebungen müssen innere und äußere virtuelle Arbeit gleich sein, so daß gilt

$$\overline{W}_i = \overline{W}_a \tag{2.5}$$

Die Gleichgewichtsbedingungen und das Prinzip der virtuellen Verschiebungen sind gleichwertig und führen zu identischen Ergebnissen, sofern auch die übrigen Grundgleichungen erfüllt werden. Bekannt ist beispielsweise die Lösung von Gleichgewichtsaufgaben der Stabstatik mit Hilfe des Prinzips der virtuellen Verschiebungen für starre Körper [2.2]. Das Prinzip der virtuellen Verschiebungen besitzt jedoch eine Eigenschaft, die die Gleichgewichtsbedingungen nicht besitzen. Es läßt sich auch auf Näherungslösungen für die Spannungsverläufe anwenden, die die Gleichgewichtsbedingungen nicht exakt erfüllen. In diesem Fall werden die Gleichgewichtsbedingungen im Rahmen der

2.2 Grundgleichungen von Fachwerkstab und Scheibe

getroffenen Näherung bei Einhaltung des Prinzips der virtuellen Verschiebungen 'im Mittel' erfüllt. Von dieser Eigenschaft des Prinzips der virtuellen Verschiebungen macht man bei der Formulierung der Finite-Element-Methode Gebrauch.

Ein mit dem Prinzip der virtuellen Verschiebungen verwandtes Arbeitsprinzip ist das Prinzip der virtuellen Kräfte. Bei diesem Prinzip bringt man kleine, virtuelle Kräfte als fiktive Belastung auf das statische System auf. Das Prinzip lautet:

Prinzip der virtuellen Kräfte (Spannungen)
Bringt man auf einen Körper infinitesimal kleine, virtuelle Kräfte (Spannungen) auf, so ist die äußere virtuelle Arbeit gleich der gesamten inneren virtuellen Arbeit.

Die äußere virtuelle Arbeit ist diejenige Arbeit, die die virtuellen Kräfte mit den wirklichen Verschiebungen leisten würden. Die innere virtuelle Arbeit ist die gesamte Arbeit, die die von den virtuellen Kräften (Spannungen) hervorgerufenen virtuellen Schnittgrößen mit den wirklichen Verschiebungen leisten würden. Zur Herleitung des Prinzips müßten in den Bildern 2-6 und 2-7 die virtuellen Verschiebungsgrößen durch wirkliche Verschiebungsgrößen und die wirklichen Kraftgrößen durch virtuelle Kraftgrößen ersetzt werden. Das Prinzip der virtuellen Kräfte wird als Arbeitsgleichung in der Stabstatik zur Ermittlung von Verschiebungsgrößen verwendet.

2.3 Grundgleichungen von Biegebalken und Platte

Biegebalken und Platte werden als ein- bzw. zweidimensionale Tragwerke behandelt. Die Vereinfachung des bei genauerer Betrachtung dreidimensionalen Kontinuums als zweidimensionales Plattentragwerk kann an bestimmten Stellen von Plattentragwerken (z.B. an Stützen) zu unrealistischen Schnittgrößen führen, die einer besonderen Interpretation bedürfen. Hierdurch entstehende Interpretationsprobleme werden in Abschnitt 4.9 (Modellbildung von Bauteilen) behandelt.

Die im Balken und in der Platte auftretenden Spannungen werden zu Querkräften und Momenten zusammengefaßt. Bei drillsteifen Platten treten neben den Biegemomenten m_x und m_y auch Drillmomente m_{xy} und m_{yx} auf. Die Biegemomente sind hier, abweichend von der bei Einzelmomenten üblichen Definition, im Hinblick auf die durch sie hervorgerufenen Spannungen definiert. Danach verursacht das Moment m_x Normalspannungen σ_x in x-Richtung und das Moment m_y Normalspannungen σ_y in y-Richtung. Bei den Drillmomenten m_{xy} und m_{yx} bezeichnet der erste Index die Richtung der Flächennormalen und der zweite Index die Richtung der betreffenden Spannungskomponente (Bild 2-2). Die Drillmomente

m_{xy} und m_{yx} rufen Schubspannungen τ_{xy} und τ_{yx} hervor (Bild 2-8). Wegen $\tau_{xy} = \tau_{yx}$ gilt daher auch $m_{xy} = m_{yx}$.

Für die Vorzeichendefinition der Balkenschnittgrößen und der Plattenquerkräfte gilt die gleiche Regel wie bei Scheibe und Fachwerkstab:

Definition des Vorzeichens von Balkenschnittgrößen und Plattenquerkräften
Balkenschnittgrößen und Plattenquerkräfte sind am positiven Schnittufer in Richtung der positiven Koordinaten positiv.

Eine Sonderstellung nimmt die Definition von Plattenmomenten ein. Sie orientiert sich an der Definition der positiven Richtung der durch das Moment erzeugten Spannungen:

Definition der Vorzeichens der Plattenbiegemomente
Biegemomente m_x (m_y) sind dann positiv, wenn sie auf der Unterseite der Platte positive Normalspannungen σ_x (σ_y) hervorrufen. Die Unterseite der Platte liegt am positiven Schnittufer in z-Richtung, d.h. auf der positiven z-Seite der Platte.

Ein Drillmoment m_{xy} (m_{yx}) ist dann positiv, wenn es am positiven Schnittufer auf der Unterseite der Platte Schubspannungen τ_{xy} (τ_{yx}) in Richtung der positiven Koordinatenrichtung hervorruft.

Die Grundgleichungen der Platte und des Balkens werden unter Berücksichtigung von Schubverformungen in Bild 2-9 angegeben [2.6, 2.7]. Die Gleichungen des schubstarren Balkens und der schubstarren Platte können hieraus durch Weglassen der Gleichungen, die den Scherwinkeln γ_{xz}, γ_{yz} entsprechen, d.h. für eine unendlich große Schubfläche A_s erhalten werden. Während Biegebalken in der Regel unter Berücksichtigung der Schubverformungen in Finite-Element-Programme implementiert sind, gibt es bei Platten auch Berechnungsprogramme auf der Grundlage schubstarrer Elemente. Die Verwendung der Theorie der schubweichen Platte für Finite Plattenelemente ist aus praktischer Sicht in der Regel nicht erforderlich. Sie hat vielmehr Gründe, die sich aus der Theorie der Finite-Element-Methode ergeben.

Die Theorie der schubweichen Platte wird auch als Mindlinsche oder Reissnersche Plattentheorie bezeichnet. Sie basiert auf der Annahme, daß Punkte, die sich ursprünglich auf einer Normalen zur unverformten Mittelfläche befinden, während der Deformation auf einer Geraden bleiben, die jedoch nicht notwendigerweise normal zur deformierten Mittelfläche ist, wie dies die Kirchhoffsche Plattentheorie einschränkend annimmt. Dies gilt für den schubweichen Balken entsprechend.

2.3 Grundgleichungen von Biegebalken und Platte

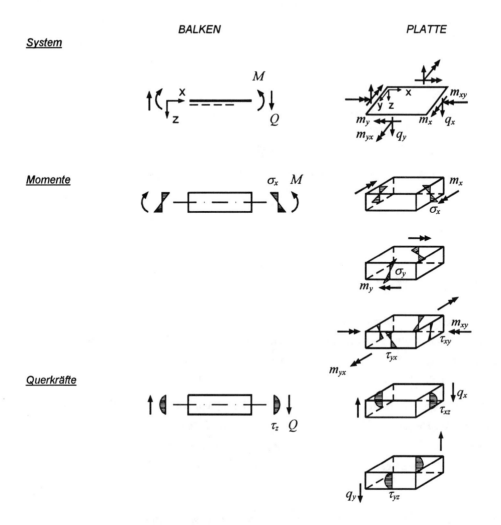

Bild 2-8 Schnittgrößen und Spannungen in Balken und Platten

Beim schubweichen Balken setzt sich die gesamte Durchbiegung dw eines infinitesimal kleinen Balkenabschnitts der Länge dx zusammen aus dem Anteil $\varphi \cdot dx$, der sich aus der Biegung des Balkens ergibt, und der Schubverformung $\gamma \cdot dx$ (Bild 2-9):

$$dw = -\varphi \cdot dx + \gamma \cdot dx \tag{2.6}$$

Der Winkel γ ist die über den Querschnitt konstante Schubverzerrung, die infolge der Querkraftbeanspruchung auftritt. Der Biegewinkel φ entsteht durch die Verlängerung der unteren Faser und die Verkürzung der oberen Faser infolge einer (positiven) Momentenbeanspruchung. Die Änderung des Biegewinkels φ mit x, die man durch Differenzieren erhält, ist die Krümmung κ. Somit gilt

$$\kappa = \frac{d\varphi}{dx} \tag{2.7a}$$

und mit (2.6)

$$\gamma = \varphi + \frac{dw}{dx} \, . \tag{2.7b}$$

Die Winkel φ und γ sind dabei so definiert, daß sie mit einer positiven Schnittgröße am positiven Schnittufer einen positiven Arbeitsausdruck bilden. Dies hat zur Folge, daß der Biegewinkel φ und der Winkel der Scherverformung γ in unterschiedlicher Richtung positiv definiert sind (Bild 2-9).

Das Materialgesetz besteht aus der Momenten-Krümmungs-Beziehung und der Querkraft-Scherwinkel-Beziehung. Es erlaubt, aus gegebenen Krümmungen und Scherwinkeln das Biegemoment bzw. die Querkraft zu ermitteln. Mit der Krümmung κ erhält man für eine konstante Biegesteifigkeit $E \cdot I$ das Biegemoment M zu

$$M = E \cdot I \cdot \kappa \, . \tag{2.8a}$$

Aus dem Scherwinkel γ ergibt sich die Querkraft Q bzw. die zugehörige Schubspannung $\tau = Q/A_S$ (A_S = Schubfläche) mit dem Hookschen Gesetz für Schubverformungen $\tau = G \cdot \gamma$ (G = Schubmodul) zu

$$Q = \tau \cdot A_S$$
$$Q = G \cdot A_S \cdot \gamma \, . \tag{2.8b}$$

Für die Platte ergeben sich analoge Beziehungen für die Krümmungen κ_x in x-Richtung und κ_y in y-Richtung sowie die Scherwinkel γ_{xz} und γ_{yz}. Hinzu kommt die Verwindung κ_{xy}. Nach Bild 2-9 gilt für die Verzerrungsgrößen der schubweichen Platte:

2.3 Grundgleichungen von Biegebalken und Platte

SCHUBWEICHER BALKEN   **SCHUBWEICHE PLATTE**

Schnittgrößen

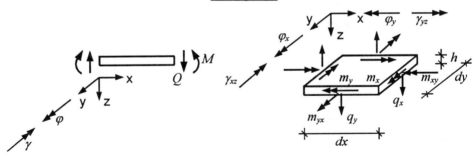

Krümmungen und Scherwinkel

Biegung:

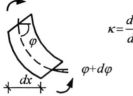

$$\kappa = \frac{d\varphi}{dx} \qquad \kappa_x = \frac{\partial \varphi_x}{\partial x}$$

$$\kappa_y = \frac{\partial \varphi_y}{\partial y} \qquad \text{Krümmungen}$$

$$\kappa_{xy} = \frac{\partial \varphi_x}{\partial y} + \frac{\partial \varphi_y}{\partial x} \qquad \text{Verwindung}$$

Schub:

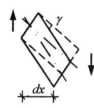

$$\gamma = \varphi + \frac{dw}{dx} \qquad \gamma_{xz} = \varphi_x + \frac{\partial w}{\partial x}$$

$$\gamma_{yz} = \varphi_y + \frac{\partial w}{\partial y} \qquad \text{Scherwinkel}$$

Momenten-Krümmungs-Beziehung und Querkraft-Scherwinkel-Beziehung

$$M = EI \cdot \kappa \qquad \begin{bmatrix} m_x \\ m_y \\ m_{xy} \end{bmatrix} = \frac{Eh^3}{12(1-\mu^2)} \begin{bmatrix} 1 & \mu & 0 \\ \mu & 1 & 0 \\ 0 & 0 & \frac{1-\mu}{2} \end{bmatrix} \cdot \begin{bmatrix} \kappa_x \\ \kappa_y \\ \kappa_{xy} \end{bmatrix}$$

$$\underline{m} \quad = \quad \underline{D}_b \quad \cdot \quad \underline{\kappa}$$

$$Q = G \cdot A_S \cdot \gamma \qquad \begin{bmatrix} q_x \\ q_y \end{bmatrix} = \frac{5 \cdot E \cdot h}{12(1+\mu)} \begin{bmatrix} 1 & 0 \\ 0 & 1 \end{bmatrix} \cdot \begin{bmatrix} \gamma_{xz} \\ \gamma_{yz} \end{bmatrix}$$

$$\underline{q} \quad = \quad \underline{D}_S \quad \cdot \quad \underline{\gamma}$$

Bild 2-9 Schnittgrößen, Verzerrungsgrößen und Materialgesetz bei Balken und Platte

$$\begin{bmatrix} \kappa_x \\ \kappa_y \\ \kappa_{xy} \end{bmatrix} = \begin{bmatrix} 0 & \dfrac{\partial}{\partial x} & 0 \\ 0 & 0 & \dfrac{\partial}{\partial y} \\ 0 & \dfrac{\partial}{\partial y} & \dfrac{\partial}{\partial x} \end{bmatrix} \cdot \begin{bmatrix} w \\ \varphi_x \\ \varphi_y \end{bmatrix} \qquad (2.9\mathrm{a})$$

$$\begin{bmatrix} \gamma_{xz} \\ \gamma_{yz} \end{bmatrix} = \begin{bmatrix} \dfrac{\partial}{\partial x} & 1 & 0 \\ \dfrac{\partial}{\partial y} & 0 & 1 \end{bmatrix} \cdot \begin{bmatrix} w \\ \varphi_x \\ \varphi_y \end{bmatrix} \qquad (2.9\mathrm{b})$$

Die beiden Materialgesetze der schubweichen Platte, nämlich die Momenten-Krümmungs-Beziehung und die Querkraft-Scherwinkel-Beziehung lauten:

$$\begin{bmatrix} m_x \\ m_y \\ m_{xy} \end{bmatrix} = \frac{Eh^3}{12(1+\mu^2)} \begin{bmatrix} 1 & \mu & 0 \\ \mu & 1 & 0 \\ 0 & 0 & \dfrac{1-\mu}{2} \end{bmatrix} \cdot \begin{bmatrix} \kappa_x \\ \kappa_y \\ \kappa_{xy} \end{bmatrix} \qquad (2.10\mathrm{a})$$

$$\underline{m} \quad = \quad \underline{D}_b \quad \cdot \quad \underline{\kappa}$$

$$\begin{bmatrix} q_x \\ q_y \end{bmatrix} = \frac{5E \cdot h}{12(1+\mu)} \begin{bmatrix} 1 & 0 \\ 0 & 1 \end{bmatrix} \cdot \begin{bmatrix} \gamma_{xz} \\ \gamma_{yz} \end{bmatrix} \qquad (2.10\mathrm{b})$$

$$\underline{q} \quad = \quad \underline{D}_s \quad \cdot \quad \underline{\gamma}$$

Für orthotrope Platten lassen sich die Materialgesetze verallgemeinern zu

$$\begin{bmatrix} m_x \\ m_y \\ m_{xy} \end{bmatrix} = \begin{bmatrix} D_x & D_{xy} & 0 \\ D_{xy} & D_y & 0 \\ 0 & 0 & D_D \end{bmatrix} \cdot \begin{bmatrix} \kappa_x \\ \kappa_y \\ \kappa_{xy} \end{bmatrix} \qquad (2.10\mathrm{c})$$

$$\underline{m} \quad = \quad \underline{D}_b \quad \cdot \quad \underline{\kappa}$$

$$\begin{bmatrix} q_x \\ q_y \end{bmatrix} = \begin{bmatrix} S_x & 0 \\ 0 & S_y \end{bmatrix} \cdot \begin{bmatrix} \gamma_{xz} \\ \gamma_{yz} \end{bmatrix} \qquad (2.10\mathrm{d})$$

$$\underline{q} \quad = \quad \underline{D}_s \quad \cdot \quad \underline{\gamma} \; .$$

Hierin bedeuten D_x und D_y die Biegesteifigkeiten, D_{xy} die Koppelsteifigkeit, D_D die Torsionssteifigkeit sowie S_x und S_y die Schubsteifigkeiten. Formeln zur Bestimmung der Steifigkeitswerte sind für Sandwichplatten und Platten mit Hohlquerschnitt in [2.8] angegeben.

2.3 Grundgleichungen von Biegebalken und Platte

SCHUBWEICHER BALKEN

Virtuelle innere Arbeits des Biegemomentes am infinitesimalen Element:

$$d\overline{W}_i = M \cdot d\overline{\varphi}$$
$$\overline{\kappa} = \frac{d\overline{\varphi}}{dx} \rightarrow d\overline{\varphi} = \overline{\kappa} \cdot dx$$
$$d\overline{W}_i = M \cdot \overline{\kappa}\, dx$$

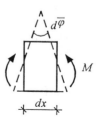

M = Wirkliches Moment
$\overline{\kappa}$ = Virtuelle Krümmung

Virtuelle innere Arbeit der Querkaft am infinitesimalen Element:

$$d\overline{W}_i = Q \cdot \overline{\gamma}\, dx$$

Q = Wirkliche Querkraft
$\overline{\gamma}$ = Virtuelle Schubverzerrung

Gesamte virtuelle innere Arbeit im Stab:

Die gesamte Arbeit setzt sich aus den über die Stablänge integrierten Querkraft- und Momentenanteilen zusammen.

$$\boxed{\overline{W}_i = \int \overline{\kappa} \cdot M\, dx + \int \overline{\gamma} \cdot Q\, dx}$$

SCHUBWEICHE PLATTE

Gesamte innere Arbeit in der Platte:

$$\overline{W}_i = \int \begin{bmatrix} \overline{\kappa}_x & \overline{\kappa}_y & \overline{\kappa}_{xy} \end{bmatrix} \cdot \begin{bmatrix} m_x \\ m_y \\ m_{xy} \end{bmatrix} dx\,dy + \int \begin{bmatrix} \gamma_{xz} & \gamma_{yz} \end{bmatrix} \begin{bmatrix} q_x \\ q_y \end{bmatrix} dx\,dy$$

$$\overline{W}_i = \int \underline{\overline{\kappa}} \cdot \underline{m}\, dx\,dy + \int \underline{\overline{\gamma}} \cdot \underline{q}\, dx\,dy$$

Bild 2-10 Prinzip der virtuellen Verschiebungen bei Balken und Platte

Das Prinzip der virtuellen Verschiebungen für die schubweiche Platte erhält man analog zur Herleitung für die Scheibe (Bild 2-10). Der aufgebrachten virtuellen Biegelinie entsprechen virtuelle Krümmungen und Scherverzerrungen. Diese leisten mit den wirklichen Biegemomenten und Querkräften virtuelle innere Arbeit. Die Anteile der Biegung und der Scherverzerrung werden in der Gleichung für die innere virtuelle Energie getrennt behandelt. Hierbei entsprechen dem Spannungsvektor $\underline{\sigma}$ bei der Scheibe die Schnittgrößenvektoren $\underline{m}$ bzw. $\underline{q}$ der Platte und dem Dehnungsvektor $\underline{\varepsilon}$ der Krümmungsvektor $\underline{\kappa}$ bzw. der Verzerrungsvektor $\underline{\gamma}$. Somit lautet die virtuelle innere Energie beim Balken

$$\overline{W}_i = \int \overline{\kappa} M\, dx + \int \overline{\gamma} Q\, dx \tag{2.11a}$$

und bei der Platte

$$\overline{W}_i = \int \begin{bmatrix} \overline{\kappa}_x & \overline{\kappa}_y & \overline{\kappa}_{xy} \end{bmatrix} \begin{bmatrix} m_x \\ m_y \\ m_{xy} \end{bmatrix} dx\, dy + \int \begin{bmatrix} \overline{\gamma}_{xz} & \overline{\gamma}_{yz} \end{bmatrix} \begin{bmatrix} q_x \\ q_y \end{bmatrix} dx\, dy \tag{2.11b}$$

$$\overline{W}_i = \int \underline{\overline{\kappa}}^T \cdot \underline{m}\, dx\, dy + \int \underline{\overline{\gamma}} \cdot \underline{q}\, dx\, dy \;. \tag{2.11c}$$

Die virtuelle innere Energie des Balkens nach (2.11a) entspricht mit

$$\overline{\kappa} = \frac{\overline{M}}{EI} \qquad\qquad \overline{\gamma} = \frac{\overline{Q}}{G A_s}$$

wiederum dem bekannten Ausdruck der Arbeitsgleichung der Baustatik:

$$\overline{W}_i = \int \frac{M \overline{M}}{EI} dx + \int \frac{Q \overline{Q}}{G A_s} dx \;.$$

Bei der schubstarren Platte (Kirchhoffsche Plattentheorie) sind wegen $\gamma = 0$ bzw. $\gamma_{xz} = 0$ und $\gamma_{yz} = 0$ die Querschnittsneigungen keine unabhängigen Zustandsgrößen mehr. Einzige Verzerrungsgrößen einer schubstarren Platte sind die Krümmungen κ_x und κ_y und die Verwindung κ_{xy}. Sie ergeben sich als zweite Ableitung der Verschiebungsfunktion. Die Querkräfte lassen sich nicht mehr aus dem Stoffgesetz ableiten, da die Schubsteifigkeit unendlich groß wird. Weiterhin ergeben sich bei der schubstarren Platte Inkonsistenzen an den Rändern (vgl. [2.5, 2.9]). An gelenkig gelagerten Rändern können nur noch die Randbedingungen für zwei der insgesamt drei vorhandenen Schnittkräfte (Biegemoment, Drillmoment und Querkraft) erfüllt werden. Die Randdrillmomente m_{ns} müssen daher in Ersatzquerkräfte umgerechnet und mit den Querkräften q_n zu Randkräften

$$q_n^* = q_n + \frac{dm_{ns}}{ds} \tag{2.12}$$

zusammengefaßt werden. Weiterhin können an Plattenecken Einzelkräfte auftreten. An gelenkig gelagerten Plattenrändern ergeben sich nach (2.12) Auflagerkräfte q_n^*, die sich von den Querkräften q_n am Plattenrand um den Betrag dm_{ns}/ds unterscheiden. An unbelasteten freien Plattenrändern können sowohl Drillmomente als auch Querkräfte auftreten.

2.3 Grundgleichungen von Biegebalken und Platte

Die im Randbereich auftretenden Randquerkräfte erhält man wegen $q_n^*=0$ zu $q_n = -dm_{ns}/ds$, d.h., sie entsprechen der Änderung der Randdrillmomente m_{ns}. An einem vollständig eingespannten Plattenrand treten keine Drillmomente auf, und damit stimmen wegen $dm_{ns}/ds=0$ die Querkräfte und die Auflagerkräfte überein.

Die Theorie der schubweichen Platte ermöglicht die Erfüllung der Randbedingungen für die Biegemomente, Drillmomente und Querkräfte. An gelenkig gelagerten Rändern entsprechen die Auflagerkräfte somit den Querkräften am Plattenrand. Anstelle von Einzelkräften erhält man in Plattenecken entsprechende Spitzen in den Verläufen der Quer- bzw. Auflagerkräfte. In der Praxis sind die Unterschiede beider Theorien, die sich meist nur in Randbereichen der Platte von der Größe der Plattendicke auswirken, in der Regel vernachlässigbar.

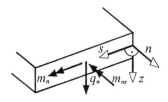

n normal zum Rand
s in Randrichtung

Bild 2-11 Schnittkräfte am Plattenrand

3 Finite-Element-Methode für Stabwerke

3.1 Überblick

3.1.1 Die Finite-Element-Methode als statisches Berechnungsverfahren

Die Berechnung statisch unbestimmter Systeme in der Baustatik führt im allgemeinen auf ein lineares algebraisches Gleichungssystem. Ausnahmen bilden Untersuchungen, bei denen geometrische oder materialbedingte Nichtlinearitäten von Bedeutung sind. Sind die Unbekannten dieses Gleichungssystems Kräfte und Momente, so spricht man vom Kraftgrößenverfahren, sind es Verschiebungen und Verdrehungen, so vom Verschiebungsgrößenverfahren. Sowohl das Kraftgrößenverfahren als auch das Verschiebungsgrößenverfahren können in Matrizenschreibweise formuliert und somit in einer für die Computerberechnung geeigneten Form angeschrieben werden [3.1]. Jedoch ist das Verschiebungsgrößenverfahren übersichtlicher und leichter schematisierbar als das Kraftgrößenverfahren und damit besser zur Programmierung geeignet. Daher beruhen fast alle in der Praxis angewandten Programmsysteme für baustatische Berechnungen auf dem Verschiebungsgrößenverfahren. Dieses wird im folgenden ausschließlich behandelt. In der Literatur wird das Verschiebungsgrößenverfahren auch als Weggrößenverfahren, Formänderungsgrößenverfahren oder Deformationsverfahren bezeichnet.

Die Formulierung des Verschiebungsgrößenverfahrens in Matrizenschreibweise wird auch bei Stabwerken meist als 'Finite-Element-Methode' bezeichnet. Diese Bezeichnung wird im folgenden übernommen, da Stabwerke lediglich einen Spezialfall der allgemeineren Anwendung auf Flächentragwerke und dreidimensionale Kontinua sind.

Der Grundgedanke der Methode der Finiten Elemente besteht darin, das zu berechnende Tragwerk in eine größere Anzahl von Elementen mit leicht überschaubaren statischen Eigenschaften zu zerlegen und diese dann unter Wahrung der kinematischen Verträglichkeitsbedingungen und der statischen Gleichgewichtsbedingungen zu einem komplexen Gesamtsystem zusammenzufügen. Da hierbei auch unterschiedliche Tragwerkselemente, wie z.B. Elemente zur Abbildung von Stäben, Scheiben, Platten sowie dreidimensionalen Kontinuen, in demselben Berechnungsmodell verwendet werden können, ist die Methode äußerst vielseitig und leistungsfähig (Bilder 3-1, 3-3).

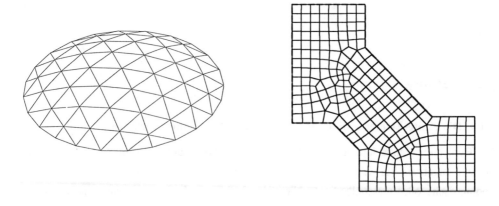

Räumliches Stabwerk *Platte*

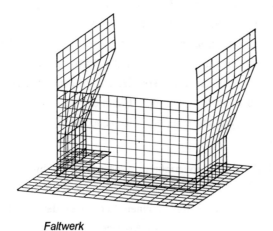

Faltwerk

Bild 3-1 Beispiele für Finite-Element-Modelle

3.1.2 Knotenpunkte, Freiheitsgrade und Finite Elemente

Zur Berechnung nach der Methode der Finiten Elemente diskretisiert man das Tragwerk in einzelne sogenannte Finite Elemente. Diese sind an Knotenpunkten miteinander verbunden. An den Knotenpunkten werden Verschiebungsgrößen (Verschiebungen und Verdrehungen) sowie - als äußere Belastung des Systems - Kraftgrößen (Kräfte und Momente) definiert. Diese sind auf das globale Koordinatensystem bezogen, für das in der Regel kartesische

3.1 Überblick

Koordinaten verwendet werden. Verschiebungen oder Verdrehungen eines Knotenpunkts in globalen Koordinaten werden ganz allgemein auch als globale Freiheitsgrade bezeichnet. Welche Freiheitsgrade einem Knotenpunkt zugeordnet werden, hängt von der Art des Tragwerks ab. Im allgemeinen räumlichen Fall sind sechs Freiheitsgrade, nämlich die Verschiebungen in x-, y- und z-Richtung sowie die Verdrehungen um die x-, y- und z-Achse möglich (Bild 3-2). Bei ebenen Systemen und speziellen Tragwerksformen verringert sich die Anzahl der zu berücksichtigenden Freiheitsgrade, beispielsweise bei einer Platte in der x-y-Ebene auf drei Freiheitsgrade je Knotenpunkt, nämlich die Verschiebung in z-Richtung sowie die Verdrehungen um die x- und y-Achse (Bild 3-3). Die Definition von auf den Knotenpunkt bezogenen Kräften und Momenten, z.B. für Einzellasten, entspricht der Vorzeichendefinition der zugehörigen Verschiebungsfreiheitsgrade.

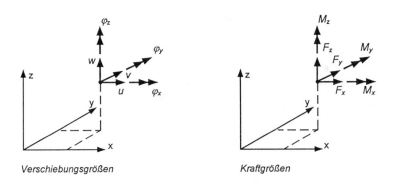

Bild 3-2 Verschiebungs- und Kraftgrößen im globalen Koordinatensystem

3.1.3 Berechnungsverfahren

Die statische Berechnung des in Finite Elemente diskretisierten Tragwerks nach dem Verschiebungsgrößenverfahren führt, wenn man lineares Tragverhalten voraussetzt, zu einem linearen Gleichungssystem mit den Knotenverschiebungen und -verdrehungen als Unbekannten. Faßt man die an den Knotenpunkten angreifenden äußeren Kräfte und Momente zum Lastvektor $\underline{F}$ und die Knotenverschiebungen zum Verschiebungsvektor $\underline{u}$ zusammen, so läßt sich dieser Zusammenhang schreiben:

$$\underline{K} \cdot \underline{u} = \underline{F} \tag{3.1}$$

Beispielsweise ist das ebene Stabwerk in Bild 3-4 in zwei Stäbe und drei Knotenpunkte diskretisiert und besitzt, wenn man die Auflagerbedingungen berücksichtigt, die fünf Freiheitsgrade u_1, φ_1, u_2, v_2 und φ_2. Die zugehörigen äußeren Lasten sind F_{x1}, M_1, F_{x2}, F_{y2} und M_2. Damit hat das Gleichungssystem (3.1) die Form:

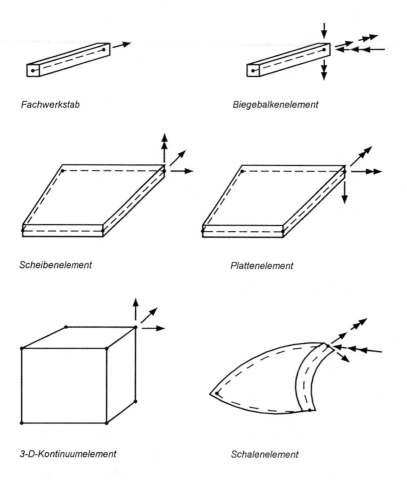

Fachwerkstab

Biegebalkenelement

Scheibenelement

Plattenelement

3-D-Kontinuumelement

Schalenelement

Bild 3-3 Elementarten und Freiheitsgrade

3.1 Überblick

$$\begin{bmatrix} k_{11} & k_{12} & k_{13} & k_{14} & k_{15} \\ k_{21} & k_{22} & k_{23} & k_{24} & k_{25} \\ k_{31} & k_{32} & k_{33} & k_{34} & k_{35} \\ k_{41} & k_{42} & k_{43} & k_{44} & k_{45} \\ k_{51} & k_{52} & k_{53} & k_{54} & k_{55} \end{bmatrix} \cdot \begin{bmatrix} u_1 \\ \varphi_1 \\ u_2 \\ v_2 \\ \varphi_2 \end{bmatrix} = \begin{bmatrix} F_{x1} \\ M_1 \\ F_{x2} \\ F_{y2} \\ M_2 \end{bmatrix} \qquad (3.1a)$$

Die Matrix $\underline{K}$ heißt Systemsteifigkeitsmatrix. Sie ist quadratisch, da $\underline{u}$ und $\underline{F}$ dieselbe Größe haben. Die Elemente der Vektoren $\underline{u}$ und $\underline{F}$ sind so geordnet, daß eine Kraftgröße F_i entlang des Verschiebungswegs u_i (z.B. F_{y2} entlang v_2) Arbeit leistet, d.h. einer Kraft F_i entspricht eine Verschiebung u_i in Kraftrichtung bzw. einem Moment M_i eine Verdrehung φ_i in der Drehrichtung des Moments. Man kann zeigen, daß die Steifigkeitsmatrix dann symmetrisch ist.

Auch für jedes einzelne Element läßt sich der Zusammenhang zwischen den Kräften und Verschiebungen an den Elementknoten ähnlich wie in (3.1) als Steifigkeitsmatrix ausdrücken. Diese Matrix heißt Elementsteifigkeitsmatrix. Die Systemsteifigkeitsmatrix läßt sich nach einem einfachen Schema aus den Elementsteifigkeitsmatrizen zusammensetzen.

Nach dem Aufstellen der Systemsteifigkeitsmatrix $\underline{K}$ und des Lastvektors $\underline{F}$ wird (3.1) nach einem Verfahren zur Lösung linearer Gleichungssysteme, z.B. dem Gaußschen Verfahren, gelöst. Dabei kann es sich, je nach Diskretisierung des Systems, um Gleichungssysteme mit mehreren hundert oder mehreren tausend Unbekannten handeln. Der größte Rechenaufwand bei einer Finite-Element-Berechnung besteht meistens in der Lösung dieses Gleichungssystems. Nach der Lösung des Gleichungssystems für die Verschiebungsgrößen werden aus den Verschiebungsgrößen die Schnittgrößen in den einzelnen Elementen ermittelt.

Bei der Finite-Element-Methode sind also folgende Berechnungsschritte durchzuführen:

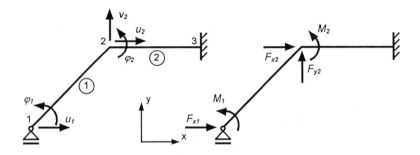

Bild 3-4 Verschiebungsfreiheitsgrade und Knotenlasten eines Stabwerks

Berechnungsschritte bei der Finite-Element-Methode

1. *Ermittlung der Elementsteifigkeitsmatrizen und Knotenpunktslasten für das in Knotenpunkte und Elemente diskretisierte System*
2. *Aufbau der Systemsteifigkeitsmatrix aus den Elementsteifigkeitsmatrizen und des Lastvektors*
3. *Lösung des Gleichungssystems für die Verschiebungsgrößen*
4. *Ermittlung der Auflagerkräfte aus den Verschiebungsgrößen*
5. *Ermittlung der Elementspannungen (-schnittgrößen) aus den Verschiebungsgrößen*

3.2 Einführungsbeispiel: Ebene Fachwerke

3.2.1 Statisches System

Die einzelnen Berechnungsschritte werden zunächst am Beispiel eines ebenen Fachwerks erläutert. Anschließend werden als weitere Tragwerkselemente Federn und Biegebalken behandelt. Die Kombination unterschiedlicher Tragwerkselemente wird anhand eines Beispiels in Abschnitt 3.4 gezeigt.

Ebene Fachwerke besitzen an jedem Knotenpunkt zwei Freiheitsgrade. Bei einem Fachwerk in der x-y-Ebene sind dies die Verschiebungen u und v. Verschiebungen in z-Richtung sowie Verdrehungsfreiheitsgrade sind nicht vorhanden.

Beispiel 3.1

Das in Bild 3-5 dargestellte Fachwerk wird in vier Knotenpunkte und sechs Stäbe diskretisiert. Die Stäbe 5 und 6 seien an ihrem Kreuzungspunkt nicht verbunden. Das Fachwerk wird durch die Kräfte F_{x1} bis F_{y4} belastet. Es ist die Form des Gleichungssystems zu ermitteln.

Da die Verschiebungen des Punkts 4 sowie die Vertikalverschiebung des Punkts 3 aufgrund der Auflagerbedingungen festgehalten sind, besitzt das System fünf Freiheitsgrade. Das Gleichungssystem zur Ermittlung der Verschiebungen hat die Form:

$$\begin{bmatrix} k_{11} & k_{12} & k_{13} & k_{14} & k_{15} \\ k_{21} & k_{22} & k_{23} & k_{24} & k_{25} \\ k_{31} & k_{32} & k_{33} & k_{34} & k_{35} \\ k_{41} & k_{42} & k_{43} & k_{44} & k_{45} \\ k_{51} & k_{52} & k_{53} & k_{54} & k_{55} \end{bmatrix} \cdot \begin{bmatrix} u_1 \\ v_1 \\ u_2 \\ v_2 \\ u_3 \end{bmatrix} = \begin{bmatrix} F_{x1} \\ F_{y1} \\ F_{x2} \\ F_{y2} \\ F_{x3} \end{bmatrix}$$

3.2 Einführungsbeispiel: Ebene Fachwerke

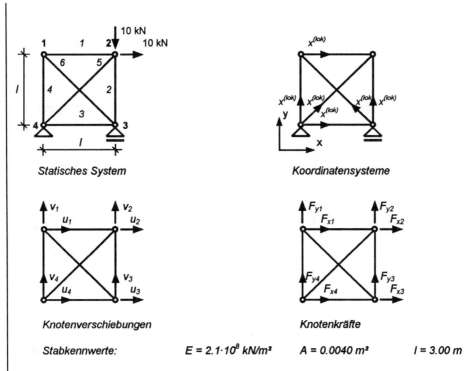

Bild 3-5 Fachwerk (Einführungsbeispiel)

Zur Ermittlung der Systemsteifigkeitsmatrix des Systems werden die Elementsteifigkeitsmatrizen der Stäbe benötigt. Daher wird zunächst die Elementsteifigkeitsmatrix des Fachwerkstabs hergeleitet.

3.2.2 Elementsteifigkeitsmatrix des Fachwerkstabs

Der Fachwerkstab ist ein Stabelement, das ausschließlich Normalkräfte aufnehmen kann. Er besitzt eine vergleichsweise einfache Elementsteifigkeitsmatrix. Zur Beschreibung der Elementkräfte wird die lokale Koordinate $x^{(lok)}$ eingeführt (Bild 3-6). Die Elementgrößen im lokalen Koordinatensystem werden durch den hochgestellten Index $^{(lok)}$ gekennzeichnet.

Man betrachtet einen Stab mit der Querschnittsfläche A, dem Elastizitätsmodul E und der Länge l, in dem eine konstante Normalkraft N wirkt. Die durch die Normalkraft hervorgerufene Verlängerung δ des Stabs beträgt

$$\delta = \frac{N \cdot l}{E \cdot A}$$

bzw. gilt, wenn man die Verlängerung des Stabs mit

$$\delta = u_2^{(lok)} - u_1^{(lok)}$$

durch die Verschiebungen $u_1^{(lok)}$ und $u_2^{(lok)}$ der Knotenpunkte im lokalen Koordinatensystem ausdrückt:

$$N = \frac{E \cdot A}{l} \cdot \delta = \frac{E \cdot A}{l} \cdot \left(-u_1^{(lok)} + u_2^{(lok)}\right)$$

oder in Matrizenschreibweise

$$N = \frac{E \cdot A}{l} \cdot [-1 \quad 1] \cdot \begin{bmatrix} u_1^{(lok)} \\ u_2^{(lok)} \end{bmatrix} \quad (3.2)$$

bzw.

$$N = \underline{S}_e^{(lok)} \cdot \underline{u}_e^{(lok)} \quad (3.2a)$$

mit

$$\underline{S}_e^{(lok)} = \frac{E \cdot A}{l} \cdot [-1 \quad 1] \quad (3.2b)$$

Die Matrix $\underline{S}_e^{(lok)}$ heißt Spannungsmatrix. Gleichung (3.2) wird verwendet, um nach der Lösung des globalen Gleichungssystems aus den dann bekannten Knotenverschiebungen die Normalkräfte in den Stäben zu ermitteln.

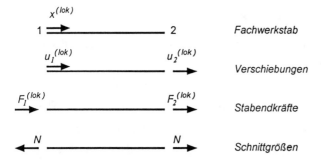

Bild 3-6 Fachwerkstab in lokalen Koordinaten

3.2 Einführungsbeispiel: Ebene Fachwerke

An den Stabenden greifen die Kräfte $F_1^{(lok)}$ und $F_2^{(lok)}$ an. Diese sind beide in Richtung der Koordinate $x^{(lok)}$ positiv definiert. Aus Gleichgewichtsgründen gilt

$$F_1^{(lok)} = -N = \frac{E \cdot A}{l} \cdot \left(u_1^{(lok)} - u_2^{(lok)}\right)$$

$$F_2^{(lok)} = N = \frac{E \cdot A}{l} \cdot \left(-u_1^{(lok)} + u_2^{(lok)}\right)$$

Die beiden Gleichungen geben die Beziehung zwischen den Knotenverschiebungen und den Stabendkräften an. Sie lauten in Matrizenschreibweise

$$\frac{E \cdot A}{l} \cdot \begin{bmatrix} 1 & -1 \\ -1 & 1 \end{bmatrix} \cdot \begin{bmatrix} u_1^{(lok)} \\ u_2^{(lok)} \end{bmatrix} = \begin{bmatrix} F_1^{(lok)} \\ F_2^{(lok)} \end{bmatrix} \quad (3.3)$$

$$\underline{K}_e^{(lok)} \cdot \underline{u}_e^{(lok)} = \underline{F}_e^{(lok)} \quad (3.3a)$$

wobei die Matrix

$$\underline{K}_e^{(lok)} = \frac{E \cdot A}{l} \cdot \begin{bmatrix} 1 & -1 \\ -1 & 1 \end{bmatrix} \quad (3.3b)$$

die Elementsteifigkeitsmatrix des Fachwerkstabs in lokalen Koordinaten darstellt. Sie ist wie die Steifigkeitsmatrizen aller Finiten Elemente symmetrisch. Die Elementsteifigkeitsmatrix ist aber auch singulär, da sich die zweite Zeile aus der ersten durch Multiplikation mit -1 ergibt. Statisch bedeutet dies, daß das 'statische System' - hier ein einzelnes Stabelement - kinematisch ist.

Beispiel 3.2

Für alle Stäbe des in Bild 3-5 dargestellten Fachwerks sind die Elementsteifigkeitsmatrizen und die Spannungsmatrizen in lokalen Koordinaten zu ermitteln.

Die Steifigkeitsmatrizen erhält man mit $A = 0.004$ m², $E = 2.1 \cdot 10^8$ kN/m² nach (3.3) zu:

Stäbe 1 bis 4 (mit $l = 3.00$ m):

$$\underline{K}_e^{(lok)} = 2.80 \cdot 10^5 \cdot \begin{bmatrix} 1 & -1 \\ -1 & 1 \end{bmatrix}$$

Stäbe 5 und 6 (mit $l = 4.24$ m):

$$\underline{K}_e^{(lok)} = 1.98 \cdot 10^5 \cdot \begin{bmatrix} 1 & -1 \\ -1 & 1 \end{bmatrix}$$

Die Spannungsmatrizen erhält man nach (3.2b) in lokalen Koordinaten zu:

Stäbe 1 bis 4:

$$\underline{S}_e^{(lok)} = 2.80 \cdot 10^5 \cdot [-1 \quad 1]$$

Stäbe 5 und 6:

$$\underline{S}_e^{(lok)} = 1.98 \cdot 10^5 \cdot [-1 \quad 1]$$

3.2.3 Koordinatentransformation

Zur Berechnung von Stabwerken mit Stäben, die beliebig im Raum orientiert sind, wird die auf lokale Koordinaten bezogene Elementsteifigkeitsmatrix in globale Koordinaten transformiert. Im folgenden wird diese Transformation für das Fachwerkelement eines ebenen Fachwerks durchgeführt.

Ein Knotenpunkt eines ebenen Fachwerks verschiebt sich infolge der Verformung des Systems in der x-y-Ebene. Diese Verschiebung kann entweder in globalen Koordinaten durch die beiden Verschiebungskomponenten u, v in der globalen x- bzw. y-Richtung oder in den lokalen Koordinaten durch $u^{(lok)}$, $v^{(lok)}$ ausgedrückt werden. Die Beziehung zwischen den

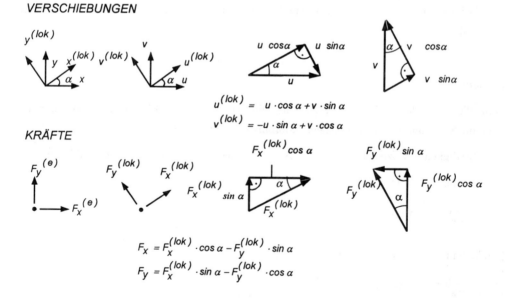

Bild 3-7 Koordinatentransformation von Knotenverschiebungen und -kräften

3.2 Einführungsbeispiel: Ebene Fachwerke

Verschiebungen $u^{(lok)}$, $v^{(lok)}$ und den Verschiebungen u, v ergibt sich nach Bild 3-7 aus einfachen trigonometrischen Beziehungen zu:

$$\begin{bmatrix} u^{(lok)} \\ v^{(lok)} \end{bmatrix} = \begin{bmatrix} \cos\alpha & \sin\alpha \\ -\sin\alpha & \cos\alpha \end{bmatrix} \cdot \begin{bmatrix} u \\ v \end{bmatrix} \quad (3.4)$$

Mit dieser allgemeinen Vorschrift zur Koordinatentransformation lassen sich die Verschiebungen $u_1^{(lok)}$, $u_2^{(lok)}$ des Fachwerkstabs durch die Verschiebungen $u_1^{(e)}$, $u_2^{(e)}$ in der x-Richtung und $v_1^{(e)}$, $v_2^{(e)}$ in der y-Richtung des globalen Koordinatensystems ausdrücken zu:

$$\begin{bmatrix} u_1^{(lok)} \\ u_2^{(lok)} \end{bmatrix} = \begin{bmatrix} \cos\alpha & \sin\alpha & 0 & 0 \\ 0 & 0 & \cos\alpha & \sin\alpha \end{bmatrix} \cdot \begin{bmatrix} u_1^{(e)} \\ v_1^{(e)} \\ u_2^{(e)} \\ v_2^{(e)} \end{bmatrix} \quad (3.5)$$

$$\underline{u}_e^{(lok)} \;=\; \underline{T} \;\cdot\; \underline{u}_e \quad (3.5a)$$

Die Matrix $\underline{T}$ ist die Transformationsmatrix für die Verschiebungen des Fachwerkstabs.

Die Kräfte lassen sich in ähnlicher Weise transformieren. Dazu zerlegt man die auf das lokale Koordinatensystem bezogenen Kräfte $F_x^{(lok)}$ und $F_y^{(lok)}$ in globale Koordinaten. Die auf das globale Koordinatensystem bezogenen Kräfte F_x und F_y erhält man nach Bild 3-8 zu:

$$\begin{bmatrix} F_x \\ F_y \end{bmatrix} = \begin{bmatrix} \cos\alpha & -\sin\alpha \\ \sin\alpha & \cos\alpha \end{bmatrix} \cdot \begin{bmatrix} F_x^{(lok)} \\ F_y^{(lok)} \end{bmatrix} \quad (3.6)$$

und, übertragen auf die Stabendkräfte, die an beiden Stabenden in Richtung der globalen Koordinaten positiv definiert sind

$$\begin{bmatrix} F_{x1}^{(e)} \\ F_{y1}^{(e)} \\ F_{x2}^{(e)} \\ F_{y2}^{(e)} \end{bmatrix} = \begin{bmatrix} \cos\alpha & 0 \\ \sin\alpha & 0 \\ 0 & \cos\alpha \\ 0 & \sin\alpha \end{bmatrix} \cdot \begin{bmatrix} F_1^{(lok)} \\ F_2^{(lok)} \end{bmatrix} \quad (3.7)$$

$$\underline{F}_e \;=\; \underline{T}^T \;\cdot\; \underline{F}_e^{(lok)}. \quad (3.7a)$$

Die Transformationsmatrix der Kräfte ist die Transponierte der Transformationsmatrix der Verschiebungen. Man kann zeigen, daß dies unter den in Abschnitt 3.1.3 genannten Voraussetzungen hinsichtlich der Vektoren $\underline{u}_e$ und $\underline{F}_e$ immer der Fall ist.

3 Finite-Element-Methode für Stabwerke

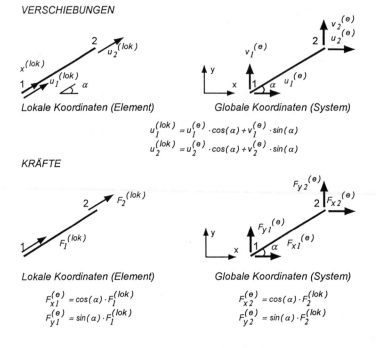

Bild 3-8 Koordinatentransformation beim Fachwerkstab

Mit Hilfe der Transformationsmatrizen der Verschiebungen und Kräfte läßt sich die Elementsteifigkeitsmatrix des Fachwerkstabs von lokalen in globale Koordinaten transformieren. Ersetzt man die Kräfte $\underline{F}_e^{(lok)}$ in (3.7a) durch die Steifigkeitsbeziehung

$$\underline{F}_e^{(lok)} = \underline{K}_e^{(lok)} \cdot \underline{u}_e^{(lok)}$$

nach (3.3a), so erhält man die Kräfte in globalen Koordinaten zu:

$$\underline{F}_e = \underline{T}^T \cdot \underline{K}_e^{(lok)} \cdot \underline{u}_e^{(lok)}$$

Ersetzt man nun noch die Verschiebungen $\underline{u}_e^{(lok)}$ mit Hilfe von (3.5a)

$$\underline{u}_e^{(lok)} = \underline{T} \cdot \underline{u}_e$$

durch die Verschiebungen $\underline{u}_e$ in globalen Koordinaten, so erhält man die Steifigkeitsbeziehung in globalen Koordinaten zu:

$$\underline{F}_e = \underline{T}^T \cdot \underline{K}_e^{(lok)} \cdot \underline{T} \cdot \underline{u}_e \qquad (3.8a)$$

Die Elementsteifigkeitsmatrix $\underline{K}_e$ des Fachwerkstabs in globalen Koordinaten erhält man somit durch Transformation der Steifigkeitsmatrix $\underline{K}_e^{(lok)}$ in lokalen Koordinaten zu:

3.2 Einführungsbeispiel: Ebene Fachwerke

$$\underline{K}_e = \underline{T}^T \cdot \underline{K}_e^{(lok)} \cdot \underline{T} \tag{3.8b}$$

Damit lautet die Steifigkeitsbeziehung des Fachwerkstabs in globalen Koordinaten:

$$\frac{E \cdot A}{l} \cdot \begin{bmatrix} c^2 & s \cdot c & -c^2 & -s \cdot c \\ s \cdot c & s^2 & -s \cdot c & -s^2 \\ -c^2 & -s \cdot c & c^2 & s \cdot c \\ -s \cdot c & -s^2 & s \cdot c & s^2 \end{bmatrix} \cdot \begin{bmatrix} u_1^{(e)} \\ v_1^{(e)} \\ u_2^{(e)} \\ v_2^{(e)} \end{bmatrix} = \begin{bmatrix} F_{x1}^{(e)} \\ F_{y1}^{(e)} \\ F_{x2}^{(e)} \\ F_{y2}^{(e)} \end{bmatrix} \tag{3.9}$$

$$\underline{K}_e \cdot \underline{u}_e = \underline{F}_e \tag{3.9a}$$

mit $s = \sin\alpha$ und $c = \cos\alpha$.

Ebenso läßt sich auch die Spannungsmatrix von lokalen auf globale Koordinaten transformieren. Setzt man (3.5a)

$$\underline{u}_e^{(lok)} = \underline{T} \cdot \underline{u}_e$$

in (3.2a)

$$N = \underline{S}_e^{(lok)} \cdot \underline{u}_e^{(lok)}$$

ein, erhält man:

$$N = \underline{S}_e \cdot \underline{u}_e \tag{3.10}$$

mit

$$\underline{S}_e = \underline{S}_e^{(lok)} \cdot \underline{T}$$
$$\underline{S}_e = \frac{E \cdot A}{l} [-\cos\alpha \quad -\sin\alpha \quad \cos\alpha \quad \sin\alpha]. \tag{3.10a}$$

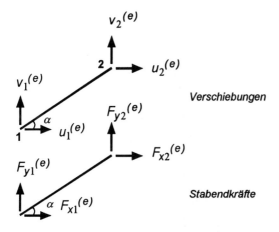

Bild 3-9 Fachwerkstab in globalen Koordinaten

Beispiel 3.3

Die Steifigkeitsmatrizen und -beziehungen sowie die Spannungsmatrizen der Stäbe des Fachwerks in Beispiel 3.1 sind im globalen Koordinatensystem anzugeben.

Für die Stabendkräfte und die Knotenverschiebungen gelten die Bezeichnungen nach Bild 3-5. Sowohl die Stabendkräfte als auch die Knotenverschiebungen sind in Richtung der globalen Koordinaten positiv definiert. Die Stabendkräfte werden zusätzlich mit einem hochgestellten Index für die Elementnummer gekennzeichnet. Die Auflagerbedingungen werden bei den Verschiebungen zunächst noch nicht berücksichtigt.

Stab 1 nach (3.9) mit $\alpha = 0°$:

$$\begin{bmatrix} F_{x1}^{(1)} \\ F_{y1}^{(1)} \\ F_{x2}^{(1)} \\ F_{y2}^{(1)} \end{bmatrix} = 2.80 \cdot 10^5 \begin{bmatrix} 1 & 0 & -1 & 0 \\ 0 & 0 & 0 & 0 \\ -1 & 0 & 1 & 0 \\ 0 & 0 & 0 & 0 \end{bmatrix} \cdot \begin{bmatrix} u_1 \\ v_1 \\ u_2 \\ v_2 \end{bmatrix}$$

oder nach (3.3):

$$\begin{bmatrix} F_{x1}^{(1)} \\ F_{x2}^{(1)} \end{bmatrix} = 2.80 \cdot 10^5 \begin{bmatrix} 1 & -1 \\ -1 & 1 \end{bmatrix} \cdot \begin{bmatrix} u_1 \\ u_2 \end{bmatrix}$$

Stab 2:

$$\begin{bmatrix} F_{y3}^{(2)} \\ F_{y2}^{(2)} \end{bmatrix} = 2.80 \cdot 10^5 \begin{bmatrix} 1 & -1 \\ -1 & 1 \end{bmatrix} \cdot \begin{bmatrix} v_3 \\ v_2 \end{bmatrix}$$

Stab 3:

$$\begin{bmatrix} F_{x4}^{(3)} \\ F_{x3}^{(3)} \end{bmatrix} = 2.80 \cdot 10^5 \begin{bmatrix} 1 & -1 \\ -1 & 1 \end{bmatrix} \cdot \begin{bmatrix} u_4 \\ u_3 \end{bmatrix}$$

Stab 4:

$$\begin{bmatrix} F_{y4}^{(4)} \\ F_{y1}^{(4)} \end{bmatrix} = 2.80 \cdot 10^5 \begin{bmatrix} 1 & -1 \\ -1 & 1 \end{bmatrix} \cdot \begin{bmatrix} v_4 \\ v_1 \end{bmatrix}$$

Stab 5 mit $\alpha = 45°$:

$$\begin{bmatrix} F_{x4}^{(5)} \\ F_{y4}^{(5)} \\ F_{x2}^{(5)} \\ F_{y2}^{(5)} \end{bmatrix} = 1.98 \cdot 10^5 \begin{bmatrix} 0.5 & 0.5 & -0.5 & -0.5 \\ 0.5 & 0.5 & -0.5 & -0.5 \\ -0.5 & -0.5 & 0.5 & 0.5 \\ -0.5 & -0.5 & 0.5 & 0.5 \end{bmatrix} \cdot \begin{bmatrix} u_4 \\ v_4 \\ u_2 \\ v_2 \end{bmatrix}$$

Stab 6 mit $\alpha = 135°$:

$$\begin{bmatrix} F_{x3}^{(6)} \\ F_{y3}^{(6)} \\ F_{x1}^{(6)} \\ F_{y1}^{(6)} \end{bmatrix} = 1.98 \cdot 10^5 \begin{bmatrix} 0.5 & -0.5 & -0.5 & 0.5 \\ -0.5 & 0.5 & 0.5 & -0.5 \\ -0.5 & 0.5 & 0.5 & -0.5 \\ 0.5 & -0.5 & -0.5 & 0.5 \end{bmatrix} \cdot \begin{bmatrix} u_3 \\ v_3 \\ u_1 \\ v_1 \end{bmatrix}$$

Die Spannungsmatrizen lauten in globalen Koordinaten:

Stäbe 1 und 3:

$$\underline{S}_e = 2.80 \cdot 10^5 \begin{bmatrix} -1 & 1 \end{bmatrix}$$

Stäbe 2 und 4:

$$\underline{S}_e = 2.80 \cdot 10^5 \begin{bmatrix} -1 & 1 \end{bmatrix}$$

Stab 5 mit $\alpha = 45°$:

$$\underline{S}_e = 1.98 \cdot 10^5 \begin{bmatrix} -0.71 & -0.71 & 0.71 & 0.71 \end{bmatrix}$$

Stab 6 mit $\alpha = 135°$:

$$\underline{S}_e = 1.98 \cdot 10^5 \begin{bmatrix} 0.71 & -0.71 & -0.71 & 0.71 \end{bmatrix}$$

Die Spannungsmatrizen sind auf dieselben Verschiebungsvektoren wie die entsprechenden Elementsteifigkeitsmatrizen bezogen.

3.2.4 Systemsteifigkeitsmatrix

Aus den Steifigkeitsmatrizen aller Elemente kann leicht die Systemsteifigkeitsmatrix, die auf alle Freiheitsgrade des statischen Systems bezogen ist, gebildet werden. Die Vorgehensweise zum Aufbau der Systemsteifigkeitsmatrix ergibt sich aus den Verträglichkeitsbedingungen an den Knotenpunkten. In Bild 3-10 ist ein Knotenpunkt mit mehreren damit verbundenen Elementen dargestellt. Die statischen Bedingungen für die Verbindung der Elemente mit dem Knotenpunkt sind

- die Kompatibilität der Verschiebungsgrößen der Elemente mit denjenigen des
  Knotenpunkts und
- die Gleichgewichtsbedingungen am Knotenpunkt.

Die Kompatibilitätsbedingungen der Verschiebungen sind leicht zu erfüllen. Hierzu müssen lediglich anstelle der lokalen Verschiebungen der Endpunkte der Elemente die globalen Knotenverschiebungen eingeführt werden. Die Verschiebungen $u_2^{(a)}$, $u_1^{(b)}$ und $u_1^{(c)}$ der

Elemente a, b und c in Bild 3-10 sind beispielsweise identisch mit der globalen Verschiebung u_i des Knotenpunkts i und können somit durch u_i ersetzt werden. In Beispiel 3.3 ist dies bei den Elementsteifigkeitsmatrizen bereits geschehen. Die Zuordnung von lokalen und globalen Freiheitsgraden läßt sich mit einer Tabelle, der sogenannten Koinzidenztabelle, systematisieren. Sie gibt an, welchem Knotenpunkt des Systems der jeweilige Elementpunkt entspricht.

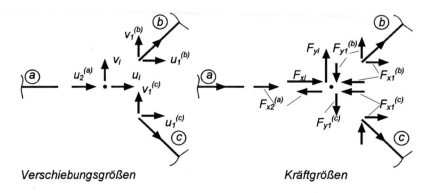

Verschiebungsgrößen   *Kräftgrößen*

Bild 3-10 Verschiebungs- und Kraftgrößen am Knotenpunkt i mit den Fachwerkelementen a, b, c

Zur Erfüllung des Gleichgewichts am Knotenpunkt ist die Gleichgewichtsbedingung der Stabendkräfte und der Knotenlasten anzuschreiben. Für den Knotenpunkt i in Bild 3-10 lautet sie:

$$F_{x1}^{(a)} + F_{x1}^{(b)} + F_{x1}^{(c)} = F_{xi}$$

$$F_{y1}^{(b)} + F_{y1}^{(c)} = F_{yi}$$

In diesen Gleichungen werden nun die Stabendkräfte $F_{x2}^{(a)}$, $F_{x1}^{(b)}$, $F_{y1}^{(b)}$, $F_{x1}^{(c)}$ und $F_{y1}^{(c)}$ mit Hilfe der Steifigkeitsmatrizen der Elemente a, b und c durch die globalen Knotenverschiebungen ausgedrückt. Es sei beispielsweise das Element a mit dem Knoten h (Stabanfang) und dem Knoten i (Stabende) verbunden. Die Stabendkraft $F_{x2}^{(a)}$ drückt man dann mit Hilfe der Steifigkeitsmatrix (z.B. (3.3b)) durch die Verschiebungen u_h und u_i aus:

$$\begin{bmatrix} F_{x1}^{(a)} \\ F_{x2}^{(a)} \end{bmatrix} = \begin{bmatrix} k_{11} & k_{12} \\ k_{21} & k_{22} \end{bmatrix} \cdot \begin{bmatrix} u_h \\ u_i \end{bmatrix}$$

oder

$$F_{x1}{}^{(a)} = k_{11} \cdot u_h + k_{12} \cdot u_i$$
$$F_{x2}{}^{(a)} = k_{21} \cdot u_h + k_{22} \cdot u_i$$

Führt man diese Gleichung für $F_{x2}{}^{(a)}$ in die Gleichgewichtsbedingung für die x-Komponente der Kräfte am Knoten *i* ein, erhält man:

$$k_{21} \cdot u_h + k_{22} \cdot u_i + \text{Anteile der Elemente } b \text{ und } c = F_{xi}$$

oder

$$k_{21} \cdot u_h + (k_{22} + \text{Anteile von } b \text{ und } c \text{ zum Freiheitsgrad } u_i) \cdot u_i$$
$$+ \text{Anteile von } b \text{ und } c \text{ zu weiteren Freiheitsgraden} = F_{xi}$$

Der Anteil des Elements *a* am Kräftegleichgewicht im Knotenpunkt *i* in x-Richtung wird also dadurch berücksichtigt, daß die Terme der Elementsteifigkeitsmatrix in den entsprechenden Freiheitsgraden addiert werden. Stellt man die Gleichungen für die Kraftkomponenten in allen Freiheitsgraden des Systems auf, so erhält man die Steifigkeitsbeziehung für das gesamte System mit der Systemsteifigkeitsmatrix als Koeffizientenmatrix. Die Systemsteifigkeitsmatrix wird durch Addition der Terme der Elementsteifigkeitsmatrizen in den entsprechenden globalen Freiheitsgraden gebildet. Der Vorgang ist in Beispiel 3.5 noch einmal ausführlich erläutert.

Die Steifigkeitsbeziehung lautet demnach allgemein:

$$\underline{K}_f \cdot \underline{u}_f = \underline{F}_f \tag{3.11}$$

wobei gilt:

$\underline{K}_f$: Systemsteifigkeitsmatrix (ohne Auflagerbedingungen)

$\underline{u}_f$: Vektor der Knotenverschiebungen

$\underline{F}_f$: Vektor der Knotenpunktslasten

Die Auflagerbedingungen wurden in den obigen Gleichungen noch nicht berücksichtigt. Das System ist also in der Ebene frei verschieblich, worauf der Index *f* hinweist. Die Matrix $\underline{K}_f$ ist daher ebenso wie bereits die Elementsteifigkeitsmatrix (3.2b bzw. 3.8) singulär.

Beispiel 3.4

Für das Fachwerk in Beispiel 3.1 ist die Koinzidenztabelle der Knotenpunkte aufzustellen.

In der Knoten-Koinzidenztabelle wird die Zuordnung der Stabknoten zu den globalen Knotennummern angegeben. Für das Beispiel 3.1 ist sie in Tabelle 3-1 angeben. Die Zuordnung der globalen Freiheitsgrade zu den Elementfreiheitsgraden kann hieraus ermittelt werden. Beispielsweise entsprechen die Verschiebungen $u_1^{(5)}$, $v_1^{(5)}$ am Anfang des Stabs 5 den globalen Verschiebungen u_4 und v_4 des Knotenpunkts 4.

ELEMENTNUMMER	ANFANGSPUNKT (1)	ENDPUNKT (2)
1	1	2
2	3	2
3	4	3
4	4	1
5	4	2
6	3	1

Tabelle 3-1 Koinzidenztabelle des Fachwerks in Bild 3-5

Beispiel 3.5

Für das in Bild 3-5 dargestellte Fachwerk soll die Systemsteifigkeitsmatrix (ohne Berücksichtigung der Auflagerbedingungen) aufgestellt werden. Für den Knotenpunkt 1 sind die Gleichungen, die zur Systemsteifigkeitsmatrix führen, ausführlich darzustellen.

Zunächst werden die Gleichgewichtsbedingungen der Stabendkräfte und der äußeren Knotenkräfte am Knotenpunkt 1 in x- und y-Richtung angeschrieben:

$$F_{x1}^{(1)} + F_{x1}^{(6)} = F_{x1}$$
$$F_{y1}^{(4)} + F_{y1}^{(6)} = F_{y1}$$

Die Stabendkräfte wirken dabei als Reaktionskräfte in der negativen globalen x- bzw. y-Richtung auf den Knotenpunkt, die äußeren Kräfte sind immer in den globalen Koordinatenrichtungen positiv definiert.

Die Stabendkräfte in den obigen Gleichungen werden nun mit Hilfe der Elementsteifigkeitsmatrizen durch die Knotenverschiebungen ausgedrückt. Die Auflagerbedingungen werden hierbei vorläufig noch nicht berücksichtigt. Beispielsweise erhält man die Stabendkraft des Stabs 1 aus der ersten Zeile der Elementsteifigkeitsmatrix

3.2 Einführungsbeispiel: Ebene Fachwerke

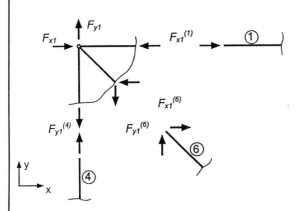

Bild 3-11 Gleichgewicht am Knoten 1

$$\begin{bmatrix} F_{x1}^{(1)} \\ F_{x2}^{(1)} \end{bmatrix} = 2.80 \cdot 10^5 \begin{bmatrix} 1 & -1 \\ -1 & 1 \end{bmatrix} \cdot \begin{bmatrix} u_1 \\ u_2 \end{bmatrix}$$

zu:

$$F_{x1}^{(1)} = 2.80 \cdot 10^5 \begin{bmatrix} 1 & -1 \end{bmatrix} \cdot \begin{bmatrix} u_1 \\ u_2 \end{bmatrix}.$$

Entsprechend erhält man die Stabendkräfte des Stabs 6 am Knotenpunkt 1 (mit dem Vorfaktor $2.8 \cdot 10^5$ anstelle von $1.98 \cdot 10^5$) zu

$$\begin{bmatrix} F_{x1}^{(6)} \\ F_{y1}^{(6)} \end{bmatrix} = 2.8 \cdot 10^5 \begin{bmatrix} -0.35 & 0.35 & 0.35 & -0.35 \\ 0.35 & -0.35 & -0.35 & 0.35 \end{bmatrix} \cdot \begin{bmatrix} u_3 \\ v_3 \\ u_1 \\ v_1 \end{bmatrix}$$

und die Stabendkraft des Elements 4:

$$F_{y1}^{(4)} = 2.80 \cdot 10^5 \begin{bmatrix} 1 & -1 \end{bmatrix} \cdot \begin{bmatrix} v_4 \\ v_1 \end{bmatrix}$$

Führt man diese Beziehungen in die obigen Gleichgewichtsbedingungen am Knotenpunkt 1 ein, erhält man

$$2.8 \cdot 10^5 \cdot \begin{bmatrix} 1.+0.35 & -0.35 & -1. & 0 & -0.35 & 0.35 & 0 & 0 \\ -0.35 & 1.+0.35 & 0 & 0 & 0.35 & -0.35 & 0 & -1. \end{bmatrix} \cdot \begin{bmatrix} u_1 \\ v_1 \\ u_2 \\ v_2 \\ u_3 \\ v_3 \\ u_4 \\ v_4 \end{bmatrix} = \begin{bmatrix} F_{x1} \\ F_{y1} \end{bmatrix}$$

Dies sind bereits die erste und zweite Zeile der globalen Steifigkeitsmatrix. Die Ausdrücke mit den Beiwerten +/-0.35 ergeben sich aus der Elementsteifigkeitsmatrix des Stabs 6, die Ausdrücke mit +/-1 aus den Elementsteifigkeitsmatrizen der Elemente 1 und 4. Um die vollständige Systemsteifigkeitsmatrix zu erhalten, muß die obige Gleichung nun noch für das Gesamtsystem um die Gleichgewichtsbedingungen an den Knoten 2 bis 4 ergänzt werden.

Die Systemsteifigkeitsmatrix wird demnach durch Summation der Terme der Elementsteifigkeitsmatrizen in den entsprechenden Freiheitsgraden gebildet. Im folgenden wird der Aufbau der Systemsteifigkeitsmatrix durch Addition der Terme der Elementsteifigkeitsmatrizen dargestellt. Die Elementsteifigkeitsmatrizen wurden bereits in Beispiel 3.3 ermittelt. Sie werden nacheinander auf die globale Steifigkeitsmatrix, die alle Freiheitsgrade des Systems enthält, addiert, bis alle Elemente erfaßt sind.

3.2 Einführungsbeispiel: Ebene Fachwerke

Berücksichtigung der Steifigkeit des Elements 1:

$$2.8 \cdot 10^5 \cdot \begin{bmatrix} 1.0 & 0 & -1.0 & 0 & 0 & 0 & 0 & 0 \\ 0 & 0 & 0 & 0 & 0 & 0 & 0 & 0 \\ -1.0 & 0 & 1.0 & 0 & 0 & 0 & 0 & 0 \\ 0 & 0 & 0 & 0 & 0 & 0 & 0 & 0 \\ 0 & 0 & 0 & 0 & 0 & 0 & 0 & 0 \\ 0 & 0 & 0 & 0 & 0 & 0 & 0 & 0 \\ 0 & 0 & 0 & 0 & 0 & 0 & 0 & 0 \\ 0 & 0 & 0 & 0 & 0 & 0 & 0 & 0 \end{bmatrix} \cdot \begin{bmatrix} u_1 \\ v_1 \\ u_2 \\ v_2 \\ u_3 \\ v_3 \\ u_4 \\ v_4 \end{bmatrix} = \begin{bmatrix} F_{x1} \\ F_{y1} \\ F_{x2} \\ F_{y2} \\ F_{x3} \\ F_{y3} \\ F_{x4} \\ F_{y4} \end{bmatrix}$$

Zusätzliche Berücksichtigung des Elements 2:

$$2.8 \cdot 10^5 \cdot \begin{bmatrix} 1.0 & 0 & -1.0 & 0 & 0 & 0 & 0 & 0 \\ 0 & 0 & 0 & 0 & 0 & 0 & 0 & 0 \\ -1.0 & 0 & 1.0 & 0 & 0 & 0 & 0 & 0 \\ 0 & 0 & 0 & 1.0 & 0 & -1.0 & 0 & 0 \\ 0 & 0 & 0 & 0 & 0 & 0 & 0 & 0 \\ 0 & 0 & 0 & -1.0 & 0 & 1.0 & 0 & 0 \\ 0 & 0 & 0 & 0 & 0 & 0 & 0 & 0 \\ 0 & 0 & 0 & 0 & 0 & 0 & 0 & 0 \end{bmatrix} \cdot \begin{bmatrix} u_1 \\ v_1 \\ u_2 \\ v_2 \\ u_3 \\ v_3 \\ u_4 \\ v_4 \end{bmatrix} = \begin{bmatrix} F_{x1} \\ F_{y1} \\ F_{x2} \\ F_{y2} \\ F_{x3} \\ F_{y3} \\ F_{x4} \\ F_{y4} \end{bmatrix}$$

Zusätzliche Berücksichtigung des Elements 3:

$$2.8 \cdot 10^5 \cdot \begin{bmatrix} 1.0 & 0 & -1.0 & 0 & 0 & 0 & 0 & 0 \\ 0 & 0 & 0 & 0 & 0 & 0 & 0 & 0 \\ -1.0 & 0 & 1.0 & 0 & 0 & 0 & 0 & 0 \\ 0 & 0 & 0 & 1.0 & 0 & -1.0 & 0 & 0 \\ 0 & 0 & 0 & 0 & \boldsymbol{1.0} & 0 & \boldsymbol{-1.0} & 0 \\ 0 & 0 & 0 & -1.0 & 0 & 1.0 & 0 & 0 \\ 0 & 0 & 0 & 0 & \boldsymbol{-1.0} & 0 & \boldsymbol{1.0} & 0 \\ 0 & 0 & 0 & 0 & 0 & 0 & 0 & 0 \end{bmatrix} \cdot \begin{bmatrix} u_1 \\ v_1 \\ u_2 \\ v_2 \\ u_3 \\ v_3 \\ u_4 \\ v_4 \end{bmatrix} = \begin{bmatrix} F_{x1} \\ F_{y1} \\ F_{x2} \\ F_{y2} \\ F_{x3} \\ F_{y3} \\ F_{x4} \\ F_{y4} \end{bmatrix}$$

Zusätzliche Berücksichtigung des Elements 4:

$$2.8 \cdot 10^5 \cdot \begin{bmatrix} 1.0 & 0 & -1.0 & 0 & 0 & 0 & 0 & 0 \\ 0 & \boldsymbol{1.0} & 0 & 0 & 0 & 0 & 0 & \boldsymbol{-1.0} \\ -1.0 & 0 & 1.0 & 0 & 0 & 0 & 0 & 0 \\ 0 & 0 & 0 & 1.0 & 0 & -1.0 & 0 & 0 \\ 0 & 0 & 0 & 0 & 1.0 & 0 & -1.0 & 0 \\ 0 & 0 & 0 & -1.0 & 0 & 1.0 & 0 & 0 \\ 0 & 0 & 0 & 0 & -1.0 & 0 & 1.0 & 0 \\ 0 & \boldsymbol{-1.0} & 0 & 0 & 0 & 0 & 0 & \boldsymbol{1.0} \end{bmatrix} \cdot \begin{bmatrix} u_1 \\ v_1 \\ u_2 \\ v_2 \\ u_3 \\ v_3 \\ u_4 \\ v_4 \end{bmatrix} = \begin{bmatrix} F_{x1} \\ F_{y1} \\ F_{x2} \\ F_{y2} \\ F_{x3} \\ F_{y3} \\ F_{x4} \\ F_{y4} \end{bmatrix}$$

3.2 Einführungsbeispiel: Ebene Fachwerke

Zusätzliche Berücksichtigung des Elements 5

$$2.8 \cdot 10^5 \cdot \begin{bmatrix} 1.0 & 0 & -1.0 & 0 & 0 & 0 & 0 & 0 \\ 0 & 1.0 & 0 & 0 & 0 & 0 & 0 & -1.0 \\ -1.0 & 0 & 1.35 & 0.35 & 0 & 0 & -0.35 & -0.35 \\ 0 & 0 & 0.35 & 1.35 & 0 & -1.0 & -0.35 & -0.35 \\ 0 & 0 & 0 & 0 & 1.0 & 0 & -1.0 & 0 \\ 0 & 0 & 0 & -1.0 & 0 & 1.0 & 0 & 0 \\ 0 & 0 & -0.35 & -0.35 & -1.0 & 0 & 1.35 & 0.35 \\ 0 & -1.0 & -0.35 & -0.35 & 0 & 0 & 0.35 & 1.35 \end{bmatrix} \cdot \begin{bmatrix} u_1 \\ v_1 \\ u_2 \\ v_2 \\ u_3 \\ v_3 \\ u_4 \\ v_4 \end{bmatrix} = \begin{bmatrix} F_{x1} \\ F_{y1} \\ F_{x2} \\ F_{y2} \\ F_{x3} \\ F_{y3} \\ F_{x4} \\ F_{y4} \end{bmatrix}$$

Zusätzliche Berücksichtigung des Elements 6

$$2.8 \cdot 10^5 \cdot \begin{bmatrix} 1.35 & -0.35 & -1.0 & 0 & -0.35 & 0.35 & 0 & 0 \\ -0.35 & 1.35 & 0 & 0 & 0.35 & -0.35 & 0 & -1.0 \\ -1.0 & 0 & 1.35 & 0.35 & 0 & 0 & -0.35 & -0.35 \\ 0 & 0 & 0.35 & 1.35 & 0 & -1.0 & -0.35 & -0.35 \\ -0.35 & 0.35 & 0 & 0 & 1.35 & -0.35 & -1.0 & 0 \\ 0.35 & -0.35 & 0 & -1.0 & -0.35 & 1.35 & 0 & 0 \\ 0 & 0 & -0.35 & -0.35 & -1.0 & 0 & 1.35 & 0.35 \\ 0 & -1.0 & -0.35 & -0.35 & 0 & 0 & 0.35 & 1.35 \end{bmatrix} \cdot \begin{bmatrix} u_1 \\ v_1 \\ u_2 \\ v_2 \\ u_3 \\ v_3 \\ u_4 \\ v_4 \end{bmatrix} = \begin{bmatrix} F_{x1} \\ F_{y1} \\ F_{x2} \\ F_{y2} \\ F_{x3} \\ F_{y3} \\ F_{x4} \\ F_{y4} \end{bmatrix}$$

Dies ist die vollständige Systemsteifigkeitsmatrix ohne Berücksichtigung der Auflagerbedingungen. Sie wird durch Summation der Terme der Elementsteifigkeitsmatrizen in den entsprechenden Freiheitsgraden gebildet. Dabei werden immer diejenigen Stellen der Systemsteifigkeitsmatrix mit Termen aus den Elementsteifigkeitsmatrizen belegt, die Freiheitsgraden entsprechen, welche durch ein Element miteinander verbunden sind. Falls Freiheitsgrade nicht durch ein Element verbunden sind, sind die entsprechenden Terme in der globalen Steifigkeitsmatrix Null. Beispielsweise sind die Freiheitsgrade u_1 und u_4 nicht durch ein Element, das in diesen Freiheitsgraden eine Steifigkeit besitzt, verbunden. (Der Fachwerkstab 4 besitzt lediglich in seiner Längsrichtung eine Steifigkeit.) Daher sind in der ersten Zeile der Steifigkeitsmatrix der siebte Term und in der siebten Zeile der Steifigkeitsmatrix der erste Term gleich Null.

3.2.5 Auflagerbedingungen

Der Vektor $\underline{u}_f$ der Knotenverschiebungen enthält noch alle Freiheitsgrade des Systems. Nicht alle Knotenverschiebungen im Gleichungssystem (3.11) stellen jedoch Unbekannte dar. Vielmehr besitzen bestimmte Freiheitsgrade einen bekannten Wert. Es sind dies die an den Auflagern des Systems festgehaltenen Freiheitsgrade. Ihr Wert ist 0 bei einer einfachen Festhaltung oder auch $\neq 0$ im Lastfall Auflagersenkung. Im folgenden wird lediglich der Fall einer einfachen Festhaltung weiter betrachtet.

Die Matrizenmultiplikation in (3.11) bedeutet für die festgehaltenen Freiheitsgrade, daß die entsprechenden Spalten der Matrix $\underline{K}_f$ mit 0 multipliziert werden. Diese Spalten können daher auch in (3.11) weggelassen werden. Die Zeilen in Gleichung (3.11), die den festgehaltenen Freiheitsgraden entsprechen, können nicht zur Lösung des Gleichungssystems herangezogen werden, da sie auf der rechten Seite die Auflagerkräfte als noch unbekannte Knotenkräfte enthalten. Man teilt daher das nach der Streichung der Spalten entstandene Gleichungssystem in ein Gleichungssystem, das das Gleichgewicht der Kräfte in den verschieblichen Freiheitsgraden ausdrückt, und in ein zweites Gleichungssystem, das das Gleichgewicht an den festgehaltenen Freiheitsgraden beschreibt. Das erste Gleichungssystem ist quadratisch, da ebensoviele Zeilen des ursprünglichen Gleichungssystems wie Spalten weggelassen werden. Es handelt sich um das bereits angeschriebene Gleichungssystem (3.1):

$$\underline{K} \cdot \underline{u} = \underline{F}$$

Aus diesem Gleichungssystem werden die Knotenverschiebungen ermittelt. Mit Hilfe des zweiten Gleichungssystems können nach der Berechnung der Knotenverschiebungen die Auflagerkräfte bestimmt werden.

Beispiel 3.6

Für das Fachwerk nach Bild 3-5 sind die Auflagerbedingungen in der bereits in Beispiel 3.5 ermittelten Systemsteifigkeitsmatrix zu berücksichtigen. Weiterhin sind die Gleichungen zur Bestimmung der Auflagerkräfte aus den globalen Verschiebungsgrößen aufzustellen.

3.2 Einführungsbeispiel: Ebene Fachwerke

Die Auflagerbedingungen des Fachwerks in Bild 3-5 lauten:

$$v_3 = 0 \qquad u_4 = 0 \qquad v_4 = 0$$

Führt man diese Beziehungen in das Gleichungssystem nach (3.11) in Beispiel 3.5 ein und ordnet man die Gleichungen nach den freien und den festgehaltenen Freiheitsgraden, dann erhält man die beiden folgenden Gleichungssysteme:

1. *Gleichungen zur Ermittlung der Knotenverschiebungen:*

$$2.80 \cdot 10^5 \begin{bmatrix} 1.35 & -0.35 & -1. & 0 & -0.35 \\ -0.35 & 1.35 & 0 & 0 & 0.35 \\ -1. & 0 & 1.35 & 0.35 & 0 \\ 0 & 0 & 0.35 & 1.35 & 0 \\ -0.35 & 0.35 & 0 & 0 & 1.35 \end{bmatrix} \cdot \begin{bmatrix} u_1 \\ v_1 \\ u_2 \\ v_2 \\ u_3 \end{bmatrix} = \begin{bmatrix} F_{x1} \\ F_{y1} \\ F_{x2} \\ F_{y2} \\ F_{x3} \end{bmatrix}$$

2. *Gleichungen zur Ermittlung der Auflagerkräfte aus den Knotenverschiebungen:*

$$2.80 \cdot 10^5 \cdot \begin{bmatrix} 0.35 & -0.35 & 0 & -1. & -0.35 \\ 0 & 0 & -0.35 & -0.35 & -1. \\ 0 & -1. & -0.35 & -0.35 & 0 \end{bmatrix} \cdot \begin{bmatrix} u_1 \\ v_1 \\ u_2 \\ v_2 \\ u_3 \end{bmatrix} = \begin{bmatrix} F_{y3} \\ F_{x4} \\ F_{y4} \end{bmatrix}$$

Beispiel 3.7

Die Steifigkeitsmatrix ist mit Hilfe von Einheitsverschiebungen in den einzelnen Freiheitsgraden anschaulich zu deuten.

Die Vorgehensweise wird anhand der Horizontalverschiebung des Knotenpunkts 2 erläutert. Bringt man am Knoten 2 beispielsweise eine horizontale Einheitsverschiebung an und hält alle übrigen Freiheitsgrade des Fachwerks fest, d.h. wählt man

$$u_2 = 1$$
$$u_1 = v_1 = v_2 = u_3 = 0,$$

so erhält man durch Einsetzen der Verschiebungen in die beiden Gleichungssysteme oben die Festhaltekräfte in den Knotenpunkten zu:

$$\begin{bmatrix} F_{x1} \\ F_{y1} \\ F_{x2} \\ F_{y2} \\ F_{x3} \end{bmatrix} = 2.80 \cdot 10^5 \cdot \begin{bmatrix} -1. \\ 0 \\ 1.35 \\ 0.35 \\ 0 \end{bmatrix}$$

$$\begin{bmatrix} F_{y3} \\ F_{x4} \\ F_{y4} \end{bmatrix} = 2.80 \cdot 10^5 \cdot \begin{bmatrix} 0 \\ -0.35 \\ -0.35 \end{bmatrix}$$

Die Vektoren auf der rechten Seite entsprechen der dritten Spalte der Systemsteifigkeitsmatrix. Die übrigen Spalten der Steifigkeitsmatrix lassen sich analog durch Einheitsverschiebungen der entsprechenden Freiheitsgrade (bei Festhaltung aller übrigen Freiheitsgrade) ermitteln. Die Spalten der Steifigkeitsmatrix stellen also die Festhaltekräfte infolge von Einheitsverschiebungen in den betreffenden Freiheitsgraden dar.

3.2.6 Lösung des Gleichungssystems

Das Gleichungssystem (3.1) mit den Knotenverschiebungen als Unbekannten ist bei stabilen, d.h. nicht kinematischen statischen Systemen regulär, so daß zu jedem Lastvektor $\underline{F}$ eine eindeutige Lösung existiert. Nur bei kinematischen Systemen ist die Systemsteifigkeitsmatrix singulär. In diesem Fall muß das statische System überprüft und korrigiert werden. Das Gleichungssystem kann nach verschiedenen Verfahren, die in Abschnitt 1.3.3 erläutert werden, numerisch gelöst werden (vgl. auch Abschnitt 5.3).

Beispiel 3.8

Für das in Bild 3-5 dargestellte Fachwerk und die dort angegebenen Knotenlasten sind die Knotenverschiebungen zu ermitteln.

Die Systemsteifigkeitsmatrix wurde bereits in Beispiel 3.6 aufgestellt. Die Belastung besteht aus den beiden Lasten

$F_x = 10.0$

$F_y = -10.0$

am Knotenpunkt 2. Damit lautet der Lastvektor:

3.2 Einführungsbeispiel: Ebene Fachwerke

$$\begin{bmatrix} F_{x1} \\ F_{y1} \\ F_{x2} \\ F_{y2} \\ F_{x3} \end{bmatrix} = \begin{bmatrix} 0 \\ 0 \\ 10. \\ -10. \\ 0 \end{bmatrix}$$

Die Lösung des Gleichungssystems wurde in den Beispielen 1.4, 1.5, 1.7 und 1.9 (ohne den Vorfaktor $2.80 \cdot 10^5$ und mit einer Genauigkeit der Steifigkeitsmatrix von zwei Stellen) nach unterschiedlichen Verfahren ermittelt. Man erhält die Knotenverschiebungen zu:

$$\begin{bmatrix} u_1 \\ v_1 \\ u_2 \\ v_2 \\ u_3 \end{bmatrix} = \begin{bmatrix} 0.86 \\ 0.18 \\ 1.04 \\ -0.54 \\ 0.18 \end{bmatrix} \cdot 10^{-4}$$

Die Dimension der Verschiebungen ist [m].

3.2.7 Auflagerkräfte und Elementspannungen

Die Auflagerkräfte ermittelt man durch Einsetzen der errechneten Knotenverschiebungen in das Gleichungssystem, das man aus der Systemsteifigkeitsmatrix des frei verschieblichen Systems erhält, wenn man die Gleichungen abspaltet, die den festgehaltenen Freiheitsgraden entsprechen (vgl. Abschnitt 3.2.5).

Zur Ermittlung der Elementkräfte bzw. -spannungen multipliziert man die Spannungsmatrizen der Elemente mit den entsprechenden Knotenverschiebungen.

Beispiel 3.9

Mit Hilfe der in Beispiel 3.8 ermittelten Knotenverschiebungen sind die Auflagerkräfte und die Normalkräfte der Fachwerkstäbe (Bild 3-5) zu berechnen.

Die Auflagerkräfte erhält man mit dem in Beispiel 3.6 angegebenen Gleichungssystem zu:

$$2.80 \cdot 10^5 \cdot \begin{bmatrix} 0.35 & -0.35 & 0 & -1. & -0.35 \\ 0 & 0 & -0.35 & -0.35 & -1. \\ 0 & -1. & -0.35 & -0.35 & 0 \end{bmatrix} \cdot \begin{bmatrix} 0.86 \\ 0.18 \\ 1.04 \\ -0.54 \\ 0.18 \end{bmatrix} \cdot 10^{-4}$$

$$= \begin{bmatrix} 20.0 \\ -10.0 \\ -10.0 \end{bmatrix} = \begin{bmatrix} F_{y3} \\ F_{x4} \\ F_{y4} \end{bmatrix}$$

Die hiermit ermittelten Auflagerkräfte stehen mit den Lasten im Gleichgewicht, d.h. die Gleichgewichtskontrollen

$$\sum_{i=1}^{n} F_{xi} = 0 \qquad \sum_{i=1}^{n} F_{yi} = 0$$

sind erfüllt.

Die Elementkräfte erhält man mit den in Beispiel 3.3 ermittelten Spannungsmatrizen zu:

Stab 1:

$$N_1 = 2.80 \cdot 10^5 \cdot [-1. \quad 1.] \cdot \begin{bmatrix} 0.86 \\ 1.04 \end{bmatrix} \cdot 10^{-4} = 5.0$$

Stab 2:

$$N_2 = 2.80 \cdot 10^5 \cdot [-1. \quad 1.] \cdot \begin{bmatrix} 0.00 \\ -0.54 \end{bmatrix} \cdot 10^{-4} = -15.0$$

Stab 3:

$$N_3 = 2.80 \cdot 10^5 \cdot [-1. \quad 1.] \cdot \begin{bmatrix} 0.00 \\ 0.18 \end{bmatrix} \cdot 10^{-4} = 5.0$$

Stab 4:

$$N_4 = 2.80 \cdot 10^5 \cdot [-1. \quad 1.] \cdot \begin{bmatrix} 0.00 \\ 0.18 \end{bmatrix} \cdot 10^{-4} = 5.0$$

Stab 5:

$$N_5 = 1.98 \cdot 10^5 \cdot [-0.71 \quad -0.71 \quad 0.71 \quad 0.71] \cdot \begin{bmatrix} 0.00 \\ 0.00 \\ 1.04 \\ -0.54 \end{bmatrix} \cdot 10^{-4} = 7.0$$

Stab 6:

$$N_6 = 1.98 \cdot 10^5 \cdot [0.71 \quad -0.71 \quad -0.71 \quad 0.71] \cdot \begin{bmatrix} 0.18 \\ 0.00 \\ 0.86 \\ 0.18 \end{bmatrix} \cdot 10^{-4} = -7.0$$

Die Stabkräfte N_1 bis N_6 haben die Dimension [kN]. Die vollständigen Ergebnisse des Berechnungsbeispiels sind in den nachfolgenden Tabellen zusammengestellt:

| KNOTENPUNKT | VERSCHIEBUNGEN | | AUFLAGERKRÄFTE | | STAB | NORMALKRAFT |
	x [mm]	y [mm]	x [kN]	y [kN]		[kN]
1	0.086	0.018	-	-	1	5.
2	0.104	-0.054	-	-	2	-15.
3	0.018	-	-	20.	3	5.
4	-	-	-10.	-10.	4	5.
					5	7.
					6	-7.

3.3 Federn

In Finite-Element-Modellen von Tragwerken werden Federn zur Abbildung punktförmiger elastischer Lagerungen sowie von elastischen Einspannungen verwendet. Elastische Federn beschreiben einen linearen Zusammenhang zwischen Kraft- und Verschiebungsgrößen. Für jeden Freiheitsgrad erhält man eine Federkonstante als Proportionalitätskonstante.

Bei ebenen Systemen in der x-y-Ebene sind an einem Knotenpunkt im allgemeinen drei Verschiebungsgrößen möglich, nämlich die Verschiebungen in x- und y-Richtung sowie die Verdrehung um die z-Achse. Die Beziehungen zwischen den Kraft- und Verschiebungsgrößen des elastisch gelagerten Knotenpunkts i lautet (Bild 3-12):

$$F_x^{(e)} = k_x \cdot u_i \qquad (3.12a)$$

$$F_y^{(e)} = k_y \cdot v_i \qquad (3.12b)$$

$$M_z^{(e)} = k_{zz} \cdot \varphi_{zi} \tag{3.12c}$$

mit den Federkonstanten

- k_x für die Verschiebung in x-Richtung (Dimension z.B. [kN/m]),
- k_y für die Verschiebung in y-Richtung (Dimension z.B. [kN/m]) und
- k_{zz} für die Drehung um die z-Achse (Dimension z.B. [kNm]).

Die elastische Lagerung des Punkts setzt sich also aus drei Einzelfedern, die nicht gekoppelt sind, zusammen. Diese Beziehungen lassen sich mit Hilfe einer Steifigkeitsmatrix für die elastische Lagerung zusammenfassen:

$$\begin{bmatrix} k_x & 0 & 0 \\ 0 & k_y & 0 \\ 0 & 0 & k_{zz} \end{bmatrix} \cdot \begin{bmatrix} u_i \\ v_i \\ \varphi_{zi} \end{bmatrix} = \begin{bmatrix} F_x^{(e)} \\ F_y^{(e)} \\ M_z^{(e)} \end{bmatrix} \tag{3.13}$$

$$\underline{K}_e \cdot \underline{u}_e = \underline{F}_e \tag{3.13a}$$

Bild 3-12 Elastische Lagerung eines Knotenpunkts

In der Steifigkeitsmatrix sind nur die Diagonalterme besetzt, da die Einzelfedern nicht gekoppelt sind. Bei Verschiebungsfedern, die nicht in Richtung der globalen x-y-Koordinaten angeordnet sind, ist die Steifigkeitsmatrix ähnlich wie beim Fachwerkstab zu transformieren. In der dann erhaltenen Steifigkeitsmatrix sind die Verschiebungsfreiheitsgrade in der x- und y-Richtung gekoppelt.

Nach der Lösung des Gleichungssystems erhält man die Kraftgrößen in den Federn durch Einsetzen der Verschiebungsgrößen in die Steifigkeitsbeziehungen (3.12 a-c).

3.4 Biegebalken

3.4.1 Elementsteifigkeitsmatrix und Spannungsmatrix

Balkenelemente dienen zur Modellierung von Durchlaufträgern, Rahmen und Trägerrosten. Bei der Biegebeanspruchung werden die auftretenden Belastungen durch Biegemomente und Querkräfte abgetragen. An den Stabenden eines Balkenelements greifen daher jeweils eine Kraft quer zur Stabachse sowie ein Biegemoment an (Bild 3-13). Dem entsprechen die Freiheitsgrade der Verschiebung quer zur Stabachse und der Verdrehung um eine zur Stabachse senkrechte Achse. Für die Biegetragwirkung ergeben sich damit im lokalen Koordinatensystem vier Freiheitsgrade am Stabelement. Die bei ebenen Rahmen zusätzlich auftretenden Normalkraftbeanspruchungen sind hiervon entkoppelt und werden später (Abschnitt 3.4.3) berücksichtigt.

Es wurde bereits darauf hingewiesen, daß sich die Steifigkeitsmatrix mit Hilfe von Einheitsverschiebungen in den einzelnen Freiheitsgraden auf anschauliche Weise deuten läßt (vgl. Beispiel 3.7). Danach sind die Spalten der Steifigkeitsmatrix die Festhaltekräfte, die man erhält, wenn man im Freiheitsgrad mit der Nummer der zu ermittelnden Spalte eine Einheitsverschiebung aufbringt und alle übrigen Freiheitsgrade festhält. Diese Vorgehensweise wird im folgenden zur Ermittlung der Steifigkeitsmatrix des Biegebalkens verwendet.

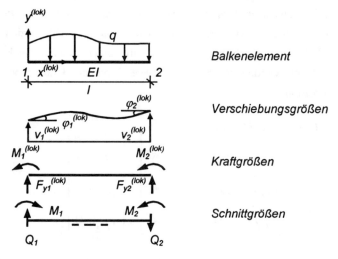

Bild 3-13 Balkenelement in lokalen Koordinaten

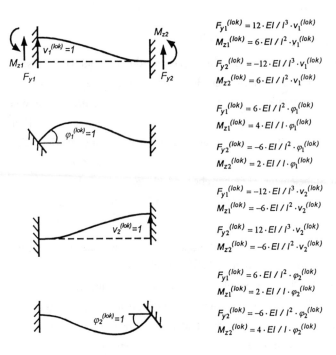

Bild 3-14 Einheitsverschiebungen am Balkenelement

In Bild 3-14 sind die anhand eines Tabellenbuchs (z.B. [3.8]) erhaltenen Festhaltekräfte des beidseitig eingespannten schubstarren Einfeldträgers angegeben, wenn in den vier Freiheitsgraden Einheitsverschiebungen und -verdrehungen einzeln aufgebracht werden. Geht man nun davon aus, daß 'Auflagerverschiebungen und -verdrehungen' in allen vier Freiheitsgraden gleichzeitig aufgebracht werden, so erhält man die resultierenden Kraftgrößen an den Stabenden durch Superposition zu:

$$\frac{E \cdot I}{l} \cdot \begin{bmatrix} 12/l^2 & 6/l & -12/l^2 & 6/l \\ 6/l & 4 & -6/l & 2 \\ -12/l^2 & -6/l & 12/l^2 & -6/l \\ 6/l & 2 & -6/l & 4 \end{bmatrix} \cdot \begin{bmatrix} v_1^{(lok)} \\ \varphi_1^{(lok)} \\ v_2^{(lok)} \\ \varphi_2^{(lok)} \end{bmatrix} = \begin{bmatrix} F_{y1}^{(lok)} \\ M_{z1}^{(lok)} \\ F_{y2}^{(lok)} \\ M_{z2}^{(lok)} \end{bmatrix} \qquad (3.14)$$

$$\underline{K}_{be}^{(lok)} \cdot \underline{u}_{be}^{(lok)} = \underline{F}_{be}^{(lok)} \qquad (3.14a)$$

3.4 Biegebalken

wobei $(E \cdot I)$ die Biegesteifigkeit und l die Balkenlänge bedeuten. Die Matrix $\underline{K}_{be}^{(lok)}$ stellt die Steifigkeitsmatrix des Biegebalkens in lokalen Koordinaten dar. Die Gleichung enthält noch nicht den Einfluß der Elementlast q in Bild 3-13. Dieser wird später berücksichtigt.

Die Schnittgrößen an den Stabenden lassen sich aus (3.14) ableiten. Hierzu sind anstelle der Kräfte $\underline{F}_{be}^{(lok)}$ die Stabendkräfte nach der Faserdefinition einzuführen (Bild 3-14). Man erhält mit $Q_1 = \underline{F}_{y1}^{(lok)}$, $Q_2 = -\underline{F}_{y2}^{(lok)}$, $M_1 = -\underline{M}_{z1}^{(lok)}$ und $M_2 = \underline{M}_{z2}^{(lok)}$:

$$\begin{bmatrix} Q_1 \\ M_1 \\ Q_2 \\ M_2 \end{bmatrix} = \frac{E \cdot I}{l} \cdot \begin{bmatrix} 12/l^2 & 6/l & -12/l^2 & 6/l \\ -6/l & -4 & 6/l & -2 \\ 12/l^2 & 6/l & -12/l^2 & 6/l \\ 6/l & 2 & -6/l & 4 \end{bmatrix} \cdot \begin{bmatrix} v_1^{(lok)} \\ \varphi_1^{(lok)} \\ v_2^{(lok)} \\ \varphi_2^{(lok)} \end{bmatrix} \quad (3.15)$$

$$\underline{S} \quad = \quad \underline{S}_{be}^{(lok)} \quad \cdot \quad \underline{u}_{be}^{(lok)} \quad (3.15a)$$

Die Matrix $\underline{S}_{be}^{(lok)}$ ist die Spannungsmatrix in lokalen Koordinaten.

3.4.2 Elementlasten

Äußere Lasten können beim Verfahren der Finiten Elemente im globalen Gleichungssystem ausschließlich durch Knotenkräfte berücksichtigt werden. Dennoch ist es auch möglich, Elementlasten, wie z.B. eine Streckenlast auf einem Biegebalken, exakt zu erfassen.

Um eine beliebige Elementlast zu berücksichtigen, ermittelt man deren Starreinspannmomente und -kräfte am beidseitig eingespannten Stab. Bei der Superposition der von den 'Auflagerverschiebungen und -verdrehungen' hervorgerufenen Kräfte, die zu (3.14) führt, werden nun zusätzlich die Festhaltekräfte infolge der Elementlasten superponiert. Man erhält:

$$\frac{E \cdot I}{l} \cdot \begin{bmatrix} 12/l^2 & 6/l & -12/l^2 & 6/l \\ 6/l & 4 & -6/l & 2 \\ -12/l^2 & -6/l & 12/l^2 & -6/l \\ 6/l & 2 & -6/l & 4 \end{bmatrix} \cdot \begin{bmatrix} v_1^{(lok)} \\ \varphi_1^{(lok)} \\ v_2^{(lok)} \\ \varphi_2^{(lok)} \end{bmatrix} = \begin{bmatrix} F_{y1}^{(lok)} \\ M_{z1}^{(lok)} \\ F_{y2}^{(lok)} \\ M_{z2}^{(lok)} \end{bmatrix} - \begin{bmatrix} F_{L1} \\ M_{L1} \\ F_{L2} \\ M_{L2} \end{bmatrix} \quad (3.16)$$

$$\underline{K}_{be}^{(lok)} \quad \cdot \quad \underline{u}_{be}^{(lok)} \quad = \quad \underline{F}_{be}^{(lok)} \quad - \underline{F}_{bL}^{(lok)} \quad (3.16a)$$

Der Vektor $\underline{F}_{bL}^{(lok)}$ enthält die Starreinspannkräfte und -momente eines beidseitig eingespannten Balkens mit der Vorzeichenkonvention der Kraftgrößen nach Bild 3-13, die sich aufgrund der äußeren Belastung des Stabelements ergeben. Auch diese Werte können aus Tabellenbüchern entnommen werden [3.8]. Für einige typische Fälle sind die Starreinspannmomente und -kräfte in den Tabellen 3-2 und 3-3 nach [3.1] zusammengestellt. Diese Kräfte stehen in (3.16) mit negativem Vorzeichen auf der rechten Seite, d.h. die Auflagerreaktionen des beidseitig eingespannten Balkens sind mit umgekehrtem Vorzeichen als Knotenlasten auf das Gesamtsystem aufzubringen.

Die Schnittgrößen an den Stabenden erhält man mit $Q_1 = F_{y1}^{(lok)}$, $Q_2 = -F_{y2}^{(lok)}$, $M_1 = -M_{z1}^{(lok)}$ und $M_2 = M_{z2}^{(lok)}$ aus (3.16) zu:

$$\begin{bmatrix} Q_1 \\ M_1 \\ Q_2 \\ M_2 \end{bmatrix} = \frac{E \cdot I}{l} \cdot \begin{bmatrix} 12/l^2 & 6/l & -12/l^2 & 6/l \\ -6/l & -4 & 6/l & -2 \\ 12/l^2 & 6/l & -12/l^2 & 6/l \\ 6/l & 2 & -6/l & 4 \end{bmatrix} \cdot \begin{bmatrix} v_1^{(lok)} \\ \varphi_1^{(lok)} \\ v_2^{(lok)} \\ \varphi_2^{(lok)} \end{bmatrix} + \begin{bmatrix} F_{L1} \\ -M_{L1} \\ -F_{L2} \\ M_{L2} \end{bmatrix} \quad (3.17)$$

$$\underline{S} = \underline{S}_{be}^{(lok)} \cdot \underline{u}_{be}^{(lok)} + \underline{F}_{LS}^{(lok)} \quad (3.17a)$$

BELASTUNG	F_{Lx1}	F_{Lx2}
n (Streckenlast)	$-n\dfrac{l}{2}$	$-n\dfrac{l}{2}$
H bei a, b	$-H \cdot \beta$	$-H \cdot \alpha$
T Erwärmung	$EA \cdot \alpha_T \cdot T$	$-EA \cdot \alpha_T \cdot T$

mit $\alpha = a/l$, $\beta = b/l$

Tabelle 3-2 Starreinspannkräfte des Fachwerkstabs

3.4 Biegebalken

Bei der Bestimmung der Schnittgrößen sind die Elementlasten nach (3.17) zu berücksichtigen. Danach werden die Schnittgrößen $\underline{S}_{be}^{(lok)} \cdot \underline{u}_{be}^{(lok)}$, die sich aufgrund der Knotenverschiebungen und -verdrehungen einstellen, mit den Schnittgrößen $\underline{F}_{LS}^{(lok)}$ des beidseitig eingespannten Trägers überlagert.

Diese Vorgehensweise zur Behandlung beliebiger Elementlasten kann auch verwendet werden, um Lastarten, die in ein Finite-Element-Programm nicht implementiert sind, zu berücksichtigen. Dies gilt auch für Fachwerkelemente und andere Finite Elemente.

Verfahren der Ersatzlasten zur Berücksichtigung beliebiger Elementlasten

1. *Auflagerkräfte und Starreinspannmomente am beidseitig eingespannten Balkenelement bestimmen (Tabellen 3-2, 3-3).*

2. *Auflagerkräfte und Starreinspannmomente mit umgekehrten Vorzeichen als zusätzliche Knotenlasten (Ersatzlasten) am Gesamtsystem aufbringen und Gesamtsystem mit Stabwerksprogramm berechnen.*

3. *Nach der elektronischen Berechnung des Gesamtsystems Schnittgrößen des beidseitig eingespannten Einfeldträgers 'von Hand' mit den Schnittgrößen aus der elektronischen Berechnung überlagern.*

Beispiel 3.10

Es ist der Lastvektor des in Bild 3-5 dargestellten Fachwerks für den Fall zu ermitteln, daß das Fachwerkelement 1 um 30 °C erwärmt wird.

Die Knotenlasten sind die mit umgekehrtem Vorzeichen aufgebrachten Festhaltekräfte des beidseitig starr eingespannten Stabs. Beim starr eingespannten Stab unter gleichmäßiger Erwärmung ergibt sich mit $\alpha_T = 1.2 \cdot 10^{-5}$ folgende Festhaltekraft (Bild 3-15):

$$F = E \cdot A \cdot \alpha_T \cdot \Delta t$$

bzw.

$$F = 2.1 \cdot 10^8 \cdot 0.004 \cdot 1.2 \cdot 10^{-5} \cdot 30 = 302 \ [kN]$$

Im beidseitig eingespannten Stab stellt sich durch die Erwärmung die Druckkraft

$$N = -302 \ [kN]$$

ein. Diese Kraft ist im Fachwerkstab 1 mit der Normalkraft zu überlagern, die man aus der Berechnung des Gesamtsystems mit den Knotenpunktslasten nach Bild 3-15 erhält.

BELASTUNG	F_{L1} / F_{L2}	M_{L1} / M_{L2}
gleichmäßige Last q	$q\dfrac{l}{2}$ $q\dfrac{l}{2}$	$q\dfrac{l^2}{12}$ $-q\dfrac{l^2}{12}$
Trapezlast q_1, q_2	$\dfrac{l}{20}(7q_1+3q_2)$ $\dfrac{l}{20}(3q_1+7q_2)$	$\dfrac{l^2}{60}(3q_1+2q_2)$ $-\dfrac{l^2}{60}(2q_1+3q_2)$
Dreieckslast q, a, b	$q\dfrac{l}{20}(3+3\beta+3\beta^2-2\beta^3)$ $q\dfrac{l}{20}(3+3\alpha+3\alpha^2-2\alpha^3)$	$q\dfrac{l^2}{30}\left(1+\beta+\beta^2-\dfrac{3}{2}\beta^3\right)$ $-q\dfrac{l^2}{30}\left(1+\alpha+\alpha^2-\dfrac{3}{2}\alpha^3\right)$
Parabel 2. Ordnung, $l/2$, $l/2$	$q\dfrac{l}{3}$ $q\dfrac{l}{3}$	$q\dfrac{l^2}{15}$ $-q\dfrac{l^2}{15}$
Sinus, $l/2$, $l/2$	$q\dfrac{l}{\pi}$ $q\dfrac{l}{\pi}$	$q\dfrac{2l^2}{\pi^3}$ $-q\dfrac{2l^2}{\pi^3}$
Einzellast P bei a, b	$P\beta^2(3-2\beta)$ $P\alpha^2(3-2\alpha)$	$Pa\beta^2$ $-Pb\alpha^2$
Einzelmoment M bei a, b	$M\dfrac{6}{l}\alpha\beta$ $-M\dfrac{6}{l}\alpha\beta$	$M\beta(3\alpha-1)$ $M\alpha(3\beta-1)$
$\Delta T = T_u - T_o$, Höhe h		$EI\,\alpha_T\dfrac{\Delta T}{h}$ $-EI\,\alpha_T\dfrac{\Delta T}{h}$

$\alpha = a/l \qquad \beta = b/l$

Tabelle 3-3 Starreinspannmomente und -kräfte am beidseitig eingespannten Balken

3.4 Biegebalken

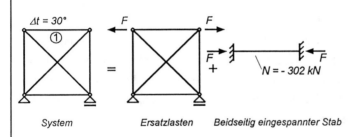

Bild 3-15 Ersatzlasten beim Fachwerk mit Temperaturbelastung

Beispiel 3.11

Für das in Bild 3-16 angegebene System aus drei Balkenelementen sind die Schnittgrößen mit Hilfe des Verfahrens der Ersatzlasten zu ermitteln.

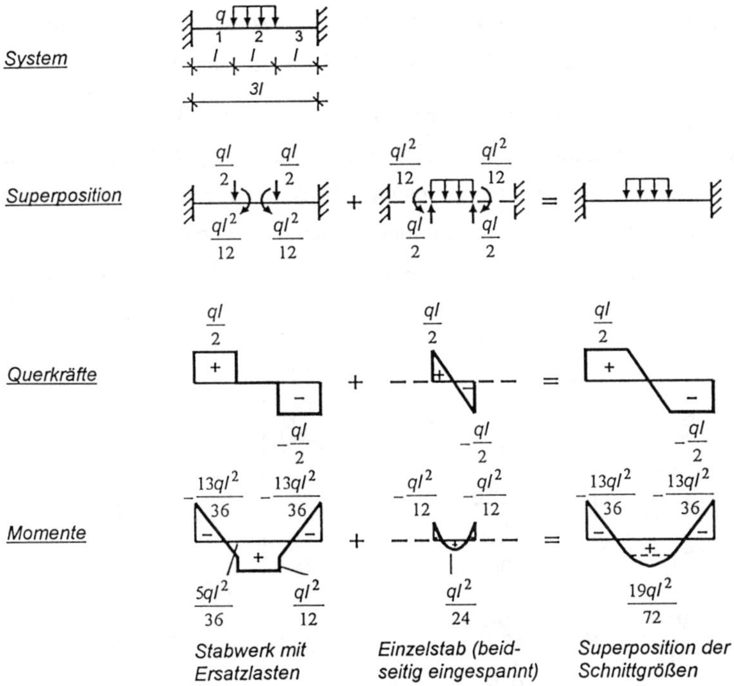

Bild 3-16 Beispiel zur Behandlung von Elementlasten beim Balkenelement

1. Bestimmung der Ersatzlasten am beidseitig eingespannten Träger
   $M_e = -q \cdot l^2/12 \quad A = B = q \cdot l/2$

2. Die Auflagerkräfte und Einspannmomente des beidseitig eingespannten Trägers werden mit umgekehrtem Vorzeichen auf das statische System aufgebracht. Man erhält (hier aus Tabellenbüchern, sonst mit einer Finite-Element-Berechnung) die in Bild 3-16 angegebenen Schnittkraftverläufe. Die Querkraft- und die Momentenlinie besitzen an der Stelle der Einzellasten bzw. des eingeprägten Moments einen Sprung.

3. Die aus 2) ermittelten Schnittgrößenverläufe sind im Bereich des durch die Elementlast belasteten Einzelstabs mit dessen Schnittgrößen (bei beidseitiger Einspannung) zu überlagern. Durch die Überlagerung entfallen die Sprünge in der Querkraft- und Momentenlinie für die Ersatzlasten, und man erhält die Schnittgrößen des durch eine Gleichlast belasteten Gesamtsystems.

3.4.3 Erweiterung der Steifigkeitsmatrix für Normalkräfte und zur Berücksichtigung der Schubsteifigkeit

Beim Biegebalken treten aufgrund der Querkraftwirkung neben den bisher ausschließlich berücksichtigten Biegeverformungen auch Schubverformungen auf. Diese werden bereits bei den Grundgleichungen des Biegebalkens (Abschnitt 2.3) mit einbezogen. In der Regel werden sie auch beim Aufstellen der Steifigkeitsmatrix des Biegebalkens berücksichtigt.

Bei rahmenartigen Tragwerken wird ein Balkenelement außer durch Biegung auch durch Normalkräfte beansprucht. In diesem Fall ist die angegebene Steifigkeitsmatrix, die ausschließlich die Freiheitsgrade der Biegebeanspruchung des Balkens enthält, um die beiden Freiheitsgrade für die Normalkraftbeanspruchung und die bereits bekannte Steifigkeitsmatrix des Fachwerkstabs nach (3.3) zu erweitern. Man erhält sie nach [3.2] (ohne Elementlasten) zu:

$$\begin{bmatrix} a_0 & 0 & 0 & -a_0 & 0 & 0 \\ 0 & \dfrac{12 \cdot a_1}{l^2} & \dfrac{6 \cdot a_1}{l} & 0 & \dfrac{-12 \cdot a_1}{l^2} & \dfrac{6 \cdot a_1}{l} \\ 0 & \dfrac{6 \cdot a_1}{l} & 4 \cdot a_2 & 0 & \dfrac{-6 \cdot a_1}{l} & 2 \cdot a_3 \\ -a_0 & 0 & 0 & a_0 & 0 & 0 \\ 0 & \dfrac{-12 \cdot a_1}{l^2} & \dfrac{-6 \cdot a_1}{l} & 0 & \dfrac{12 \cdot a_1}{l^2} & \dfrac{-6 \cdot a_1}{l} \\ 0 & \dfrac{6 \cdot a_1}{l} & 2 \cdot a_3 & 0 & \dfrac{-6 \cdot a_1}{l} & 4 \cdot a_2 \end{bmatrix} \cdot \begin{bmatrix} u_1^{(lok)} \\ v_1^{(lok)} \\ \varphi_1^{(lok)} \\ u_2^{(lok)} \\ v_2^{(lok)} \\ \varphi_2^{(lok)} \end{bmatrix} = \begin{bmatrix} F_{x1}^{(lok)} \\ F_{y1}^{(lok)} \\ M_{z1}^{(lok)} \\ F_{x2}^{(lok)} \\ F_{y2}^{(lok)} \\ M_{z2}^{(lok)} \end{bmatrix} \quad (3.18)$$

3.4 Biegebalken

oder

$$\underline{K}_e^{(lok)} \cdot \underline{u}_e^{(lok)} = \underline{F}_e^{(lok)} \tag{3.18a}$$

mit

$$a_0 = \frac{E \cdot A}{l} \quad a_1 = \frac{E \cdot I}{l \cdot (1+m)} \quad a_2 = \frac{E \cdot I \cdot (4+m)}{4 \cdot l \cdot (1+m)} \quad a_3 = \frac{E \cdot I \cdot (2-m)}{2 \cdot l \cdot (1+m)}$$

$$m = \frac{12 \cdot E \cdot I}{G \cdot A_s \cdot l^2}$$

Hierin bedeuten G der Schubmodul und A_s die Schubfläche des Stabs. Für den schubstarren Biegebalken erhält man mit dem Grenzübergang $A_s \rightarrow \infty$ und damit $m = 0$ wieder die um die Normalkraftterme nach (3.3) erweiterte Steifigkeitsmatrix (3.14).

3.4.4 Koordinatentransformation

Die auf lokale Koordinaten bezogene Steifigkeitsmatrix des Biegebalkens kann ähnlich wie die Elementsteifigkeitsmatrix des Fachwerkstabs auf globale Koordinaten transformiert werden. Die Transformation der Verschiebungsgrößen und der Kräfte an den Stabenden ist in Bild 3-17 dargestellt. Danach erhält man für die Koordinatentransformation der Knotenverschiebungen und der Stabendkräfte:

$$\underline{u}_e^{(lok)} = \underline{T} \cdot \underline{u}_e \tag{3.19a}$$

$$\underline{F}_e = \underline{T}^T \cdot \underline{F}_e^{(lok)} \tag{3.19b}$$

mit

$$\underline{T} = \begin{bmatrix} \cos\alpha & \sin\alpha & 0 & 0 & 0 & 0 \\ -\sin\alpha & \cos\alpha & 0 & 0 & 0 & 0 \\ 0 & 0 & 1 & 0 & 0 & 0 \\ 0 & 0 & 0 & \cos\alpha & \sin\alpha & 0 \\ 0 & 0 & 0 & -\sin\alpha & \cos\alpha & 0 \\ 0 & 0 & 0 & 0 & 0 & 1 \end{bmatrix} \quad \underline{u}_e = \begin{bmatrix} u_{e1} \\ v_{e1} \\ \varphi_{e1} \\ u_{e2} \\ v_{e2} \\ \varphi_{e2} \end{bmatrix} \quad \underline{F}_e = \begin{bmatrix} F_{x1}^{(e)} \\ F_{y1}^{(e)} \\ F_{z1}^{(e)} \\ F_{x2}^{(e)} \\ F_{y2}^{(e)} \\ F_{z2}^{(e)} \end{bmatrix} \tag{3.19c}$$

Die Knotenkräfte in globalen Koordinaten erhält man mit (3.19b), (3.18a) und (3.19a) zu:

$$\underline{F}_e = \underline{T}^T \cdot \underline{F}_e^{(lok)} = \underline{T}^T \cdot \underline{K}_e^{(lok)} \cdot \underline{u}_e^{(lok)} = \underline{T}^T \cdot \underline{K}_e^{(lok)} \cdot \underline{T} \cdot \underline{u}_e$$

Die transformierte Steifigkeitsbeziehung lautet damit

$$\underline{K}_e \cdot \underline{u}_e = \underline{F}_e \tag{3.20}$$

KNOTENVERSCHIEBUNGEN

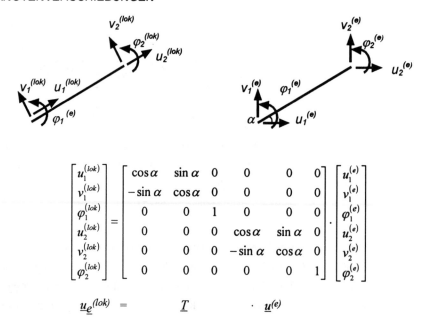

$$\begin{bmatrix} u_1^{(lok)} \\ v_1^{(lok)} \\ \varphi_1^{(lok)} \\ u_2^{(lok)} \\ v_2^{(lok)} \\ \varphi_2^{(lok)} \end{bmatrix} = \begin{bmatrix} \cos\alpha & \sin\alpha & 0 & 0 & 0 & 0 \\ -\sin\alpha & \cos\alpha & 0 & 0 & 0 & 0 \\ 0 & 0 & 1 & 0 & 0 & 0 \\ 0 & 0 & 0 & \cos\alpha & \sin\alpha & 0 \\ 0 & 0 & 0 & -\sin\alpha & \cos\alpha & 0 \\ 0 & 0 & 0 & 0 & 0 & 1 \end{bmatrix} \cdot \begin{bmatrix} u_1^{(e)} \\ v_1^{(e)} \\ \varphi_1^{(e)} \\ u_2^{(e)} \\ v_2^{(e)} \\ \varphi_2^{(e)} \end{bmatrix}$$

$$\underline{u}_e^{(lok)} = \underline{T} \cdot \underline{u}^{(e)}$$

STABENDKRÄFTE

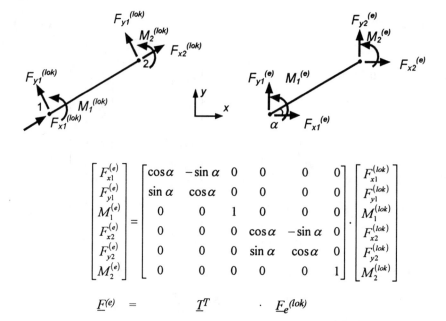

$$\begin{bmatrix} F_{x1}^{(e)} \\ F_{y1}^{(e)} \\ M_1^{(e)} \\ F_{x2}^{(e)} \\ F_{y2}^{(e)} \\ M_2^{(e)} \end{bmatrix} = \begin{bmatrix} \cos\alpha & -\sin\alpha & 0 & 0 & 0 & 0 \\ \sin\alpha & \cos\alpha & 0 & 0 & 0 & 0 \\ 0 & 0 & 1 & 0 & 0 & 0 \\ 0 & 0 & 0 & \cos\alpha & -\sin\alpha & 0 \\ 0 & 0 & 0 & \sin\alpha & \cos\alpha & 0 \\ 0 & 0 & 0 & 0 & 0 & 1 \end{bmatrix} \cdot \begin{bmatrix} F_{x1}^{(lok)} \\ F_{y1}^{(lok)} \\ M_1^{(lok)} \\ F_{x2}^{(lok)} \\ F_{y2}^{(lok)} \\ M_2^{(lok)} \end{bmatrix}$$

$$\underline{F}^{(e)} = \underline{T}^T \cdot \underline{F}_e^{(lok)}$$

Bild 3-17 Koordinatentransformation der Knotenverschiebungen und Stabendkräfte des Balkenelements

3.4 Biegebalken

wobei

$$\underline{K}_e = \underline{T}^T \cdot \underline{K}_e^{(lok)} \cdot \underline{T} \tag{3.20a}$$

die Elementsteifigkeitsmatrix in globalen Koordinaten ist.

3.4.5 Gelenke

Gelenke für Biegemomente treten in Stabwerken häufig auf. Prinzipiell kann sich die Gelenkwirkung jedoch auf jeden beliebigen Freiheitsgrad beziehen, d.h., es sind auch Querkraft- und Normalkraftgelenke möglich. Diese werden beispielsweise zur Berücksichtigung von Symmetriebedingungen oder für die Ermittlung von Einflußlinien benötigt. Ganz allgemein wird durch den Einbau eines Gelenks eine statische Bindung (Biegemoment, Normalkraft, Querkraft, Torsionsmoment) gelöst (Bild 3-18). Es sind auch Kombinationen mit mehreren gelösten Bindungen möglich.

Wird eine Bindung gelöst, so besitzt der Balken in dem entsprechenden Freiheitsgrad keine Steifigkeit mehr. In der Steifigkeitsmatrix tritt somit der Freiheitsgrad, der der gelösten Bindung entspricht, nicht mehr auf. Zur Berücksichtigung der Gelenkwirkung muß die Steifigkeitsmatrix des Biegebalkens nach (3.14) bzw. (3.18) modifiziert werden. Da der Freiheitsgrad gelöst wurde, kann in diesem Freiheitsgrad auch keine Last vom Knotenpunkt auf das Element übertragen werden.

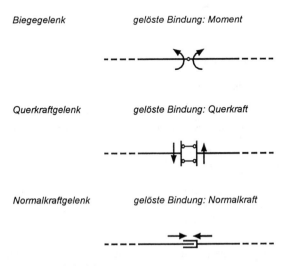

Bild 3-18 Gelenkformen

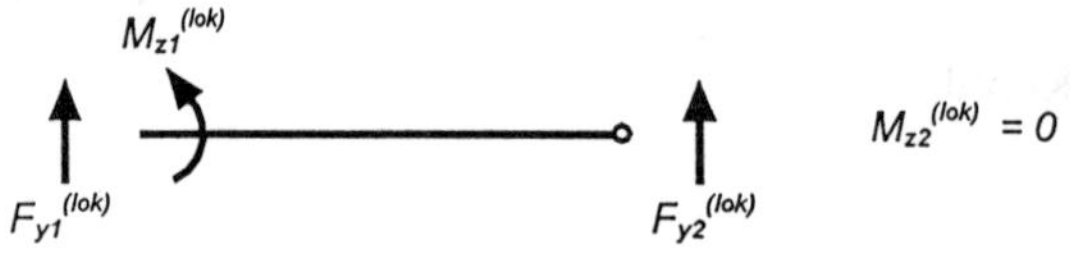

Bild 3-19 Balkenelement mit Gelenk

Die Modifikation der Elementsteifigkeitsmatrix zur Berücksichtigung von Gelenken wird ausführlich in [3.4] dargestellt. Als Beispiel wird hier ein Biegegelenk an einem schubstarren Balkenelement ohne Elementlasten betrachtet (Bild 3-19). Nach (3.14) lautet die Steifigkeitsbeziehung des Biegebalkens in globalen Koordinaten:

$$\frac{E \cdot I}{l} \cdot \begin{bmatrix} 12/l^2 & 6/l & -12/l^2 & 6/l \\ 6/l & 4 & -6/l & 2 \\ -12/l^2 & -6/l & 12/l^2 & -6/l \\ 6/l & 2 & -6/l & 4 \end{bmatrix} \cdot \begin{bmatrix} v_1^{(lok)} \\ \varphi_1^{(lok)} \\ v_2^{(lok)} \\ \varphi_2^{(lok)} \end{bmatrix} = \begin{bmatrix} F_{y1}^{(lok)} \\ M_{z1}^{(lok)} \\ F_{y2}^{(lok)} \\ M_{z2}^{(lok)} \end{bmatrix}$$

Die gelöste Bindung $M_{z2}^{(lok)}=0$ entspricht der Eliminierung des Freiheitsgrads $\varphi_2^{(lok)}$. Allgemein bezeichnet man das Eliminieren eines Freiheitsgrads auf Elementebene auch als statische Kondensation. Hierzu löst man die letzte Gleichung der Steifigkeitsbeziehung nach $\varphi_2^{(lok)}$ auf und setzt $M_{z2}^{(lok)}=0$ ein. Man erhält:

$$EI/l \cdot (6/l \cdot v_1^{(lok)} + 2 \cdot \varphi_1^{(lok)} - 6/l \cdot v_2^{(lok)} + 4 \cdot \varphi_2^{(lok)}) = M_{z2}^{(lok)} = 0$$

und damit

$$\varphi_2^{(lok)} = -3/(2l) \cdot v_1^{(lok)} - 1/2 \cdot \varphi_1^{(lok)} + 3/(2l) \cdot v_2^{(lok)}$$

Setzt man diese Gleichung für $\varphi_2^{(lok)}$ in die erste, zweite und dritte Gleichung des Gleichungssystems nach (3.14) ein, so führt dies zur Eliminierung von $\varphi_2^{(lok)}$ aus dem Gleichungssystem. Man erhält die Steifigkeitsmatrix des Balkens mit einem Biegegelenk am Knoten 2 zu:

$$\frac{E \cdot I}{l} \begin{bmatrix} 3/l^2 & 3/l & -3/l^2 \\ 3/l & 3 & -3/l \\ -3/l^2 & -3/l & 3/l^2 \end{bmatrix} \cdot \begin{bmatrix} v_1^{(lok)} \\ \varphi_1^{(lok)} \\ v_2^{(lok)} \end{bmatrix} = \begin{bmatrix} F_{y1}^{(lok)} \\ M_{z1}^{(lok)} \\ F_{y2}^{(lok)} \end{bmatrix} \qquad (3.21)$$

Der Freiheitsgrad $\varphi_2^{(lok)}$ fehlt in der Steifigkeitsmatrix, d.h., das Stabelement setzt einem Moment $M_2^{(lok)}$ in $\varphi_2^{(lok)}$-Richtung keinen Widerstand entgegen. Eine Lastaufbringung in

3.4 Biegebalken

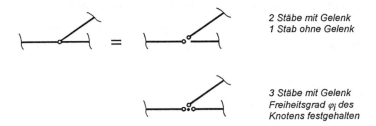

2 Stäbe mit Gelenk
1 Stab ohne Gelenk

3 Stäbe mit Gelenk
Freiheitsgrad φ_i des
Knotens festgehalten

Bild 3-20 Unterschiedliche Gelenkdefinitionen bei einem Knotenpunkt mit drei Balkenelementen

Richtung von $\varphi_2^{(lok)}$ ist daher nicht möglich. Dies ist auch beim Zusammenfügen von mehreren Stabelementen mit Gelenkdefinitionen zu beachten, um kinematische Systeme zu vermeiden. Beispielsweise muß bei Knotenpunkten, bei denen mehrere Stäbe mit einem Stabendgelenk zusammentreffen, die Gelenkdefinition an einem Stab entfallen (Bild 3-20). Wird an diesem Knotenpunkt ein eingeprägtes Moment angebracht, so wirkt dieses auf den Stab, an dessen Ende kein Gelenk definiert wurde. Alternativ kann auch an allen Stabenden ein Gelenk definiert und der Freiheitsgrad am Knoten festgehalten werden. Ohne eine solche Festhaltung würde ein kinematisches System entstehen.

Beispiel 3.12

Am Ende des Kragarms in Bild 3-21, dessen Horizontalverschiebung festgehalten ist, wird fälschlicherweise ein Biegegelenk vom Programmanwender eingegeben. Es sind die Auswirkungen dieser Fehleingabe darzustellen und Möglichkeiten zur Abhilfe zu diskutieren.

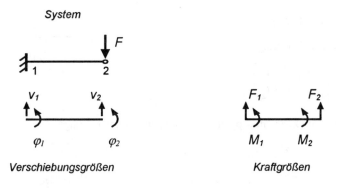

Bild 3-21 Kragarm mit fälschlicherweise eingegebenem Gelenk

Das System besitzt vor der Berücksichtigung der Auflagerbedingungen die Freiheitgrade v_1, φ_1, v_2, φ_2. Auf die Systemsteifigkeitsmatrix mit diesen Freiheitsgraden wird die Elementsteifigkeitsmatrix des Balkens mit dem Biegegelenk am rechten Stabende nach (3.21) addiert. Man erhält:

$$\frac{E \cdot I}{l} \cdot \begin{bmatrix} 3/l^2 & 3/l & -3/l^2 & 0 \\ 3/l & 3 & -3/l & 0 \\ -3/l^2 & -3/l & 3/l^2 & 0 \\ 0 & 0 & 0 & 0 \end{bmatrix} \cdot \begin{bmatrix} v_1 \\ \varphi_1 \\ v_2 \\ \varphi_2 \end{bmatrix} = \begin{bmatrix} F_1 \\ M_1 \\ F_2 \\ M_2 \end{bmatrix}$$

Die Berücksichtigung der Auflagerbedingungen $v_1=0$ und $\varphi_1=0$ führt zu:

$$\frac{EI}{l} \begin{bmatrix} 3/l^2 & 0 \\ 0 & 0 \end{bmatrix} \begin{bmatrix} v_2 \\ \varphi_2 \end{bmatrix} = \begin{bmatrix} F_2 \\ M_2 \end{bmatrix}$$

Die Matrix dieses Gleichungssystems ist wegen der zweiten Gleichung singulär und damit nicht lösbar. Das Programm bricht die Berechnung ab. Man erkennt auch, daß die Eingabe eines Moments M_2 als Last nicht sinnvoll ist.

Folgende Abhilfe ist möglich:
a) Freiheitsgrad φ_2 festhalten

In diesem Fall wird auch die zweite Gleichung aufgrund der Auflagerbedingung aus dem Gleichungssystem eliminiert, und man erhält folgende Lösung:

$$\frac{EI}{l} \begin{bmatrix} 3/l^2 & 0 \\ 0 & 0 \end{bmatrix} \begin{bmatrix} v_2 \\ \varphi_2 \end{bmatrix} = \begin{bmatrix} F_2 \\ M_2 \end{bmatrix} \qquad F_2 = -F$$

$$3\,EI/l^3 \cdot v_2 = F_2 = -F$$

$$v_2 = -\frac{F\,l^3}{3\,E\,I}$$

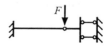

b) Steife Drehfeder am Punkt 2 einführen

In diesem Fall lautet das Gleichungssystem:

$$\begin{bmatrix} 3EI/l^2 & 0 \\ 0 & k_\varphi \end{bmatrix} \begin{bmatrix} v_2 \\ \varphi_2 \end{bmatrix} = \begin{bmatrix} -F \\ M_2 \end{bmatrix}$$

Hierbei handelt es sich um zwei entkoppelte Gleichungen mit der Lösung:

$3\,EI/l^3 \cdot v_2 = -F \qquad \rightarrow \qquad v_2 = -F\,l^3/3\,E\,I$

$k_\varphi \cdot \varphi_2 = M_2 \qquad \rightarrow \qquad \varphi_2 = M_2/k_\varphi$

Ein am Knoten 2 als Belastung eingegebenes Moment M_2 wird von der Feder aufgenommen, da eine Aufnahme durch den Biegebalken wegen des Gelenks nicht möglich ist. Der Winkel φ_2 ist die Verdrehung der Drehfeder.

c) Am freien Ende des Stabs wird kein Gelenk definiert

Diese Lösung sollte normalerweise gewählt werden. In diesem Fall lautet das Gleichungssystem mit der Elementsteifigkeitsmatrix nach (3.14):

$$\frac{E \cdot I}{l} \cdot \begin{bmatrix} 12/l^2 & 6/l & -12/l^2 & 6/l \\ 6/l & 4 & -6/l & 2 \\ -12/l^2 & -6/l & 12/l^2 & -6/l \\ 6/l & 2 & -6/l & 4 \end{bmatrix} \cdot \begin{bmatrix} v_1 \\ \varphi_1 \\ v_2 \\ \varphi_2 \end{bmatrix} = \begin{bmatrix} F_{y1} \\ M_{z1} \\ F_{y2} \\ M_{z2} \end{bmatrix}$$

und nach Eliminierung der Spalten und Zeilen für v_1 und φ_1 zur Berücksichtigung der Auflagerbedingungen:

$$\frac{EI}{l} \begin{bmatrix} 12/l^2 & -6/l \\ -6/l & 4 \end{bmatrix} \cdot \begin{bmatrix} v_2 \\ \varphi_2 \end{bmatrix} = \begin{bmatrix} F_{y2} \\ M_{z2} \end{bmatrix}$$

Die Systemsteifigkeitsmatrix ist regulär. Der Winkel φ_2 ist hier der Drehwinkel am Kragarmende.

3.5 Zusammengesetzte Stabwerke

Bei aus Fachwerkstäben und Balkenelementen zusammengesetzten ebenen Stabwerken besitzen diejenigen Knotenpunkte, die ausschließlich mit Fachwerkelementen oder Verschiebungsfedern verbunden sind, die beiden Freiheitsgrade u und v, während Knotenpunkte, die mit Balkenelementen und Drehfedern verbunden sind, die drei Freiheitsgrade u, v und φ besitzen. Alle übrigen Freiheitsgrade sind festzuhalten, um singuläre Systemsteifigkeitsmatrizen zu vermeiden. Hierauf ist insbesondere auch bei der Definition von Gelenken zu achten.

Beispiel 3.13

Für das in Bild 3-22 dargestellte Stabwerk ist die Systemsteifigkeitsmatrix aufzustellen.

Das System besitzt an den Knotenpunkten 1 bis 3, an denen Biegebalken angeschlossen sind, drei und am Knotenpunkt 4, an dem lediglich der Fachwerkstab angeschlossen ist, zwei Freiheitsgrade, wenn man die Auflagerbedingungen noch nicht berücksichtigt. Es wird angenommen, daß die Freiheitsgrade für die Horizontalverschiebung des Riegels festgehalten sind, was beim vorliegenden System ohne Einfluß auf das Ergebnis ist. Danach gelten die Auflagerbedingungen $u_1 = u_2 = u_3 = u_4 = v_1 = v_4 = 0$.

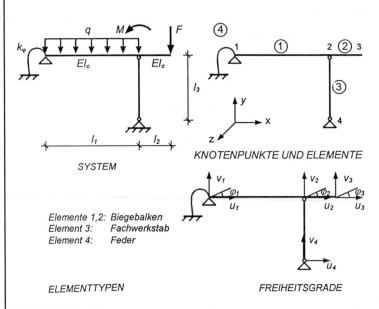

Bild 3-22 Stabwerk

Zunächst werden die Elementsteifigkeitsmatrizen aufgestellt. Zur besseren Übersichtlichkeit werden hierbei bereits die Auflagerbedingungen berücksichtigt.

Element 1 ist ein Biegebalken, der durch die Streckenlast q belastet ist. Da sich die Horizontalverschiebungen u_1 und u_2 zu Null ergeben, werden sie ebenso wie die Vertikalverschiebung v_1 beim Aufstellen der Elementsteifigkeitsmatrix nicht berücksichtigt, d.h., die entsprechenden Spalten und Zeilen der Elementsteifigkeitsmatrix entfallen. Unter Vernachlässigung von Schubverformungen erhält man nach (3.16):

$$\frac{E \cdot I_c}{l_1} \cdot \begin{bmatrix} 4 & -\frac{6}{l_1} & 2 \\ -\frac{6}{l_1} & \frac{12}{l_1^2} & -\frac{6}{l_1} \\ 2 & -\frac{6}{l_1} & 4 \end{bmatrix} \cdot \begin{bmatrix} \varphi_1 \\ v_2 \\ \varphi_2 \end{bmatrix} = \begin{bmatrix} M_{z1}^{(1)} \\ F_{y2}^{(1)} \\ M_{z2}^{(1)} \end{bmatrix} - \begin{bmatrix} \frac{q \cdot l_1^2}{12} \\ \frac{q \cdot l_1}{2} \\ -\frac{q \cdot l_1^2}{12} \end{bmatrix}$$

Für das Balkenelement, Element 2, gilt unter Vernachlässigung von Schubverformungen die Steifigkeitsbeziehung nach (3.14):

3.5 Zusammengesetzte Stabwerke

$$\frac{E \cdot I_c}{l_2} \cdot \begin{bmatrix} \frac{12}{l_2^2} & \frac{6}{l_2} & -\frac{12}{l_2^2} & \frac{6}{l_2} \\ \frac{6}{l_2} & 4 & -\frac{6}{l_2} & 2 \\ -\frac{12}{l_2^2} & -\frac{6}{l_2} & \frac{12}{l_2^2} & -\frac{6}{l_2} \\ \frac{6}{l_2} & 2 & -\frac{6}{l_2} & 4 \end{bmatrix} \cdot \begin{bmatrix} v_2 \\ \varphi_2 \\ v_3 \\ \varphi_3 \end{bmatrix} = \begin{bmatrix} F_{y2}^{(2)} \\ M_{z2}^{(2)} \\ F_{y3}^{(2)} \\ M_{z3}^{(2)} \end{bmatrix}$$

Element 3 ist ein Fachwerkelement, bei dem sich die Steifigkeitsbeziehung nach (3.3) bei Berücksichtigung der Auflagerbedingung $v_4=0$ reduziert auf

$$\frac{E \cdot A_c}{l_3} \cdot v_2 = F_{y2}^{(3)}.$$

Für das Federelement mit der Federkonstanten k_φ (Element 1) erhält man nach (3.12c)

$$M_{z1}^{(4)} = k_\varphi \cdot \varphi_1.$$

Die Systemsteifigkeitsmatrix setzt sich aus den Elementsteifigkeitsmatrizen 'bausteinartig' zusammen. Dabei werden die Terme der Elementsteifigkeitsmatrizen immer an denjenigen Stellen addiert, die in der Systemsteifigkeitsmatrix den Freiheitsgraden entsprechen, in denen das jeweilige Element mit dem Gesamttragwerk verbunden ist. Man erhält die Steifigkeitsbeziehung für das Gesamtsystem einschließlich der Lastterme zu:

$$\begin{bmatrix} k_\varphi + 4 \cdot c_1 & -6 \cdot \frac{c_1}{l_1} & 2 \cdot c_1 & 0 & 0 \\ -6 \cdot \frac{c_1}{l_1} & 12 \cdot \frac{c_1}{l_1^2} + 12 \cdot \frac{c_2}{l_2^2} + \frac{EA_c}{l_3} & -6 \cdot \frac{c_1}{l_1} + 6 \cdot \frac{c_2}{l_2} & -12 \cdot \frac{c_2}{l_2^2} & 6 \cdot \frac{c_2}{l_2} \\ 2 \cdot c_1 & -6 \cdot \frac{c_1}{l_1} + 6 \cdot \frac{c_2}{l_2} & 4 \cdot c_1 + 4 \cdot c_2 & -6 \cdot \frac{c_2}{l_2} & 2 \cdot c_2 \\ 0 & -12 \cdot \frac{c_2}{l_2^2} & -6 \cdot \frac{c_2}{l_2} & 12 \cdot \frac{c_2}{l_2^2} & -6 \cdot \frac{c_2}{l_2} \\ 0 & 6 \cdot \frac{c_2}{l_2} & 2 \cdot c_2 & -6 \cdot \frac{c_2}{l_2} & 4 \cdot c_2 \end{bmatrix}$$

$$\cdot \begin{bmatrix} \varphi_1 \\ v_2 \\ \varphi_2 \\ v_3 \\ \varphi_3 \end{bmatrix} = \begin{bmatrix} -q \cdot \frac{l_1^2}{12} \\ -q \cdot \frac{l_1}{2} \\ M + q \cdot \frac{l_1^2}{12} \\ -F \\ 0 \end{bmatrix} \quad \text{mit} \quad c_1 = EI_c/l_1 \quad \text{und} \quad c_2 = EI_c/l_2.$$

3.6 Räumliche Stabwerke

Die Knotenpunkte räumlicher Fachwerke besitzen drei Verschiebungsfreiheitsgrade. Bei biegebeanspruchten Stabwerken treten zusätzlich drei Verdrehungsfreiheitsgrade auf (Bild 3-2). Somit ist die Steifigkeitsmatrix des räumlichen Fachwerkstabs eine 6x6-Matrix, diejenige des Biegebalkens eine 12x12-Matrix (Bild 3-23). Die Elementsteifigkeitsmatrizen lassen sich aus den entsprechenden Matrizen im lokalen Koordinatensystem durch eine räumliche Transformation entsprechend (3.8b) bzw. (3.20a) ermitteln. Dabei ist die Matrix $\underline{T}$ für den räumlichen Fall zu formulieren. Beim Biegebalken müssen jedoch zusätzlich zur Biege- und Normalkraftsteifigkeit noch die Querbiege- und Torsionssteifigkeit berücksichtigt werden.

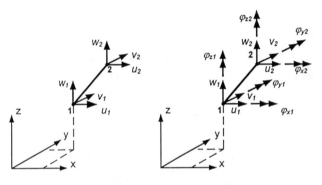

Räumliches Fachwerkelement   Räumliches Balkenelement

Bild 3-23 Freiheitsgrade räumlicher Stabelemente

Beispiel 3.14

Die Steifigkeitsmatrix eines ausschließlich auf Torsion beanspruchten Stabelements ist zu ermitteln.

Die Verschiebungsgrößen eines auf Torsion beanspruchten Stabes sind die Drehwinkel um die Stabachse am Anfang und Ende des Stabes, die zugehörigen Kraftgrößen sind die Torsionsmomente (Bild 3-24). Bei einem Torsionsmoment T verdrillen sich die Stabenden um den Winkel

$$\varphi = \left(\varphi_{x2}^{(lok)} - \varphi_{x1}^{(lok)}\right) = \frac{l}{G\,I_T} \cdot T$$

3.6 Räumliche Stabwerke

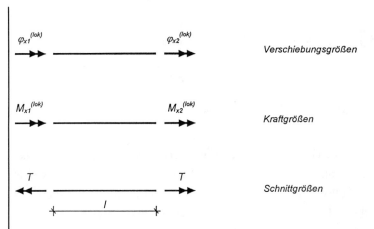

Bild 3-24 Verschiebungs- und Kraftgrößen des Torsionsstabs

Hieraus ergibt sich:

$$M_{x1}^{(lok)} = -T = \frac{G\,I_T}{l}\left(\varphi_{x1}^{(lok)} - \varphi_{x2}^{(lok)}\right)$$

$$M_{x2}^{(lok)} = T = \frac{G\,I_T}{l}\left(-\varphi_{x1}^{(lok)} + \varphi_{x2}^{(lok)}\right)$$

oder

$$\frac{G\,I_T}{l}\begin{bmatrix} 1 & -1 \\ -1 & 1 \end{bmatrix} \cdot \begin{bmatrix} \varphi_{x1}^{(lok)} \\ \varphi_{x2}^{(lok)} \end{bmatrix} = \begin{bmatrix} M_{x1}^{(lok)} \\ M_{x2}^{(lok)} \end{bmatrix}$$

Diese Steifigkeitsmatrix kann analog, wie dies in Abschnitt 3.4.3 für den Normalkraftanteil erläutert ist, in die um die Freiheitsgrade $\varphi_{x1}^{(lok)}$ und $\varphi_{x2}^{(lok)}$ erweiterte Elementsteifigkeitsmatrix (3.18) aufgenommen werden. Ergänzt man weiterhin noch die Verschiebungs- und Verdrehungsfreiheitsgrade für die Querbiegung, sowie die entsprechenden Steifigkeitsterme (z.B. analog zu (3.18)), so erhält man die Elementsteifigkeitsmatrix des 3D-Balkenelements.

3.7 Modellbildung bei Stabwerken

3.7.1 Auflager

Realitätsnahe Auflagerbedingungen sind häufig für eine zutreffende Erfassung des Tragverhaltens von statischen Systemen von entscheidender Bedeutung. Bei Finite-Element-Programmen werden Auflagerbedingungen durch Angabe der Freiheitsgrade, die an einem Knoten festgehalten sind, definiert (Bild 3-25). Diese Freiheitsgrade werden dann nach dem in Abschnitt 3.2.5 erläuterten Verfahren aus dem Gleichungssystem eliminiert.

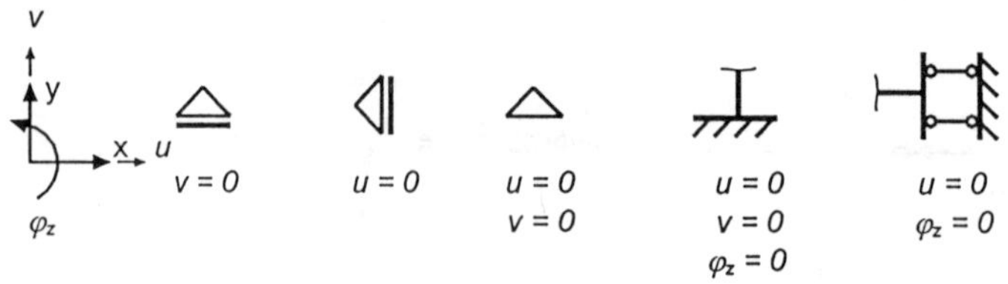

Bild 3-25 Definition von Auflagern bei Finite-Element-Programmen

Schiefe Auflager können durch eine Transformation der Verschiebungsfreiheitsgrade eines Knotenpunkts exakt berücksichtigt werden. Bei Finite-Element-Programmen, die dies nicht vorsehen, müssen schiefe Auflager durch extrem steife Federn oder Pendelstäbe abgebildet werden. Die Steifigkeit der Feder bzw. des Fachwerkstabs muß so hoch gewählt werden, daß deren Nachgiebigkeit im Gesamtsystem praktisch vernachlässigt werden kann (Bild 3-26). Numerische Schwierigkeiten sind hierdurch nicht zu erwarten.

Die Lastfälle 'Auflagerverschiebung' und 'Auflagerverdrehung' lassen sich, wie in Abschnitt 3.2.5 erwähnt, beim Verschiebungsgrößenverfahren direkt einführen und ergeben einen Lastvektor für die Auflagerverschiebung auf der rechten Seite. Ist diese Vorgehensweise nicht in das verwendete Rechenprogramm implementiert, so muß in demjenigen Freiheitsgrad, in dem eine eingeprägte Auflagerverschiebung definiert werden soll, eine Feder mit einer extrem hohen Federsteifigkeit k_o (z.B. 10^{15} kN/m) definiert werden. Der Knotenpunkt, an dem sich die Feder befindet, wird nun mit der Kraft bzw. dem Moment

$$F_o = k_o \cdot u_o \tag{3.22}$$

in Richtung des betreffenden Freiheitsgrads belastet, wobei u_o die eingeprägte Verschiebung bzw. Verdrehung bedeutet. Da die Feder gegenüber dem übrigen statischen System extrem steif ist, nimmt sie die Kraft F_o praktisch vollständig auf. Ist dies nicht der Fall, muß die Federkonstante k_o erhöht werden. Bei schiefen Auflagern kann anstelle der Feder ein einseitig zweiwertig gelagerter Fachwerkstab verwendet werden, wobei die Federsteifigkeit sich nach (3.3) zu $k_o = E \cdot A/l$ ergibt.

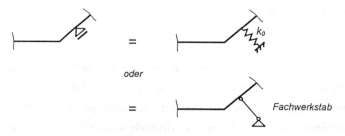

Bild 3-26 Definition schiefer Auflager

3.7 Modellbildung bei Stabwerken

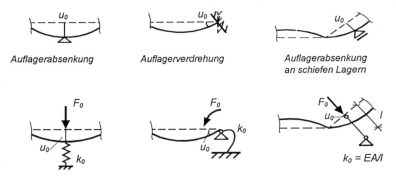

Bild 3-27   Berechnungsmodell für die Lastfälle Auflagerabsenkung und -verdrehung

3.7.2 Federn

Federelemente werden verwendet, um elastische Nachgiebigkeiten im Berechnungsmodell abzubilden. Einige Beispiele für die Modellabbildung von anschließenden Stäben durch Federn sind in Tabelle 3-4 zusammengestellt. Auch Langzeitverformungen sind bei der Berechnung von Federkonstanten zu berücksichtigen. Dies kann z.B. durch eine Abminderung des Elastizitätsmoduls geschehen.

Die Nachgiebigkeit starrer Fundamente auf dem Baugrund kann ebenfalls durch Federn dargestellt werden. Für ein Kreisfundament auf einem Baugrund, bei dem der Schubmodul mit der Tiefe linear zunimmt, sind die Federkonstanten in [3.7] angegeben. Rechteckfundamente und andere Fundamente können näherungsweise wie Kreisfundamente behandelt werden, wenn man einen geeigneten Ersatzradius wählt.

Beispiel 3.15

Ein freiaufliegender Balken ist in der Mitte an ein tragendes statisches System angeschlossen. Der Balken soll in der Modellabbildung dieses Systems als Feder dargestellt werden. Die Federkonstante ist zu ermitteln.

Bild 3-28   Modellabbildung eines freiaufliegenden Balkens als Feder

Die Durchbiegung in Balkenmitte unter einer Einzellast beträgt:

$$v = \frac{F l^3}{48 E I}$$

Hieraus ergibt sich der Zusammenhang zwischen Kraft und Durchbiegung und damit die Federkonstante zu:

$$F = \frac{48 E I}{l^3} \cdot v$$

$$F = k \cdot v$$

$$k = \frac{48 E I}{l^3}$$

Mehrere Federn können durch eine Einzelfeder ersetzt werden. Hierbei ist zwischen parallel und hintereinander geschalteten Federn zu unterscheiden. Die Gleichungen sind in Bild 3-29 angegeben.

SYSTEM		FEDERKONSTANTE
[Stab mit Last δ, F]	$F = k_v \cdot \delta$	$k_v = \dfrac{EA}{l}$
[Balken mit M, φ – gelenkig]	$M = k_\varphi \cdot \varphi$	$k_\varphi = \dfrac{3 \cdot EI}{l}$
[Balken mit M, φ – eingespannt]	$M = k_\varphi \cdot \varphi$	$k_\varphi = \dfrac{4 \cdot EI}{l}$
[Balken mit M, φ und Drehfeder k_0]	$M = k_\varphi \cdot \varphi$	$k_\varphi = \dfrac{4 \cdot l \cdot k_0 + 12 \cdot EI}{4 \cdot l + \dfrac{l^2 \cdot k_0}{EI}}$
EA = Dehnsteifigkeit EI = Biegesteifigkeit		l = Stablänge k_o = Drehfederkonstante

Tabelle 3-4 Modellabbildung von Anschlußstäben durch Federn

3.7 Modellbildung bei Stabwerken

PARALLEL GESCHALTETE FEDERN

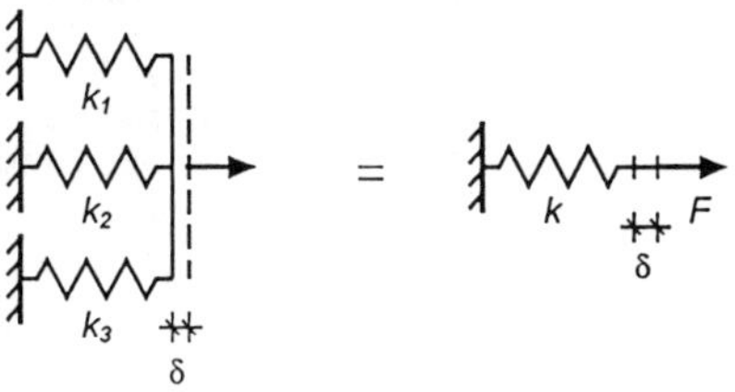

Kräfte in den Einzelfedern:

$$F_1 = \frac{k_1}{k} \cdot F \qquad F_2 = \frac{k_2}{k} \cdot F$$

$$F_3 = \frac{k_3}{k} \cdot F$$

Federkonstante:

$$F = k \cdot \delta$$

$$\boxed{k = k_1 + k_2 + k_3}$$

HINTEREINANDER GESCHALTETE FEDERN

Kräfte in den Einzelfedern:

$$F_1 = F \qquad F_2 = F \qquad F_3 = F$$

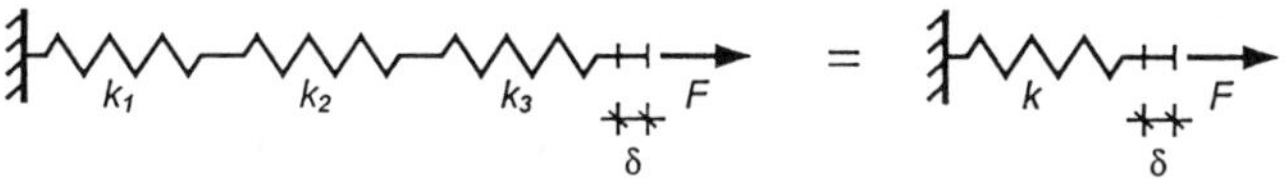

Federkonstante:

$$F = k \cdot \delta$$

$$\boxed{\frac{1}{k} = \frac{1}{k_1} + \frac{1}{k_2} + \frac{1}{k_3}}$$

Bild 3-29 Federkonstanten bei parallel und hintereinander geschalteten Federn

Beispiel 3.16

Für die in Bild 3-30 angegebenen Systeme sollen die Stäbe wie angegeben durch Federn ersetzt werden. Es sind die Federkonstanten zu ermitteln.

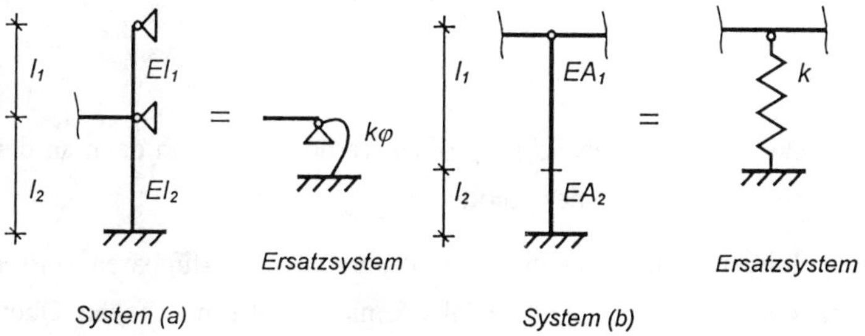

System (a) — Ersatzsystem

System (b) — Ersatzsystem

Bild 3-30 Ersetzen von Stäben durch Federn

Beim System (a) handelt es sich um die elastische Einspannung eines Riegels in zwei Stiele. Die beiden Stiele sind an den Riegel angeschlossen und können als parallel geschaltete Federn betrachtet werden. Die Gesamtfederkonstante erhält man zu:

$$k_{\varphi 1} = \frac{3EI_1}{l_1} \qquad k_{\varphi 2} = \frac{4EI_2}{l_2}$$

$$k_\varphi = \frac{3EI_1}{l_1} + \frac{4EI_2}{l_2}$$

Im System (b) sind die beiden Stabelemente hintereinander angeordnet. Betrachtet man beide Stababschnitte als Federn, so handelt es sich um hintereinander geschaltete Federn. Die Gesamtfederkonstante ergibt sich somit zu:

$$k_1 = \frac{EA_1}{l_1} \qquad k_2 = \frac{EA_2}{l_2}$$

$$\frac{1}{k} = \frac{1}{k_1} + \frac{1}{k_2} = \frac{l_1}{EA_1} + \frac{l_2}{EA_2}$$

$$k = \frac{1}{\dfrac{l_1}{EA_1} + \dfrac{l_2}{EA_2}} = \frac{E \cdot A_1 \cdot A_2}{A_2 l_1 + A_1 \cdot l_2}$$

3.7.3 Biegebalken

Die Modellabbildung von Rahmen und anderen biegebeanspruchten Systemen erfolgt in der Regel durch Balkenelemente. Hierbei ist darauf zu achten, daß die Stabachsen mit den Systemachsen übereinstimmen (Bild 3-31). Die Systemachse ist die Verbindungslinie der Schwerpunkte des Anfangs- und Endquerschnitts eines Stababschnitts. Bei manchen Programmen kann die exzentrische Lage eines Balkenelements, d.h. die Abweichung der Bezugsachse von der Stabachse unmittelbar eingegeben werden (Bild 3-32). Die Steifigkeit von Rahmenecken läßt sich mit starren Endanschlüssen abbilden (Bild 3-33). Da hierbei die Steifigkeit der Ecke überschätzt wird, wird in [3.6] empfohlen, die Länge des elastischen Balkens auf den Wert

$$l^* = l - (1 - \eta)(r_i + r_j)$$

mit $\eta = 0.5$ zu vergrößern. Die maßgebenden Schnittgrößen werden aber auch dann an den Stabanschnitten, d.h. im Abstand r_i und r_j von den Knoten i bzw. j ermittelt.

Zur Abbildung starrer Kopplungen sollten die in vielen Programmen verfügbaren starren Kopplungsbedingungen verwendet werden. Anderenfalls können Stäbe mit hohen Querschnittswerten als starre Kopplungen eingesetzt werden. Es ist allerdings darauf zu achten,

3.7 Modellbildung bei Stabwerken

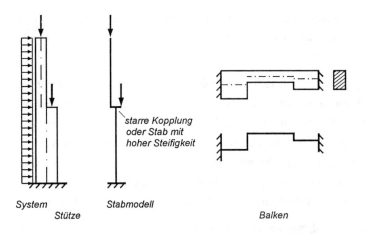

Bild 3-31 Modellabbildung mit exzentrisch angeschlossenen Stäben

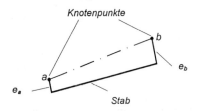

Bild 3-32 Stab mit exzentrischem Anschluß

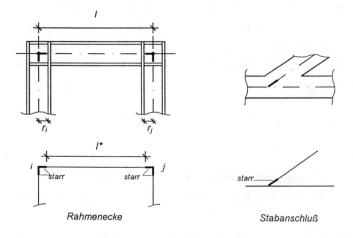

Bild 3-33 Beispiele für Modellbildungen mit starren Endanschlüssen

daß sich die eingegebenen Steifigkeiten nicht um viele Zehnerpotenzen von den übrigen Steifigkeiten unterscheiden, da sich sonst numerische Probleme ergeben können (vgl. Abschnitt 3.8.1).

Bei der Berechnung von Stabwerken nach der Finite-Element-Methode werden immer Normalkraftverformungen berücksichtigt, sofern nicht entsprechende Lagerbedingungen, die dies verhindern, definiert werden. Sollen die Normalkraftverformungen in besonderen Fällen unterdrückt werden, kann dies durch Eingabe einer großen Querschnittsfläche (z.B. 10 m²) geschehen. Schubverformungen können entsprechend durch Eingabe einer großen Schubfläche unterdrückt werden. Bei vielen Programmen besteht auch die Möglichkeit, durch die statisch 'sinnlose' Eingabe der Schubfläche mit Null Schubverformungen auszuschließen.

Träger mit nachgiebigem Verbund, wie sie im Holzbau auftreten, können nach [3.10] durch ein Ersatzsystem beschrieben werden. Die Nachgiebigkeit der Verbindungsmittel wird durch Fachwerkstäbe (Diagonalen und Pfosten) mit angepaßten Steifigkeiten dargestellt.

Bei räumlichen Balkenelementen ist auch das Torsionsträgheitsmoment einzugeben. Für gedrungene Vollquerschnitte kann das Torsionsträgheitsmoment, sofern nicht der genaue Wert eingegeben wird, nach St. Venant abgeschätzt werden zu

$$I_T = \frac{A^4}{4\pi^2 (I_y + I_z)} \qquad (3.23)$$

wobei A die Querschnittsfläche und I_y bzw. I_z die Trägheitsmomente um die Hauptachsen des Querschnitts bedeuten [3.9]. Für Ellipsenquerschnitte ist (3.23) exakt.

Elastisch gebettete Balken können entweder durch spezielle elastisch gebettete Balkenelemente abgebildet oder, wenn das verwendete Programm dies nicht zuläßt, vereinfachend als Stabzug mit Einzelfedern an den Knotenpunkten dargestellt werden. Bezeichnet man den (konstanten) Abstand der Einzelfedern mit l, die Balkenbreite mit b und den Bettungsmodul mit k_S, so erhält man die Federkonstanten der Einzelfedern zu $k_v = k_s \cdot b \cdot l$. Der Abstand der Einzelfedern sollte nicht zu groß gewählt werden. Er sollte z.B. bei einem Balken mit der Biegesteifigkeit EI den Wert von

$$\frac{1}{4} \sqrt[4]{\frac{4EI}{k_s \cdot b}} \qquad (3.24)$$

(ein Viertel der charakteristischen Länge) nicht überschreiten. Die mit diesem vereinfachten Modell erhaltenen Schnittgrößen sind natürlich ingenieurmäßig zu interpretieren. Insbesondere verläuft aufgrund der punktförmigen Krafteinleitung an den Einzelfedern die Momentenlinie zwischen den Knotenpunkten linear, und die Querkraftlinie weist an den Knotenpunkten Sprünge auf.

3.7 Modellbildung bei Stabwerken

Bei der Wahl des Bettungsmoduls ist zu beachten, daß in Bereichen hoher Spannungen, wie z.B. im Bereich von Lasten auf den Balken, das Verhältnis zwischen Bodenspannungen und Setzungen nach dem Steifemodulverfahren höher ist als im Normalbereich und somit dort ein höherer Bettungsmodul angesetzt werden kann.

3.7.4 Symmetrische Systeme

Die Verschiebungen eines symmetrischen Systems sind symmetrisch bei symmetrischer Belastung und antimetrisch bei antimetrischer Belastung. Die Symmetrieeigenschaften von Schnittgrößen und Spannungen symmetrischer Systeme sind in Tabelle 3-5 zusammengestellt. Besitzt ein System mehrere Symmetrieachsen, so gelten diese Bedingungen an jeder Symmetrieachse.

Aufgrund der Symmetrie der Verschiebungen und Spannungen genügt bei symmetrischen Systemen die Berechnung eines symmetrischen Teilsystems. An den Symmetrieachsen sind besondere Lagerbedingungen zu definieren, die sich aus den Symmetriebedingungen ergeben. Für ebene symmetrische Systeme mit einer Symmetrieachse in Richtung der x- oder y-Achse sind die festzuhaltenden und beweglichen Freiheitsgrade in Tabelle 3-6 zusammengestellt.

Jede unsymmetrische Belastung eines symmetrischen Systems läßt sich in einen symmetrischen und einen antimetrischen Anteil zerlegen. Die Schnittgrößen und Verschiebungen sind dann mit zwei entsprechend den Symmetriebedingungen gelagerten Teilsystemen zu ermitteln und danach zu überlagern. Mit diesem in der Baustatik als Verfahren der Belastungs-

System	Schnittgröße/ Spannung	Belastung	
		symmetrisch	antimetrisch
Stabwerke	Biegemomente Normalkräfte Torsionsmomente	symmetrisch	antimetrisch
	Querkräfte	antimetrisch	symmetrisch
Scheiben	Normalspannungen	symmetrisch	antimetrisch
	Schubspannungen	antimetrisch	symmetrisch
Platten	Biegemomente	symmetrisch	antimetrisch
	Querkräfte Drillmomente	antimetrisch	symmetrisch

Tabelle 3-5 Spannungen und Schnittgrößen in symmetrischen Systemen

umordnung bekannten Vorgehen soll der Rechenaufwand verringert werden. Bei der Computerberechnung ist allerdings zu beachten, daß die Ergebnisse für die symmetrischen und antimetrischen Lastanteile meist nicht mehr automatisch überlagert werden können, da sie mit unterschiedlich gelagerten statischen Systemen berechnet werden. In der Regel ist daher bei beliebig belasteten symmetrischen Systemen die Modellabbildung des vollständigen Systems sinnvoller. Hingegen sollte bei Flächentragwerken mit einer symmetrischen (oder antimetrischen) Belastung die Möglichkeit zur Berechnung eines symmetrischen Teilsystems genutzt werden, da sich hierdurch die Eingabe vereinfacht und sich deutliche Rechenzeitverkürzungen ergeben können.

Beispiel 3.17

Für den in Bild 3-34 dargestellten symmetrischen Rahmen sind die Ersatzsysteme für symmetrische und antimetrische Belastung zu ermitteln.

Das Ersatzsystem besteht aus dem halben Gesamtsystem. Seine Lagerbedingungen für symmetrische sowie für antimetrische Belastung erhält man aus Tabelle 3.6. Stäbe auf der Symmetrieachse sind mit dem halben Trägheitsmoment und der halben Fläche einzugeben. Einzellasten auf der Symmetrieachse werden im Ersatzsystem mit dem halben Wert berücksichtigt. Die beiden Ersatzsysteme sind in Bild 3-34 angegeben.

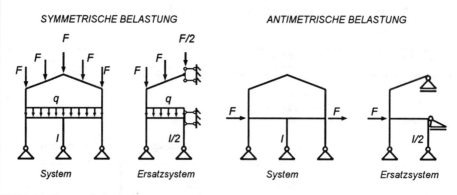

Bild 3-34 Symmetrischer Rahmen

Beispiel 3.18

Für die in Bild 3-35 dargestellte Deckenplatte mit mehreren Symmetrieachsen, die durch eine Gleichlast belastet wird, ist ein vereinfachtes Ersatzsystem, das die Symmetrieeigenschaften des Systems nutzt, anzugeben.

3.7 Modellbildung bei Stabwerken

Ein vereinfachtes System für ein Viertel der Platte ist in Bild 3-35 angegeben. Die Lagerbedingungen auf den Symmetrieachsen ergeben sich nach Tabelle 3-6. Das System ließe sich noch weiter auf ein Achtel des Gesamtsystems vereinfachen, wobei schiefe Lager definiert werden müßten.

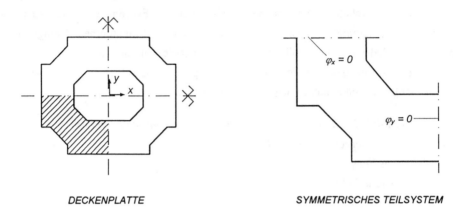

DECKENPLATTE   SYMMETRISCHES TEILSYSTEM

Bild 3-35 Deckenplatte mit mehreren Symmetrieachsen

SYSTEM	BELASTUNG			
	symmetrisch		antimetrisch	
Rahmen/Scheibe v, y, φ_z, x, u	$u = 0$ $\varphi_z = 0$	$v = 0$ $\varphi_z = 0$	$v = 0$	$u = 0$
Trägerrost/Platte $\varphi_y, y, x, \varphi_x$	$\varphi_y = 0$	$\varphi_x = 0$	$w = 0$ $\varphi_x = 0$	$w = 0$ $\varphi_y = 0$

Tabelle 3-6 Symmetriebedingungen ebener symmetrischer Systeme

3.8 Qualitätssicherung und Dokumentation von Stabwerksberechnungen

3.8.1 Fehlermöglichkeiten bei Stabwerksberechnungen

Die mit Hilfe des Computers berechneten Ergebnisse erfordern, ebenso wie diejenigen einer Berechnung von Hand, eine kritische Überprüfung. Aufgrund der oftmals perfekten drucktechnischen Präsentation der Ergebnisse einer Computerberechnung unter Einbeziehung von Tabellen und Grafiken und der beeindruckenden Leistungsfähigkeit der verwendeten Software ist man aus psychologischen Gründen gern geneigt, den Ergebnissen zu vertrauen. Wie die langjährige Erfahrung zeigt, ist 'Blauäugigkeit' gegenüber Computerberechnungen immer unangebracht. Jeder Ingenieur sollte eine Strategie entwickeln, nach der er eine Computerberechnung überprüft, bevor er sie als korrekt akzeptiert. Als Hilfsmittel hierzu werden im folgenden mögliche Fehlerquellen und Kontrollen dargestellt.

Fehlermöglichkeiten einer Computerberechnung von Stabwerken:
- *Fehler im Berechnungsmodell*
- *Eingabefehler*
- *numerische Fehler*
- *Programmfehler*

Fehler im Berechnungsmodell

Fehler im Berechnungsmodell von Stabwerken entstehen, wenn das statische System (das Berechnungsmodell) falsch gewählt ist. Sie sind auch bei einer Berechnung mit klassischen statischen Verfahren nicht auszuschließen. Allerdings ist die Gefahr, ein unzutreffendes statisches System zu wählen, bei Computerberechnungen eher gegeben, da es hierbei kaum Einschränkungen hinsichtlich der Berechenbarkeit statischer Systeme gibt. Um das Berechnungsmodell zutreffend wählen zu können, ist es für einen Ingenieur wichtig, das 'statische Gefühl' für das Tragverhalten eines Bauteils zu entwickeln. Mit Berufserfahrung und einer ausreichend selbstkritischen Berufsauffassung sollten sich Fehler bei der Wahl des Berechnungsmodells von Stabwerken vermeiden lassen.

Eingabefehler

Eingabefehler sind fehlerhafte Programmeingaben, die durch Unaufmerksamkeit oder durch fehlerhafte oder falsch verstandene Angaben im Handbuch entstehen können. Eingabefehler sind die bei weitem häufigste Fehlerart. Um sie zu vermeiden, sind sorgfältige Eingabekontrollen anhand der schriftlichen Dokumentation der Programmausgabe bei jeder Computerberechnung erforderlich. Bei Unklarheiten über die Programmeingabe oder -ausgabe sollte die Hotline des Softwarehauses weiterhelfen können.

3.8 Qualitätssicherung und Dokumentation von Stabwerksberechnungen 113

Numerische Fehler

Numerische Fehler können durch die begrenzte Rechengenauigkeit des Computers entstehen. Zahlen werden rechnerintern durch Mantisse und Exponent dargestellt. Beide Werte sind aus Gründen der Speichertechnik begrenzt (Tabelle 3-7). Beispielsweise ist die rechnerinterne Darstellung der Zahl $\pi = 3.1415927...$ mit einfacher Genauigkeit (6 Stellen der Mantisse):

$$\pi = \underset{Mantisse}{0.314159} \cdot 10^{\underset{Exponent}{1}}$$

Die übrigen Stellen entfallen bei der rechnerinternen Speicherung.

PROGRAMMIERSPRACHE	ZAHLENTYP	STELLENZAHL DER MANTISSE	MAXIMALER EXPONENT
Fortran	real*4	6	~37
	real*8	15	~307
C	float	6	~37
	double	15	~307

Tabelle 3-7 Typische Werte für die rechnerinternen Zahlendarstellung von Gleitpunktzahlen (rechner- und compilerabhängig)

Bei arithmetischen Operationen werden die Ergebnisse aufgrund der begrenzten Länge der Mantisse gerundet. Dies kann bei einer kleinen Differenz zweier sehr großer Zahlen zum Verlust aller signifikanten Stellen führen. Auch bei der Superposition der Elementsteifigkeitsmatrizen zur Systemsteifigkeitsmatrix kann dies der Fall sein, wenn extrem große Steifigkeitsunterschiede benachbarter Elemente bestehen. Extrem große Steifigkeitsunterschiede sind daher zu vermeiden. Diese können sich durch extreme Sprünge der Biege- oder Normalkraftsteifigkeit *EI* bzw. *EA* oder durch extrem kurze Stablängen ergeben. Stäbe, die starre Kopplungen zwischen Knotenpunkten darstellen sollen, sind daher mit einer nur mäßig großen Steifigkeit (z.B. Fläche 10 m^2) einzugeben.

Weitere numerische Fehler können durch den im Rechenprogramm verwendeten Algorithmus entstehen, z.B. durch das Abbruchkriterium bei der iterativen Lösung eines Gleichungssystems (vgl. Beispiel 1.8). Auf den Abbruchfehler hat der Anwender in der Regel keinen Einfluß.

Beispiel 3.19

Es ist die numerische Genauigkeit eines Taschenrechners zu ermitteln.

Die Rechengenauigkeit kann durch Bildung der Differenz zweier großer Zahlen geprüft werden, z.B.:

$$1000 + 1 - 1000 = 1$$
$$10^9 + 1 - 10^9 = 1$$
$$10^{10} + 1 - 10^{10} = 0$$
$$10^{20} + 1 - 10^{20} = 0$$

Bei der Berechnung von (10^{10} + 1) wird die Speicherkapazität der Mantisse überschritten, d.h. ein Addieren von 1 in der 10-ten Stelle ist nicht mehr möglich und die 1 entfällt durch Rundung. Dadurch ist rechnerintern für (10^{10} + 1) der Wert 10^{10} gespeichert. Die Subtraktion von 10^{10} führt folgerichtig zu 0. Somit hat der verwendete Rechner eine Rechengenauigkeit von etwa neun Stellen.

Beispiel 3.20

Bei dem in Bild 3-36 dargestellten Stabwerk aus zwei Fachwerkstäben sind die Knotenpunkte 1 und 2 durch einen Stab mit extrem hoher Steifigkeit verbunden. Es ist zu überprüfen, ob sich aufgrund des Rundungsfehlers numerische Fehler bei der rechnerinternen Lösung der Aufgabe ergeben, wenn das Programm in Fortran mit einfach genauer Zahlendarstellung entwickelt wurde. Welche Änderungen ergeben sich bei doppelt genauer Zahlendarstellung im Programm?

Die Elementsteifigkeitsmatrizen sind nach (3.3):

Stab 1:
$$10^{20} \cdot \begin{bmatrix} 1 & -1 \\ -1 & 1 \end{bmatrix}$$

Stab 2:
$$10^6 \cdot \begin{bmatrix} 1 & -1 \\ -1 & 1 \end{bmatrix}$$

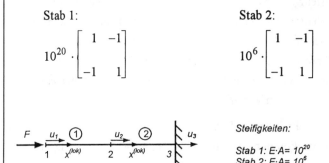

Bild 3-36 Stabzug mit zwei Fachwerkelementen

3.8 Qualitätssicherung und Dokumentation von Stabwerksberechnungen

Damit erhält man die Gesamtsteifigkeitsmatrix zu:

$$\begin{bmatrix} 10^{20} & -10^{20} & 0 \\ -10^{20} & (10^{20}+10^6) & -10^6 \\ 0 & -10^6 & 10^6 \end{bmatrix} \cdot \begin{bmatrix} u_1 \\ u_2 \\ u_3 \end{bmatrix} = \begin{bmatrix} F \\ 0 \\ B \end{bmatrix}$$

und nach Berücksichtigung der Auflagerbedingung $u_3=0$:

$$\begin{bmatrix} 10^{20} & -10^{20} \\ -10^{20} & (10^{20}+10^6) \end{bmatrix} \cdot \begin{bmatrix} u_1 \\ u_2 \end{bmatrix} = \begin{bmatrix} F \\ 0 \end{bmatrix}$$

Die Summe $(10^{20}+10^6)$ wird im Rechner bei einer Genauigkeit der Zahlendarstellung von weniger als 14 Stellen auf 10^{20} gerundet. Falls das Programm die einfach genaue Zahlendarstellung (sechs Stellen Genauigkeit) verwendet, entfällt somit der Einfluß des Stabes 2, der durch den Steifigkeitswert 10^6 in die Rechnung eingeht.

Das durch die Rundung bei einfach genauer Zahlendarstellung erhaltene Gleichungssystem lautet:

$$\begin{bmatrix} 10^{20} & -10^{20} \\ -10^{20} & 10^{20} \end{bmatrix} \cdot \begin{bmatrix} u_1 \\ u_2 \end{bmatrix} = \begin{bmatrix} F \\ 0 \end{bmatrix}$$

Die Systemsteifigkeitsmatrix ist singulär, da sich die zweite Zeile durch Multiplikation der ersten Zeile mit (-1) ergibt. Damit ist das Gleichungssystem nicht lösbar, und die Berechnung endet mit einer entsprechenden Fehlermeldung des Programms. Statisch bedeutet die Singularität der Steifigkeitsmatrix, daß Stab 2 in der Berechnung (aufgrund des Rundungsfehlers) nicht berücksichtigt wird.

Bei doppelt genauer Zahlendarstellung (15 Stellen Genauigkeit) wird die Summe $(10^{20}+10^6)$ rechnerintern richtig dargestellt. Die Systemsteifigkeitsmatrix ist regulär und man erhält als Ergebnis die richtige Lösung.

Programmfehler

Programmfehler sind Fehler im Programmcode. Sie treten verhältnismäßig selten auf, sind aber auch bei den Programmen renommierter Softwarehäuser erfahrungsgemäß nie auszuschließen. Diese können sich beispielsweise bemerkbar machen, wenn eine ungewöhnliche Eingabekombination erfolgt und das Programm einen ungewohnten Programmpfad benutzt. Auch Programme, die bisher immer korrekte Ergebnisse lieferten, können dann einen Programmfehler offenbaren. Bei neuen Programmversionen können aufgrund von Änderungen im Programmcode Fehler auch in Programmteilen auftreten, die bisher fehlerfrei liefen. Selbst in ausgetesteten Programmpfaden können theoretisch Fehler auftreten. Ein weitgehender Schutz vor Programmfehlern ist nur möglich durch sorgfältige Programmtests, die vom Softwarehaus durchgeführt werden sollten.

3.8.2 Kontrollen von Stabwerksberechnungen

Kontrollmöglichkeiten

Eine statische Berechnung auf dem Computer erfordert in jedem Fall eine Kontrolle auf ihre Richtigkeit. Hierbei kann es in der Praxis natürlich nicht darum gehen, die Ergebnisse im Detail nachzurechnen. Vielmehr besteht das Ziel darin, die genannten Fehlerquellen auszuschließen. Hierzu ist in der Regel eine kritische Überprüfung der Ein- und Ausgabe ausreichend.

Für die praktische Durchführung der Kontrolle einer umfangreichen Computerberechnung ist ein Vorgehen in zwei Schritten sinnvoll. In einer ersten überschlägigen Kontrolle, der Grobkontrolle, erhält man einen raschen Überblick über die Richtigkeit wesentlicher Eingabewerte. Nach dem erfolgreichen Absolvieren der Grobkontrolle erfolgt die zeitaufwendigere Feinkontrolle mit einer detaillierten Überprüfung der Ein- und Ausgabe des Programms. Die Überprüfung des Berechnungsmodells und der Richtigkeit des Programms sind nur in Sonderfällen durchzuführen.

Grobkontrolle

Die Kontrolle einer Computerberechnung führt man sinnvollerweise in zwei Schritten durch. Im ersten Schritt erfolgt eine Überprüfung auf grobe Fehler.

> *Grobkontrolle einer Computerberechnung:*
>
> *1. Grafische Darstellung des statischen Systems*
>
> *2. Kontrolle der Summe der Lasten jedes Lastfalls*
>
> *3. grafische Darstellung der Verformungen*
>
> *4. grafische Darstellung maßgebender Schnittgrößen*

Die grafische Darstellung des statischen Systems gibt Aufschluß über die richtige geometrische Anordnung der Elemente, die Vollständigkeit der Knotenpunkteingabe und die (in jedem Fall mit darzustellenden) Lagerbedingungen. Anschließend sind die Summen der Lasten, die vom Programm lastfallweise auszugeben sind, zumindest überschlägig zu überprüfen. Sind diese Kontrollen erfolgreich verlaufen, kann eine statische Berechnung durchgeführt werden. Ist der Rechenlauf erfolgreich, sollten zunächst die Verformungen lastfallweise grafisch angezeigt und kontrolliert werden. Die Verformungen des Systems geben Aufschluß über die korrekte Berücksichtigung von Lagern und Gelenken und über grobe

3.8 Qualitätssicherung und Dokumentation von Stabwerksberechnungen 117

Fehler bei den Lasten sowie bei den Biege-, Dehn- und Schubsteifigkeiten. Anschließend sollten die maßgebenden Schnittgrößen lastfallweise grafisch dargestellt werden. Ihr Verlauf und ihr Vorzeichen geben Aufschluß über das Vorzeichen und über die Größe aufgebrachter Einzel- und Streckenlasten sowie über Auflager- und Gelenkbedingungen. Sind Zweifel an der Plausibilität der Schnittgrößen gegeben, können überschlägliche statische Berechnungen weiterhelfen.

Falls der Rechenlauf vom Programm nicht zu Ende geführt wird, kann dies an einer unvollständigen Dateneingabe oder an der Eingabe eines kinematischen Systems liegen. Hierbei ist auf die Fehlermeldung des Programms zu achten. Bei unvollständigen Daten sind folgende Kontrollen vorzunehmen:

Prüfung der Eingabedaten auf Vollständigkeit:

1. prüfen, ob für alle bei den Elementdaten angegebenen Knotenpunkte auch die zugehörigen Knotenpunktsdaten definiert wurden

2. prüfen, ob für alle bei den Elementdaten definierten Querschnittsnummern auch die zugehörigen Querschnittswerte definiert wurden

3. prüfen, ob für alle bei den Element- oder Querschnittsdaten definierten Materialnummern auch Materialwerte definiert wurden

4. weitere Konsistenzprüfungen (problemabhängig)

Falls ein kinematisches System eingegeben wurde, erfolgt beim Rechenlauf die Meldung 'Steifigkeitsmatrix singulär' (auch 'Determinante Null', 'Rigid body modes'), oder es kommt gar zu einem Programmabsturz. In diesem Fall sind folgende Kontrollen durchzuführen:

Kontrollen bei singulärer Steifigkeitsmatrix

1. Überprüfung der Auflagerbedingungen

2. Überprüfung auf Kinematiken an einzelnen Gelenken bzw. durch Kombination mehrerer Gelenke

3. Überprüfung, ob freie Einzelknoten vorliegen

4. Überprüfung, ob Biege- und Dehnsteifigkeiten eines Stabes gleich Null

Besondere Aufmerksamkeit erfordert die Überprüfung auf Kinematiken. Vergleichsweise einfach ist die Überprüfung der Auflagerbedingungen. Schwieriger kann die Kontrolle sein, ob sich aufgrund von Gelenkdefinitionen eine kinematische Kette einstellt. Die Festhaltung von Freiheitsgraden bei Gelenkdefinitionen wurde bereits in Abschnitt 3.4.5 behandelt.

Allgemein gilt, daß jeder nicht festgehaltene Freiheitsgrad des Systems mit einem Element, das in diesem Freiheitsgrad eine Steifigkeit besitzt, verbunden sein muß. Ist dies nicht der Fall, so ist der Freiheitsgrad festzuhalten. Dies gilt beispielsweise auch für Knotenpunkte, die zur Festlegung des lokalen Koordinatensystems räumlicher Balken eingeführt wurden. Wenn diese Punkte nicht im System anderweitig verwendet werden, müssen sie in allen Freiheitsgraden festgehalten werden.

Feinkontrolle

Wurde die Grobkontrolle erfolgreich durchgeführt, muß eine Feinkontrolle erfolgen.

Feinkontrolle einer Computerberechnung:

Überprüft werden sollten alle Eingabewerte sowie einzelne signifikante Ergebniswerte, sofern diese nicht aufgrund von Erfahrung beurteilt werden können.

Detaillierte Überprüfung der Eingabewerte

- *Knotenkoordinaten an signifikanten Stellen*

- *Zuordnung von Querschnitts- und Material- und Bemessungskennwerten zu Stäben*

- *Querschnitts-, Material- und Bemessungskennwerte*

- *Auflager- und Gelenkdefinitionen*

- *Ort, Größe, Dimension und Vorzeichen von Lasten*

- *Vorschrift zur Lastfallüberlagerung*

Überprüfung signifikanter Ergebnisse

- *Summe der Auflagerkräfte*

- *Schnittgrößen (überschlägliche Ermittlung nach den klassischen Verfahren der Baustatik)*

- *Durchbiegungen (u.U. mit Reduktionssatz)*

Die überwiegende Anzahl von Fehlern bei Computerberechnungen entsteht durch falsche Eingaben. Bevor eine Computerberechnung als korrekt angesehen werden kann, sind daher alle Eingaben anhand der gedruckten Ausgabe sorgfältig zu überprüfen. Bei den Knotenkoordinaten kann man sich auf signifikante Werte beschränken, da durch die grafische Anzeige eine gewisse Überprüfung bereits stattgefunden hat. Detailliert sind hingegen die Querschnitts-, Material- und Bemessungskennwerte sowie deren Zuordnung zu Stäben zu prüfen, da Fehleingaben dieser Werte sich anhand der Berechnungsergebnisse kaum erkennen

3.8 Qualitätssicherung und Dokumentation von Stabwerksberechnungen

lassen. Auch die Auflager- und Gelenkdefinitionen sollten nochmals überprüft werden. Wichtig ist weiterhin die detaillierte Überprüfung der eingegebenen Lasten und der Vorschrift zur Lastfallüberlagerung.

Zur Feinkontrolle gehört auch die stichprobenartige Überprüfung wichtiger Berechnungsergebnisse. Für Schnittgrößen kann die Kontrolle mit den klassischen Verfahren der Stabstatik an vereinfachten Systemen überschlägig erfolgen, zur Ermittlung von Durchbiegungen kann der Reduktionssatz herangezogen werden. Falls der für die Berechnung verantwortliche Ingenieur über ausreichende Erfahrung über das Tragverhalten verfügt, kann die explizite Überprüfung der Berechnungsergebnisse entfallen. Alle übrigen Kontrollen sind aber auch in diesem Fall durchzuführen.

Besondere Kontrollen

Die Überprüfung des Berechnungsmodells und der Richtigkeit des Programms sind besondere Kontrollen, die nur dann in Betracht kommen, wenn erhebliche Zweifel an der Richtigkeit der Ergebnisse bestehen und sich diese durch die Grob- oder Feinkontrolle nicht ausräumen lassen.

Bei komplizierten Berechnungsmodellen entdeckt man Unzulänglichkeiten der Modellabbildung unter Umständen erst nach Durchführung und Kontrolle des Rechenlaufs. Es kann sich nach Durchführung der Berechnung auch zeigen, daß die Anwendungsgrenzen von Näherungsannahmen überschritten wurden. In den genannten Fällen ist die Berechnung mit einem verbesserten Modell zu wiederholen.

Falls alle Kontrollen nicht zur Diagnose des Fehlers führen, sollte auch die Möglichkeit eines Programmfehlers in Betracht gezogen werden. Dies gilt vor allem für wenig ausgetestete Programme, erfahrungsgemäß aber selbst für die bekannten Programme namhafter Softwarehäuser. Eine vorschnelle Diagnose 'Programmfehler' ist aber immer unangebracht. Vielmehr sollte man versuchen, den vermuteten Programmfehler anhand einfacher Beispiele klar zu diagnostizieren und zu dokumentieren. Ein einfaches Beispiel läßt sich etwa durch schrittweise Vereinfachung des statischen Systems, in dem der Fehler auftritt, entwickeln. Die Dokumentation eines Programmfehlers sollte man in jedem Fall dem Softwarehaus oder einer Anwendergruppe zukommen lassen, damit der Fehler in der nächsten Programmversion verbessert werden kann. Meist enthalten die Lizenzverträge der Softwarehäuser auch eine Klausel, die dem Anwender den Anspruch auf eine unentgeltliche Korrektur von Softwarefehlern einräumt.

In Ausnahmefällen ist es selbstverständlich möglich, eine völlig unabhängige Vergleichsrechnung mit einem anderen Programm durchzuführen.

Dokumentation der Berechnung

Die Programmausgaben sind in der Regel die einzigen verbleibenden schriftlichen Dokumente der durchgeführten Berechnung, die in den statischen Bericht aufgenommen werden. Wie bei den klassischen Berechnungsverfahren müssen die Angaben im statischen Bericht so vollständig sein, daß die Berechnung nachvollziehbar ist. Um ihre Lesbarkeit zu erhöhen, sollten sie ausführliche grafische Ausgaben enthalten.

Dokumentation der statischen Berechnung von Stabwerken:

1. *Vollständige Dokumentation aller relevanten Eingabewerte*

    - *grafische Darstellung des Systems mit Nummerierung der Knotenpunkte und Elemente*

    - *Knotenpunktkoordinaten*

    - *Zuordnung von Querschnitts-, Material- und Bemessungskennwerten zu Stäben*

    - *Querschnitts-, Material- und Bemessungskennwerte*

    - *Auflager- und Gelenkdefinitionen*

    - *Ort, Größe, Dimension und Vorzeichen von Lasten*

    - *grafische Darstellung der Lasten aller Lastfälle*

    - *Summe der Lasten (lastfallweise)*

    - *Vorschrift zur Lastfallüberlagerung*

2. *Vollständige Angabe aller relevanten Ergebnisse*

    - *Auflagerkräfte (einzeln und Summen lastfallweise)*

    - *grafische und tabellarische Darstellung der Schnittgrößen*

    - *grafische und tabellarische Darstellung der Durchbiegungen*

    - *Bemessungskennwerte und Bemessung bzw. sonstige statische Nachweise*

4 Finite-Element-Methode für Flächentragwerke

4.1 Historische Entwicklung

Die hohe Leistungsfähigkeit der Finite-Element-Methode im Ingenieurbau zeigt sich vor allem bei Flächentragwerken. Die Bezeichnung 'Finites Element' wurde daher auch ursprünglich ausschließlich für Flächen- und Raumtragwerke, d.h. für Scheiben, Platten, Schalen und räumliche Kontinua verwendet. Im Unterschied zu den bisher betrachteten Stabwerken handelt es sich aber hierbei nicht mehr um eine mathematisch exakte Methode, sondern um ein Näherungsverfahren.

Die Entwicklung der Finite-Element-Methode begann in den fünfziger Jahren in den USA, und zwar zunächst in der Luft- und Raumfahrtindustrie. Ausgehend von dem Verschiebungsgrößenverfahren für Stabwerke (vgl. [4.1]) entwickelten Turner, Clough, Martin, Topp 1956 ein Verfahren für allgemeine Flächentragwerke [4.2]. Clough führte 1960 den Begriff 'finite element' ein [4.3]. In den sechziger Jahren fand eine rasche Entwicklung der Methode statt. Maßgebliche Beiträge stammen u.a. von Clough in Berkeley (USA), Zienkiewicz in Swansea (Großbritannien) und Argyris in Stuttgart (vgl. [4.4-4.6]). Die raschen Fortschritte auf dem Gebiet der Finite-Element-Methode wurden durch die Entwicklung immer leistungsfähigerer Computer ermöglicht. In der Folgezeit wurde das Verfahren für Aufgabenstellungen der Strukturdynamik sowie für Systeme mit geometrisch und physikalisch nichtlinearem Verhalten erweitert (vgl. [4.7]). In den siebziger Jahren wurde die Finite-Element-Methode, die bis dahin ausschließlich in den Ingenieurwissenschaften entwickelt worden war, auch als mathematisches Forschungsgebiet begriffen. Hierbei geht es um Fragen der Konvergenz und der Genauigkeit des Verfahrens. Die heutige Forschung auf dem Gebiet der Finiten Elemente befaßt sich hauptsächlich mit Fragen der Fehlerabschätzung und Netzadaption sowie mit nichtlinearen Systemen.

Die ersten auf das Bauwesen spezialisierten Finite-Element-Programme wurden in den siebziger Jahren für die damaligen Großrechner entwickelt. Es handelt sich um Programme zur Berechnung von Stabwerken, Scheiben, Platten und Schalen mit speziellen normenspezifischen Bemessungsmodulen und statischen Nachweisen. Die Entwicklung von PCs und Workstations in den achtziger Jahren führte zu einer weiten Verbreitung von FEM-Software, so daß sich inzwischen die Finite-Element-Methode als Standardmethode für anspruchsvolle statische Berechnungen durchgesetzt hat.

4.2 Überblick

Zur Berechnung eines Flächentragwerks mit der Finite-Element-Methode wird dieses in Finite Elemente, d.h. Elemente endlicher Größe diskretisiert (Bild 4-1). Die Elemente sind an den Knotenpunkten miteinander verbunden. Somit werden an den Knotenpunkten die Gleichgewichtsbedingungen der Knotenkräfte und die Kompatibilitätsbedingungen der Verschiebungsgrößen erfüllt (vgl. Abschnitt 3.2.4). Während man bei Stabtragwerken hiermit die exakte Lösung erhält, sind bei Flächentragwerken an die exakte Lösung weitergehende Forderungen zu stellen:

Forderungen an die exakte Lösung bei Flächentragwerken

   a) An der Grenzlinie benachbarter Elemente müssen die Verschiebungsgrößen beider Elemente übereinstimmen.

   b) An der Grenzlinie benachbarter Elemente müssen die Kraftgrößen beider Elemente die Gleichgewichtsbedingungen erfüllen.

   c) An gelagerten Rändern sind die Auflagerbedingungen (d.h. die sogenannten geometrischen Randbedingungen) zu erfüllen.

   d) An freien Rändern ist das Gleichgewicht zwischen Randlasten und Schnittgrößen (den sogenannten statischen Randbedingungen) zu erfüllen.

Die Kompatibilitätsbedingungen der Verschiebungen und die Gleichgewichtsbedingungen der Schnittgrößen sind also von der exakten Lösung nicht nur punktuell an den Knotenpunkten, sondern vielmehr an allen Stellen des Flächentragwerks zu erfüllen. Während sich die entsprechenden Grundgleichungen für das infinitesimal kleine Element sowie die Rand- und Übergangsbedingungen durchaus formulieren lassen (vgl. Abschnitt 2), ist deren exakte analytische Lösung nur für einfache Lagerungs- und Belastungsarten möglich.

Bei der Finite-Element-Methode erfüllt man die o.g. Bedingungen nicht exakt. Der Leistungsfähigkeit des Verfahrens steht somit dessen Näherungscharakter gegenüber. Dessen muß man sich bei einer Finite-Element-Berechnung stets bewußt bleiben, um u.U. schwerwiegende Fehler zu vermeiden.

Finite Elemente lassen sich mit unterschiedlichen Näherungen herleiten. Im folgenden werden ausschließlich Elemente mit Verschiebungsansätzen (auch kinematische Elemente oder Deformationsmodelle genannt) eingehender behandelt. Sie sind historisch gesehen die Grundlage aller Finiten Elemente und in einer Vielzahl von Programmen implementiert. Über die in der Praxis ebenfalls eingesetzten hybriden Elemente für Scheiben und Platten wird ein Überblick gegeben. Es gibt aber durchaus noch andere Näherungsansätze, die sich aber in der Praxis nicht durchgesetzt haben (vgl. hierzu Überblick in [4.8]).

4.2 Überblick

Statische Randbedingungen

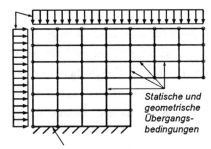

Statische und geometrische Übergangsbedingungen

Geometrische Randbedingungen

Bild 4-1 Finite-Element-Diskretisierung einer Scheibe

Finite Elemente mit Verschiebungsansätzen beruhen auf der Annahme eines Verlaufs der Verschiebungsgrößen im Element. Beispielsweise kann man bei einem Dreieck-Scheibenelement einen geradlinigen Verlauf der Verschiebungen zwischen jeweils zwei Knotenpunkten annehmen. Die Verschiebungen im Elementinnern erhält man durch entsprechende Interpolation. Um mit einer derartig vereinfachenden Annahme komplizierte Verschiebungs- und Spannungsverläufe sinnvoll darstellen zu können, sind kleine Elemente, innerhalb derer der vereinfachte Verschiebungsverlauf in guter Näherung zutrifft, erforderlich. Die o.g. Forderungen an die exakte Lösung werden dann nur noch teilweise erfüllt:

Eigenschaften der Finite-Element-Methode mit Verschiebungsansätzen

a) Verschiebungsgrößen stimmen an den Grenzen benachbarter Elemente überein.

*b) Die Gleichgewichtsbedingungen für die Kraftgrößen werden an den Grenzlinien benachbarter Elemente **nicht** erfüllt, d.h., es tritt ein in Wirklichkeit nicht vorhandener Spannungs- bzw. Schnittgrößensprung auf.*

c) Die Auflagerbedingungen (geometrische Randbedingungen) werden an gelagerten Rändern erfüllt.

*d) An freien Rändern wird das Gleichgewicht zwischen Randlasten und Schnittgrößen (statische Randbedingungen) **nicht** erfüllt.*

Bei der Näherung mit Finiten Elementen werden also die geometrischen Bedingungen für die Verschiebungen an den Auflagern und Elementgrenzen erfüllt, während die Gleichgewichtsbedingungen sowohl an den Elementgrenzen als auch an den Rändern des Systems und innerhalb eines Finiten Elements nicht bzw. nur näherungsweise erfüllt werden.

4.3 Näherungscharakter der Finite-Element-Methode

4.3.1 Eindimensionales Erläuterungsbeispiel

Die Annahme eines Verlaufs der Verschiebungsgrößen im Element ermöglicht die Herleitung der Steifigkeitsmatrix eines Finiten Elements. Hierbei sind bei zweidimensionalen Finiten Elementen immer mehrere Spannungs-, Verzerrungs- und Verschiebungsgrößen gleichzeitig zu betrachten. Im Sinne einer besseren Überschaubarkeit wird im folgenden der Näherungscharakter der Finite-Element-Methode anhand eines einfachen eindimensionalen Beispiels erläutert. Es handelt sich hierbei um einen einfachen Fachwerkstab, dessen Querschnittsfläche sich jedoch linear ändert (Bild 4-2). Die Längsspannung σ_x ist somit ebenfalls veränderlich. Ziel ist es, die Güte der Näherung mit einem einfachen Verschiebungsansatz, wie er auch bei 'echten' Scheibenelementen verwendet wird, zu untersuchen.

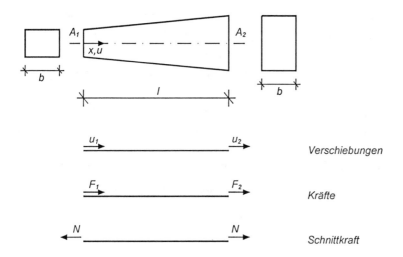

Bild 4-2 Fachwerkstab mit veränderlicher Querschnittsfläche

4.3.2 Analytische Lösung

Für den Fachwerkstab mit linear veränderlicher Querschnittsfläche läßt sich die analytische Lösung angeben, was bei Scheiben und Platten im allgemeinen natürlich nicht möglich ist. Die exakte Lösung soll zum Vergleich mit der FEM-Näherungslösung hergeleitet werden.

Untersucht wird ein Stab der Länge l mit der mit x veränderlichen Querschnittsfläche A:

$$A = A_1 + \frac{x}{l} \cdot (A_2 - A_1) \qquad (4.1)$$

4.3 Näherungscharakter der Finite-Element-Methode

Die Verschiebungen an den beiden Stabenden seien u_1 und u_2, die Stabendkräfte F_1 und F_2 (Bild 4-2). Der Stab wird durch die konstante Normalkraft N beansprucht. Gesucht sind die Normalspannungen, Dehnungen und Verschiebungen im Stab in Abhängigkeit von x.

Die Ermittlung der Spannungen und Verschiebungen eines statischen Systems (z.B. einer Scheibe) für eine gegebene Belastung und gegebene Auflagerbedingungen erhält man allgemein durch Lösung der aus den Grundgleichungen erhaltenen Differentialgleichungen unter Berücksichtigung der Randbedingungen. Im vorliegenden Fall läßt sich die Lösung sehr viel einfacher angeben. Die Normalspannung σ_x kann man nämlich an jeder Stelle x aus der Normalkraft bestimmen zu:

$$\sigma_x = \frac{N}{A} = \frac{N}{A_1 + x/l \cdot (A_2 - A_1)}$$

oder

$$\sigma_x = \frac{N \cdot l}{A_1 \cdot l + x \cdot (A_2 - A_1)} \tag{4.2}$$

Aus der Normalspannung erhält man mit dem Hookschen Gesetz (2.2a) $\sigma_x = E \cdot \varepsilon_x$ die Dehnung ε_x zu

$$\varepsilon_x = \frac{\sigma_x}{E}$$

und mit (4.2)

$$\varepsilon_x = \frac{N \cdot l}{E \cdot (A_1 \cdot l + x \cdot (A_2 - A_1))} \tag{4.3}$$

Aus den Dehnungen läßt sich der Verlauf der Verschiebungen bestimmen. Nach der Definition der Dehnung (2.1a) $\varepsilon_x = du/dx$ gilt

$$u = \int_0^x \varepsilon_x \, dx + u_1$$

und mit (4.3)

$$u = \int_0^x \frac{N \cdot l}{E \cdot (A_1 \cdot l + x \cdot (A_2 - A_1))} dx + u_1$$

Nach der Durchführung der Integration erhält man die Verschiebung $u(x)$ zu

$$u = \frac{N \cdot l}{E(A_2 - A_1)} \cdot \ln\left(\frac{l \cdot A_1 + x(A_2 - A_1)}{l \cdot A_1}\right) + u_1 \tag{4.4}$$

Beispiel 4.1

Für den in Bild 4-3 dargestellten Stab sind die Spannungen und Verschiebungen in den 1/5-Punkten und in der Stabmitte zu bestimmen.

Die Verschiebungen erhält man nach (4.4) mit $u_1=0$ zu:

$$u = \frac{100 \cdot 500}{1000 \cdot (100-500)} \cdot \ln\left(\frac{500 \cdot 500 + x \cdot (100-500)}{500 \cdot 500}\right) + 0$$

$u = -0.125 \cdot \ln(1 - 0.0016 \cdot x)$ mit u [cm] und x [cm]

und die Spannungen mit (4.2) zu:

$$\sigma_x = \frac{100 \cdot 500}{500 \cdot 500 + x \cdot (100-500)}$$

bzw.

$$\sigma_x = \frac{100}{500 - 0.8 \cdot x}$$ mit x [cm] und σ_x [kN/cm²]

Die Ergebnisse in den 1/5-Punkten sind in Tabelle 4-1 angegeben und Bild 4-3 dargestellt.

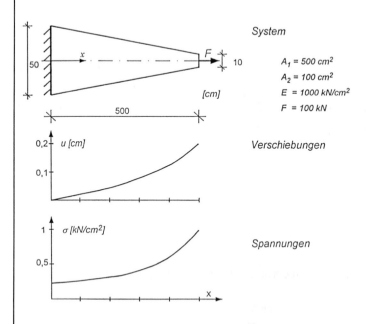

Bild 4-3 Stab mit veränderlicher Fläche (Zahlenbeispiel)

4.3 Näherungscharakter der Finite-Element-Methode

x [cm]	0	100	200	250	300	400	500
u [cm]	0	0.022	0.048	0.064	0.082	0.128	0.201
σ_x [kN/m²]	0.200	0.238	0.294	0.333	0.385	0.556	1.000

Tabelle 4-1 Spannungs- und Verschiebungswerte (exakte Lösung)

Mit der oben angegebenen Lösung läßt sich auch die Steifigkeitsmatrix des Fachwerkstabs mit linear veränderlicher Fläche herleiten. Die Verschiebung u_2 am Stabende erhält man mit $x = l$ nach (4.4) zu:

$$u_2 = u_{(x=l)} = \frac{N \cdot l}{E(A_2 - A_1)} \cdot \ln\left(\frac{A_2}{A_1}\right) + u_1$$

Löst man diese Gleichung nach N auf, erhält man

$$N = \frac{E(A_2 - A_1)}{l \cdot \ln(A_2 / A_1)} (u_2 - u_1) \tag{4.5}$$

Nach Einsetzen dieser Beziehung für N in (4.2) und (4.4) erhält man die Spannung σ_x und die Verschiebung u in Abhängigkeit von den Stabendverschiebungen u_1 und u_2 zu:

$$\sigma_x = \frac{E \cdot (A_2 - A_1)}{(l \cdot A_1 + x(A_2 - A_1)) \cdot \ln(A_2 / A_1)} \cdot (u_2 - u_1) \tag{4.6}$$

$$u = \frac{\ln\left(\frac{l \cdot A_1 + x(A_2 - A_1)}{l \cdot A_1}\right)}{\ln\left(\frac{A_2}{A_1}\right)} (u_2 - u_1) + u_1 \tag{4.7}$$

Die Stabendkräfte F_1 und F_2 erhält man aus den Gleichgewichtsbedingungen an den beiden Stabenden mit (4.5) zu:

$$F_1 = -N = -\frac{E(A_2 - A_1)}{l \cdot \ln(A_2 / A_1)} \cdot (u_2 - u_1)$$

$$F_2 = N = \frac{E(A_2 - A_1)}{l \cdot \ln(A_2 / A_1)} \cdot (u_2 - u_1)$$

oder in Matrizenschreibweise:

$$\frac{E(A_2 - A_1)}{l \cdot \ln(A_2 / A_1)} \cdot \begin{bmatrix} 1 & -1 \\ -1 & 1 \end{bmatrix} \cdot \begin{bmatrix} u_1 \\ u_2 \end{bmatrix} = \begin{bmatrix} F_1 \\ F_2 \end{bmatrix} \tag{4.8}$$

$$\underline{K}_e \cdot \underline{u}_e = \underline{F}_e \tag{4.8a}$$

Die Matrix $\underline{K}_e$ ist die exakte Steifigkeitsmatrix des Fachwerkstabs mit linear veränderlicher Querschnittsfläche. Die Spannungs- und Verschiebungsverläufe im Element können mit (4.6) bzw. (4.7) bestimmt werden.

4.3.3 FEM-Näherungslösung mit linearem Verschiebungsansatz

Da im allgemeinen eine exakte Lösung nicht bekannt ist, geht man bei der Finite-Element-Methode von einer Annahme aus. Man nimmt an, daß die Verschiebungen zwischen den Knotenpunkten und innerhalb eines Elements einen vorgegebenen Verlauf haben. Wenn die Verschiebungen aller Knotenpunkte bekannt sind, läßt sich mit dieser Annahme die Verschiebung an jeder Stelle des Tragwerks ermitteln. Die Verschiebungen werden mittels der Ansatzfunktionen zwischen den Knotenpunkten interpoliert.

Beim Fachwerkstab mit linear veränderlicher Fläche kann man zwischen den beiden Knotenpunkten einen linearen Verlauf annehmen:

$$u = u_1 + \frac{x}{l} \cdot (u_2 - u_1) \tag{4.9}$$

Es ist offensichtlich, daß es sich hierbei um eine Annahme handelt, da der exakte Verschiebungsverlauf bereits in (4.7) ermittelt wurde.

Die Dehnungen, die dem linearen Verschiebungsansatz (4.9) entsprechen, erhält man durch Differenzieren der Verschiebungen (2.1a) zu:

$$\varepsilon_x = \frac{du}{dx} = \frac{1}{l} \cdot (u_2 - u_1) \tag{4.10}$$

Die Dehnungen im Element hängen demnach nicht von x ab, sie sind vielmehr innerhalb jedes Elements konstant.

Die Spannungen erhält man aus den Dehnungen mit Hilfe des Hookschen Gesetzes (2.2a) zu:

$$\sigma_x = E \cdot \varepsilon_x = \frac{E}{l} \cdot (u_2 - u_1)$$

bzw.

$$\sigma_x = \frac{E}{l} \cdot (-u_1 + u_2) \tag{4.11}$$

Spannungen und Dehnungen ergeben sich somit aufgrund des Verschiebungsansatzes als elementweise konstante Größen. Es ist offensichtlich, daß damit der wirkliche Spannungsverlauf, der in (4.6) angegeben ist, nicht dargestellt werden kann. Die Gleichgewichtsbedingungen $\sigma(x) \cdot A(x) = N$ an einem beliebigen Schnitt innerhalb des Stabelements und an den Stabenden können mit einer konstanten Spannung σ_x nach (4.11) nicht erfüllt werden. Ziel ist es vielmehr, die Spannung σ_x so zu bestimmen, daß die Gleichgewichtsbedingungen

4.3 Näherungscharakter der Finite-Element-Methode

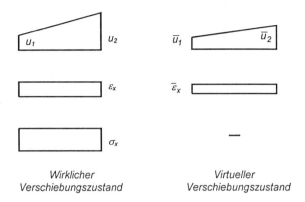

Bild 4-4 Ansatzfunktionen der Verschiebungen und daraus abgeleitete Dehnungen und Spannungen

'im Mittel' erfüllt werden, d.h., die Spannung σ_x nach (4.11) soll ein gemittelter Wert der in Wirklichkeit veränderlichen Spannung σ_x sein. Zu diesem Zweck wird das Prinzip der virtuellen Verschiebungen verwendet. Es kann nach dem Verfahren von Galerkin auch herangezogen werden, um mit angenäherten Verschiebungsansätzen die Gleichgewichtsbedingungen näherungsweise, d.h. 'im Mittel', zu erfüllen [4.8]. Würden die Verschiebungsansätze die exakte Lösung enthalten, so würden die nach dem Prinzip der virtuellen Verschiebungen erhaltenen Spannungen die Gleichgewichtsbedingungen exakt erfüllen.

Für den Fachwerkstab lautet das Prinzip der virtuellen Verschiebungen nach (2.5) und (2.4a):

$$\overline{W}_i = \overline{W}_a \tag{2.5}$$

mit

$$\overline{W}_i = \int_0^l A \cdot \sigma_x \cdot \overline{\varepsilon}_x \, dx \tag{2.4a}$$

Diese Gleichung gilt für jeden virtuellen Verschiebungszustand, der die Randbedingungen, d.h. die Bedingungen $\overline{u}_{(x=0)} = \overline{u}_1$ und $\overline{u}_{(x=l)} = \overline{u}_2$ erfüllt. Aus der Vielzahl der möglichen virtuellen Verschiebungszustände werden nun diejenigen betrachtet, die denselben Verlauf wie die angesetzten wirklichen Verschiebungen besitzen (Bild 4-4). Im Fall des Fachwerkstabs sind dies die linearen Ansätze nach (4.9). Man kann zeigen, daß man aufgrund dieser Annahme eine symmetrische Steifigkeitsmatrix erhält. Die virtuellen Verschiebungen haben also analog zu den wirklichen Verschiebungen den Verlauf nach (4.9):

$$\overline{u} = \overline{u}_1 + \frac{x}{l} \cdot (\overline{u}_2 - \overline{u}_1) \tag{4.12}$$

wobei die virtuellen Verschiebungen $\bar{u}_1$ und $\bar{u}_2$ der Knotenpunkte noch beliebige Werte annehmen können. Aus den virtuellen Verschiebungen ergeben sich die Dehnungen im virtuellen Verschiebungszustand zu

$$\bar{\varepsilon}_x = \frac{d\bar{u}}{dx} = \frac{1}{l} \cdot (\bar{u}_2 - \bar{u}_1) \tag{4.13}$$

Die innere virtuelle Arbeit lautet damit:

$$\overline{W}_i = \int_0^l A_x \cdot \sigma_x \cdot \bar{\varepsilon}_x \, dx$$

$$\overline{W}_i = \int_0^l \left(A_1 + \frac{x}{l}(A_2 - A_1) \right) \cdot \frac{E}{l} \cdot (u_2 - u_1) \cdot \frac{1}{l} \cdot (\bar{u}_2 - \bar{u}_1) \, dx \tag{4.14}$$

Die äußere virtuelle Arbeit wird von den wirklichen Stabendkräften F_1 und F_2 und den virtuellen Verschiebungen am Stabende $\bar{u}_1$ und $\bar{u}_2$ geleistet:

$$\overline{W}_a = F_1 \cdot \bar{u}_1 + F_2 \cdot \bar{u}_2 \tag{4.15}$$

Nach Gleichsetzen der inneren und äußeren virtuellen Arbeit erhält man:

$$\int_0^l \left(A_1 + \frac{x}{l}(A_2 - A_1) \right) \cdot \frac{E}{l} \cdot (u_2 - u_1) \cdot \frac{1}{l} \cdot (\bar{u}_2 - \bar{u}_1) \, dx = F_1 \cdot \bar{u}_1 + F_2 \cdot \bar{u}_2 \tag{4.16}$$

Da $\bar{u}_1$ und $\bar{u}_2$ beliebige virtuelle Verschiebungen darstellen, gilt (4.16) auch für die beiden Verschiebungszustände

a) $\bar{u}_1 = 1$; $\bar{u}_2 = 0$

b) $\bar{u}_1 = 0$; $\bar{u}_2 = 1$

aus deren (gewichteter) Überlagerung sich alle anderen zulässigen Verschiebungszustände darstellen lassen. Setzt man den virtuellen Verschiebungszustand a) ein, erhält man:

$$-\frac{E}{l^2} \cdot \int_0^l \left(A_1 + \frac{x}{l}(A_2 - A_1) \right) dx \cdot (u_2 - u_1) = F_1$$

$$-\frac{E}{l^2} \cdot \left[A_1 \cdot x + \frac{1}{2}\frac{x^2}{l}(A_2 - A_1) \right]_0^l \cdot (u_2 - u_1) = F_1$$

$$-\frac{E}{l^2} \cdot \left[A_1 \cdot l + \frac{1}{2}\frac{l^2}{l}(A_2 - A_1) \right] \cdot (u_2 - u_1) = F_1$$

bzw.

$$\frac{E}{l} \cdot \frac{A_1 + A_2}{2} \cdot (u_1 - u_2) = F_1 \tag{4.17a}$$

4.3 Näherungscharakter der Finite-Element-Methode

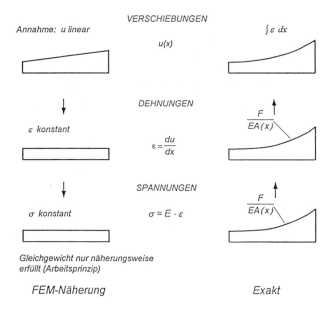

Bild 4-5 FEM-Lösung mit linearem Verschiebungsansatz und exakte Lösung

Entsprechend erhält man aus dem virtuellen Verschiebungszustand b):

$$\frac{E}{l} \cdot \frac{A_1 + A_2}{2} \cdot (-u_1 + u_2) = F_2 \tag{4.17b}$$

Die beiden Gleichungen (4.17a,b) stellen die Steifigkeitsbeziehung des Fachwerkstabs dar. Sie lautet in Matrizenschreibweise:

$$\frac{E}{l} \cdot \frac{(A_1 + A_2)}{2} \cdot \begin{bmatrix} 1 & -1 \\ -1 & 1 \end{bmatrix} \cdot \begin{bmatrix} u_1 \\ u_2 \end{bmatrix} = \begin{bmatrix} F_1 \\ F_2 \end{bmatrix} \tag{4.18}$$

$$\underline{K}_e \cdot \underline{u}_e = \underline{F}_e \tag{4.18a}$$

Die Matrix $\underline{K}_e$ ist die mit linearem Verschiebungsansatz erhaltene Steifigkeitsmatrix des Fachwerkstabs mit linear veränderlicher Querschnittsfläche. Für einen Fachwerkstab mit konstanter Querschnittsfläche, d.h. mit $A_1 = A_2$, stimmt (4.18) mit der exakten Lösung nach (3.3) überein, da in diesem Fall der Verschiebungsansatz (4.9) die exakte Lösung darstellt.

Die beiden Wege zur Herleitung der Elementsteifigkeitsmatrix mit linearem Verschiebungsansatz und mit dem exakten Verfahren sind in Bild 4-5 nochmals schematisch einander gegenübergestellt.

Beispiel 4.2

Für den Fachwerkstab in Beispiel 4.1 ist die Lösung mit Finiten Fachwerkelementen mit linearem Verschiebungsansatz gesucht. Hierzu ist der Stab zunächst in ein und danach in zwei Elemente zu diskretisieren.

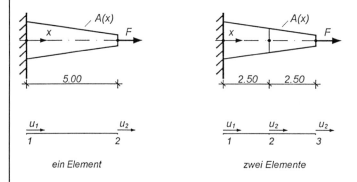

Bild 4-6 Diskretisierung des Stabs in ein bzw. zwei Elemente

Bei Diskretisierung des Stabs durch nur ein einziges Element lautet die Steifigkeitsbeziehung nach (4.18):

$$\frac{E}{l} \cdot \frac{(A_1 + A_2)}{2} \cdot \begin{bmatrix} 1 & -1 \\ -1 & 1 \end{bmatrix} \cdot \begin{bmatrix} u_1 \\ u_2 \end{bmatrix} = \begin{bmatrix} F_1 \\ F \end{bmatrix}$$

Nach Berücksichtigung der Auflagerbedingung $u_1=0$ und mit A_1=500 [cm^2], A_2=100 [cm^2], E = 1000 [kN/cm^2], l = 500 [cm] und F = 100 [kN] erhält man (Bild 4-6):

4.3 Näherungscharakter der Finite-Element-Methode

$$\frac{E}{l} \cdot \frac{(A_1 + A_2)}{2} \cdot u_2 = F$$

$$\frac{1000}{500} \cdot \frac{500 + 100}{2} \cdot u_2 = 100$$

und damit

$$u_2 = \frac{100}{600} = 0.167 \, [cm]$$

Die zugehörige Elementspannung erhält man aus (4.11) zu

$$\sigma_x = \frac{E}{l} \cdot (-u_1 + u_2) = \frac{1000}{500} \cdot (0 + 0.167) = 0.333 \, [kN/cm^2]$$

Zur Diskretisierung des Stabs in zwei Finite Elemente ist zunächst die Querschnittsfläche bei $x = 250 \, [cm]$ nach (4.1) zu ermitteln:

$$A = A_1 + \frac{x}{l} \cdot (A_2 - A_1) = 500 + \frac{250}{500} \cdot (100 - 500) = 300 \, [cm^2]$$

Danach können die Elementsteifigkeitsmatrizen nach (4.18) aufgestellt werden. Die Auflagerbedingung $u_1 = 0$ wird bereits bei der Elementsteifigkeitsmatrix des Elements 1 berücksichtigt, d.h., die Zeile und die Spalte für u_1 werden eliminiert:

Element 1:

$$\frac{E}{l} \cdot \frac{(A_1 + A_2)}{2} \cdot u_2 = F_2^{(1)}$$

$$\frac{1000}{250} \cdot \frac{500 + 300}{2} \cdot u_2 = F_2^{(1)}$$

$$1600 \cdot u_2 = F_2^{(1)}$$

Element 2:

$$\frac{E}{l} \cdot \frac{(A_1 + A_2)}{2} = \frac{1000}{250} \cdot \frac{300 + 100}{2} = 800$$

$$800 \cdot \begin{bmatrix} 1 & -1 \\ -1 & 1 \end{bmatrix} \cdot \begin{bmatrix} u_2 \\ u_3 \end{bmatrix} = \begin{bmatrix} F_2^{(2)} \\ F_3^{(2)} \end{bmatrix}$$

Die Systemsteifigkeitsmatrix erhält man damit zu:

$$\begin{bmatrix} 1600 + 800 & -800 \\ -800 & 800 \end{bmatrix} \cdot \begin{bmatrix} u_2 \\ u_3 \end{bmatrix} = \begin{bmatrix} 0 \\ 100 \end{bmatrix}$$

Die Lösung des Gleichungssystems ist

$$u_2 = 0.063 \, [cm] \qquad u_3 = 0.188 \, [cm]$$

Die Spannungen in den Elementen 1 und 2 erhält man nach (4.11) zu:

$\sigma_1 = 0.250$ [kN/cm²] $\sigma_2 = 0.500$ [kN/cm²]

Diese Ergebnisse sowie die exakte Lösung (Beispiel 4.1) sind in Bild 4-7 dargestellt. Man erkennt, daß die Verschiebungen bereits mit wenigen Elementen gut angenähert werden, während dies bei den Spannungen nicht der Fall ist.

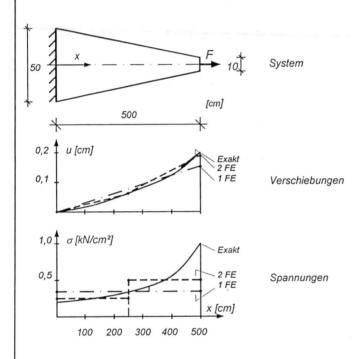

Bild 4-7 FEM-Näherungslösung mit einem und zwei Finiten Elementen mit linearem Verschiebungsansatz

4.3.4 FEM-Näherungslösung mit quadratischem Verschiebungsansatz

Die Güte der Näherung läßt sich durch höhere Ansatzfunktionen des Finiten Elements verbessern. Im folgenden wird die Steifigkeitsmatrix eines Fachwerkelements mit quadratischem Verschiebungsansatz hergeleitet. Es sind aber auch Parabeln dritter Ordnung und höhere Polynomansätze als Ansatzfunktionen möglich.

4.3 Näherungscharakter der Finite-Element-Methode

Zur Beschreibung der Verschiebungen wird die dimensionslose Koordinate r eingeführt. Sie nimmt Werte zwischen -1 am linken Elementrand und +1 am rechten Elementrand an. In der Elementmitte ist r = 0. Eine Koordinate x nach Bild 4-8 läßt sich mit

$$r = \frac{2 \cdot x}{l} - 1 \tag{4.19a}$$

in die r-Koordinate transformieren.

Zur Beschreibung einer quadratischen Parabel sind drei Stützstellen erforderlich. Daher wird in Elementmitte ein dritter Knotenpunkt eingeführt. Das Element besitzt damit drei Freiheitsgrade, nämlich die Verschiebungen u_1, u_2 und u_3 (Bild 4-8).

Die Querschnittsfläche des Stabs sei wiederum linear veränderlich und wird mit den Flächen A_1 und A_3 an den Stabenden beschrieben durch:

$$A = \frac{1}{2}(1-r)A_1 + \frac{1}{2}(1+r)A_3 \tag{4.19b}$$

Die Verschiebungsfunktion u(r) ist eine Parabel mit den drei 'Stützstellen' u_1, u_2 und u_3:

$$u = \left[\frac{1}{2}(1-r) - \frac{1}{2}(1-r^2)\right] \cdot u_1 + (1-r^2) \cdot u_2 + \left[\frac{1}{2}(1+r) - \frac{1}{2}(1-r^2)\right] \cdot u_3 \tag{4.20}$$

Die Richtigkeit der Gleichung, die offensichtlich eine quadratische Parabel in r beschreibt, läßt sich durch Einsetzen von r = -1, r = 0 und r = 1 leicht prüfen.

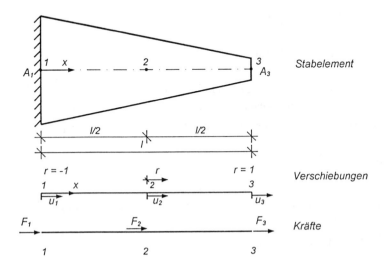

Bild 4-8 Finites Element mit quadratischem Verschiebungsansatz (3-Knoten-Element)

Die Dehnungen erhält man durch Differenzieren der Verschiebungsfunktion nach x zu:

$$\varepsilon = \frac{du}{dx} = \frac{du}{dr} \cdot \frac{dr}{dx}$$

$$\varepsilon = \frac{1}{l}(-1+2r) \cdot u_1 - \frac{4}{l} r \cdot u_2 + \frac{1}{l}(1+2r) \cdot u_3 \tag{4.21}$$

Die Dehnungen haben somit im Element einen linearen Verlauf.

Die Spannungen erhält man mit dem Hookschen Gesetz aus den Dehnungen zu:

$$\sigma = E \cdot \varepsilon$$

$$\sigma = \frac{E}{l}(-1+2r) \cdot u_1 - \frac{4E}{l} r \cdot u_2 + \frac{E}{l}(1+2r) \cdot u_3 \tag{4.22}$$

Sie verlaufen wie die Dehnungen im Element linear. An den Knotenpunkten nehmen die Spannungen folgende Werte an:

$$\sigma_1 = E \cdot (-3 \cdot u_1 + 4 \cdot u_2 - u_3) / l \tag{4.22a}$$

$$\sigma_2 = E \cdot (-u_1 + u_3) / l \tag{4.22b}$$

$$\sigma_3 = E \cdot (u_1 - 4 \cdot u_2 + 3 \cdot u_3) / l \tag{4.22c}$$

Die virtuellen Verschiebungen werden wiederum mit denselben Ansatzfunktionen wie die wirklichen Verschiebungen nach (4.20) beschrieben:

$$\overline{u} = \left[\frac{1}{2}(1-r) - \frac{1}{2}(1-r^2)\right] \cdot \overline{u}_1 + (1-r^2) \cdot \overline{u}_2 + \left[\frac{1}{2}(1+r) - \frac{1}{2}(1-r^2)\right] \cdot \overline{u}_3 \tag{4.23}$$

Damit ergeben sich die virtuellen Dehnungen zu:

$$\overline{\varepsilon} = \frac{1}{l}(-1+2r) \cdot \overline{u}_1 - \frac{4}{l} r \cdot \overline{u}_2 + \frac{1}{l}(1+2r) \cdot \overline{u}_3 \tag{4.24}$$

Setzt man die wirklichen Spannungen nach (4.22) und die virtuellen Dehnungen nach (4.24) in das Prinzip der virtuellen Verschiebungen ein und berücksichtigt, daß die Kräfte F_1, F_2 und F_3 mit den zugehörigen virtuellen Verschiebungen äußere virtuelle Arbeit leisten, erhält man:

$$\int_0^l \overline{\varepsilon} \, \sigma \, A \, dx = F_1 \cdot \overline{u}_1 + F_2 \cdot \overline{u}_2 + F_3 \cdot \overline{u}_3$$

$$\int_0^l \left[\frac{1}{l}(-1+2r) \cdot \overline{u}_1 - \frac{4}{l} r \cdot \overline{u}_2 + \frac{1}{l}(1+2r) \cdot \overline{u}_3\right] \cdot \left[\frac{E}{l}(-1+2r) \cdot u_1 - \frac{4E}{l} r \cdot u_2 + \frac{E}{l}(1+2r) \cdot u_3\right]$$

$$\cdot \left(A_1 + \frac{x}{l}(A_3 - A_1)\right) dx = F_1 \cdot \overline{u}_1 + F_2 \cdot \overline{u}_2 + F_3 \cdot \overline{u}_3$$

4.3 Näherungscharakter der Finite-Element-Methode

$$\frac{EA_1}{l} \cdot \left[\left[\left(\frac{7}{3}+\frac{\alpha}{2}\right) \cdot u_1 + \left(-\frac{8}{3}-\frac{2}{3}\alpha\right) \cdot u_2 + \left(\frac{1}{3}+\frac{\alpha}{6}\right) \cdot u_3 \right] \cdot \overline{u}_1 \right.$$

$$+ \left[\left(-\frac{8}{3}-\frac{2}{3}\alpha\right) \cdot u_1 + \left(\frac{16}{3}+\frac{8}{3}\alpha\right) \cdot u_2 + \left(-\frac{8}{3}-2\alpha\right) \cdot u_3 \right] \cdot \overline{u}_2$$

$$\left. + \left[\left(\frac{1}{3}+\frac{\alpha}{6}\right) \cdot u_1 + \left(-\frac{8}{3}-2\alpha\right) \cdot u_2 + \left(\frac{7}{3}+\frac{11}{6}\alpha\right) \cdot u_3 \right] \cdot \overline{u}_3 \right] = F_1 \cdot \overline{u}_1 + F_2 \cdot \overline{u}_2 + F_3 \cdot \overline{u}_3$$

mit $\quad \alpha = \dfrac{A_3 - A_1}{A_1}$

Da $\overline{u}_1$, $\overline{u}_2$ und $\overline{u}_3$ beliebige Werte annehmen können, folgen aus dieser Gleichung drei Gleichungen für die Kräfte F_1 (mit $\overline{u}_1 = 1$, $\overline{u}_2 = \overline{u}_3 = 0$), F_2 (mit $\overline{u}_2 = 1$, $\overline{u}_1 = \overline{u}_3 = 0$) und für F_3 (mit $\overline{u}_3 = 1$, $\overline{u}_1 = \overline{u}_2 = 0$). Sie stellen die Steifigkeitsbeziehungen des Elements dar und lauten in Matrizenschreibweise:

$$\frac{EA_1}{l} \cdot \begin{bmatrix} \frac{7}{3}+\frac{\alpha}{2} & -\frac{8}{3}-\frac{2}{3}\alpha & \frac{1}{3}+\frac{\alpha}{6} \\ -\frac{8}{3}-\frac{2}{3}\alpha & \frac{16}{3}+\frac{8}{3}\alpha & -\frac{8}{3}-2\alpha \\ \frac{1}{3}+\frac{\alpha}{6} & -\frac{8}{3}-2\alpha & \frac{7}{3}+\frac{11}{6}\alpha \end{bmatrix} \cdot \begin{bmatrix} u_1 \\ u_2 \\ u_3 \end{bmatrix} = \begin{bmatrix} F_1 \\ F_2 \\ F_3 \end{bmatrix} \quad (4.25)$$

$$\underline{K}_e \quad\quad \cdot \quad \underline{u}_e \; = \; \underline{F}_e \quad (4.25a)$$

Beispiel 4.3

Der Fachwerkstab mit linear veränderlicher Fläche in Beispiel 4.1 ist zunächst mit einem und dann mit zwei Finiten Elementen mit quadratischem Verschiebungsansatz zu untersuchen.

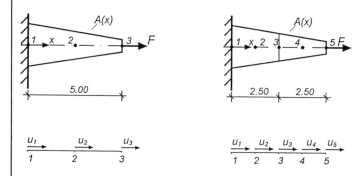

Bild 4-9 Diskretisierung des Stabs in ein bzw. zwei Finite Elemente mit quadratischem Verschiebungsansatz

Bei der Diskretisierung des Stabs durch ein einziges Element lautet die Steifigkeitsbeziehung mit (4.25) unter Berücksichtigung der Auflagerbedingung $u_1 = 0$ und der Lasten:

$$\frac{EA_1}{l} \cdot \begin{bmatrix} \frac{16}{3} + \frac{8}{3}\alpha & -\frac{8}{3} - 2\alpha \\ -\frac{8}{3} - 2\alpha & \frac{7}{3} + \frac{11}{6}\alpha \end{bmatrix} \cdot \begin{bmatrix} u_2 \\ u_3 \end{bmatrix} = \begin{bmatrix} 0 \\ F \end{bmatrix}$$

Mit $A_1 = 500$ [cm²], $A_3 = 100$ [cm²], $E = 1000$ [kN/cm²], $l = 500$ [cm] und $F = 100$ [kN] nach Bild 4-9 erhält man:

$$1000 \cdot \begin{bmatrix} 3.200 & -1.067 \\ -1.067 & 0.867 \end{bmatrix} \cdot \begin{bmatrix} u_2 \\ u_3 \end{bmatrix} = \begin{bmatrix} 0 \\ 100 \end{bmatrix}$$

Die Lösung dieses Gleichungssystems lautet

$$u_2 = 0.065 \text{ [cm]} \qquad u_3 = 0.196 \text{ [cm]}.$$

Mit (4.22a,c) werden hieraus die Spannungen am Stabanfang und am Stabende bestimmt zu:

$\sigma_1 = E \cdot (-3 \cdot u_1 + 4 \cdot u_2 - u_3)/l = 1000 \cdot (4 \cdot 0.065 - 0.196)/500 = 0.128$ [kN/cm²]

$\sigma_2 = E \cdot (-u_1 + u_3)/l = 1000 \cdot 0.196/500 = 0.392$ [kN/cm²]

$\sigma_3 = E \cdot (u_1 - 4 \cdot u_2 + 3 \cdot u_3)/l = 1000 \cdot (-4 \cdot 0.065 + 3 \cdot 0.196)/500 = 0.656$ [kN/cm²]

Bei der Diskretisierung des Stabs in zwei Finite Elemente werden zunächst die Elementsteifigkeitsmatrizen nach (4.25) aufgestellt. Die Auflagerbedingung $u_1 = 0$ wird bereits bei der Elementsteifigkeitsmatrix des Elements 1 berücksichtigt, d.h., die Zeile und die Spalte für u_1 werden eliminiert:

Element 1:

$$\frac{EA_1}{l} \cdot \begin{bmatrix} \frac{16}{3} + \frac{8}{3}\alpha & -\frac{8}{3} - 2\alpha \\ -\frac{8}{3} - 2\alpha & \frac{7}{3} + \frac{11}{6}\alpha \end{bmatrix} \cdot \begin{bmatrix} u_2 \\ u_3 \end{bmatrix} = \begin{bmatrix} F_2^{(1)} \\ F_3^{(1)} \end{bmatrix}$$

und mit $A_1 = 500$ [cm²], $A_3 = 300$ [cm²], $E = 1000$ [kN/cm²], $l = 250$ [cm]:

$$2000 \cdot \begin{bmatrix} 4.267 & -1.867 \\ -1.867 & 1.600 \end{bmatrix} \cdot \begin{bmatrix} u_2 \\ u_3 \end{bmatrix} = \begin{bmatrix} F_2^{(1)} \\ F_3^{(1)} \end{bmatrix}$$

4.3 Näherungscharakter der Finite-Element-Methode

Element 2:

$$\frac{EA_1}{l} \cdot \begin{bmatrix} \frac{7}{3}+\frac{\alpha}{2} & -\frac{8}{3}-\frac{2}{3}\alpha & \frac{1}{3}+\frac{\alpha}{6} \\ -\frac{8}{3}-\frac{2}{3}\alpha & \frac{16}{3}+\frac{8}{3}\alpha & -\frac{8}{3}-2\alpha \\ \frac{1}{3}+\frac{\alpha}{6} & -\frac{8}{3}-2\alpha & \frac{7}{3}+\frac{11}{6}\alpha \end{bmatrix} \cdot \begin{bmatrix} u_3 \\ u_4 \\ u_5 \end{bmatrix} = \begin{bmatrix} F_3^{(2)} \\ F_4^{(2)} \\ F_5^{(2)} \end{bmatrix}$$

und mit $A_1 = 300$ [cm²], $A_3 = 100$ [cm²], $E = 1000$ [kN/cm²], $l = 250$ [cm] :

$$1200 \cdot \begin{bmatrix} 2.000 & -2.222 & 0.222 \\ -2.222 & 3.556 & -1.333 \\ 0.222 & -1.333 & 1.111 \end{bmatrix} \cdot \begin{bmatrix} u_3 \\ u_4 \\ u_5 \end{bmatrix} = \begin{bmatrix} F_3^{(2)} \\ F_4^{(2)} \\ F_5^{(2)} \end{bmatrix}$$

Die Systemsteifigkeitsmatrix erhält man damit zu:

$$\begin{bmatrix} 8533 & -3733 & 0 & 0 \\ -3733 & 5600 & -2667 & 267 \\ 0 & -2667 & 4267 & -1600 \\ 0 & 267 & -1600 & 1333 \end{bmatrix} \cdot \begin{bmatrix} u_2 \\ u_3 \\ u_4 \\ u_5 \end{bmatrix} = \begin{bmatrix} 0 \\ 0 \\ 0 \\ 100 \end{bmatrix}$$

Die Lösung dieses Gleichungssystems ist

$u_2 = 0.028$ [cm] $u_3 = 0.064$ [cm]

$u_4 = 0.115$ [cm] $u_5 = 0.200$ [cm]

Die Spannungen erhält man nach (4.22a,c) im Element 1 zu:

$\sigma_1 = 0.191$ [kN/cm²] $\sigma_2 = 0.255$ [kN/cm²] $\sigma_3 = 0.319$ [kN/cm²]

und im Element 2:

$\sigma_1 = 0.273$ [kN/cm²] $\sigma_2 = 0.545$ [kN/cm²] $\sigma_3 = 0.818$ [kN/cm²]

Die Ergebnisse sind gemeinsam mit der exakten Lösung (vgl. Beispiel 4.1) in Bild 4-10 dargestellt. Im Stabelement verlaufen die Verschiebung quadratisch und die Spannung linear. Die Näherung für die Verschiebungen und Spannungen ist deutlich besser als bei den Elementen mit linearem Verschiebungsansatz in Beispiel 4.2.

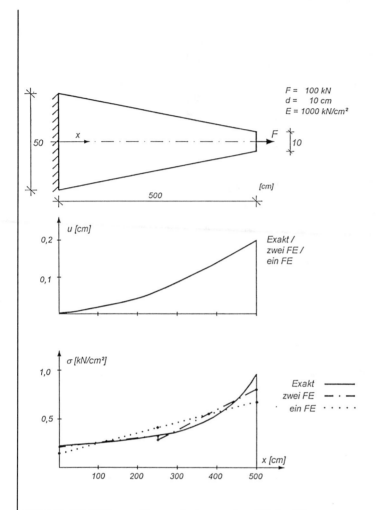

Bild 4-10 FEM-Näherungslösung mit einem und zwei Finiten Elementen mit quadratischem Verschiebungsansatz

Beispiel 4.4

Die Ergebnisse des Erläuterungsbeispiels sind für verschiedene Finite-Element-Diskretisierungen zusammenzustellen und die absoluten Fehler der Knotenverschiebungen und Elementspannungen sind zu ermitteln.

Die Ergebnisse sind in den Tabellen 4-2 und 4-3 angegeben. In Bild 4-11 sind die Spannungen und Verschiebungen für eine Diskretisierung in vier Elemente mit linearem bzw. quadratischem Verschiebungsansatz dargestellt. Die absoluten Fehler in den Tabellen 4-4 und 4-5 ergeben sich aus der Differenz der exakten Werte zu den Näherungswerten.

4.3 Näherungscharakter der Finite-Element-Methode

ANSATZ-FUNKTION	ANZAHL ELEMENTE	x [cm]				
		0	125	250	375	500
linear	1	0	-	-	-	1.67
	2	0	-	0.63	-	1.88
	4	0	0.28	0.63	1.13	1.97
quadratisch	1	0	-	0.65	-	1.96
	2	0	0.28	0.64	1.15	2.00
	4	0	0.28	0.64	1.15	2.01
exakt	-	0	0.28	0.64	1.15	2.01

Tabelle 4-2 Knotenverschiebungen im Erläuterungsbeispiel [mm]

ANSATZ-FUNKTION	ANZAHL ELEMENTE	x [cm]				
		0	125	250	375	500
linear	1	0.333	-	0.333	-	0.333
	2	0.250	0.250	0.250/0.500	0.500	0.500
	4	0.222	0.222/0.286	0.286/0.400	0.400/0.667	0.667
quadratisch	1	0.128	-	0.392	-	0.656
	2	0.191	0.255	0.319/0.273	0.545	0.818
	4	0.198	0.248/0.247	0.329/0.324	0.486/0.462	0.923
exakt	-	0.200	0.250	0.333	0.500	1.000

Tabelle 4-3 Elementspannungen im Erläuterungsbeispiel [kN/m^2]

ANSATZ-FUNKTION	ANZAHL ELEMENTE	x [cm]				
		0	125	250	375	500
linear	1	0	-	-	-	0.34
	2	0	-	0.01	-	0.13
	4	0	0	0.01	0.02	0.04
quadratisch	1	0	-	0.01	-	0.05
	2	0	0	0	0	0.01
	4	0	0	0	0	0

Tabelle 4-4 Fehler der Knotenverschiebungen im Erläuterungsbeispiel [mm] (2 Stellen genau)

Ansatz-funktion	Anzahl Elemente	x [cm]				
		0	125	250	375	500
linear	1	0.133	-	0	-	0.667
	2	0.050	0	0.083/0.167	0	0.500
	4	0.022	0.028/0.036	0.047/0.067	0.100/0.167	0.333
quadratisch	1	0.070	-	0.058	-	0.348
	2	0.009	0.005	0.014/0.060	0.045	0.182
	4	0.002	0.002/0.003	0.004/0.009	0.014/0.038	0.077

Tabelle 4-5 Fehler der Elementspannungen im Erläuterungsbeispiel [kN/m²]

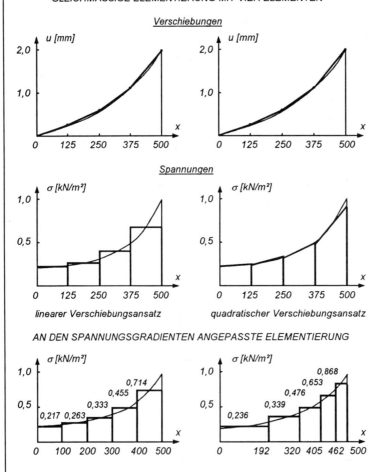

Bild 4-11 Verschiebungen und Spannungen im Erläuterungsbeispiel

4.3 Näherungscharakter der Finite-Element-Methode

4.3.5 Eigenschaften der FEM-Näherungslösung

Die für das Erläuterungsbeispiel erhaltenen Ergebnisse lassen deutlich den Näherungscharakter der Finite-Element-Methode erkennen. Abweichungen von der exakten Lösung treten sowohl bei den Verschiebungen als auch bei den Spannungen des Erläuterungsbeispiels auf (vgl. Bild 4-11 sowie Tabellen 4-2 und 4-3). Diese Abweichungen geben die absoluten Fehler der Finite-Element-Lösung an, Tabellen 4-4 und 4-5.

Eine Reihe wichtiger Eigenschaften der Finite-Element-Methode wird bereits an diesem vergleichsweise einfachen Beispiel deutlich. Die Näherung der Finite-Element-Lösung ist um so genauer, je mehr Elemente verwendet werden bzw. je kleiner die Elementgröße ist. Elemente mit höheren Ansatzfunktionen besitzen bei gleicher Elementanzahl eine höhere Genauigkeit als Elemente mit einfacheren Ansatzfunktionen (vgl. Bild 4-11 und Tabelle 4-2 und 4-3). Die Genauigkeit der Finite-Element-Lösung kann also entweder durch eine Erhöhung der Elementanzahl oder durch Verwendung von Elementen mit höheren Ansatzfunktionen verbessert werden.

Die Verschiebungen sind deutlich genauer als die Spannungen, Tabellen 4-2 und 4-3. Die Spannungen sind nach (2.2a) rechnerisch die mit dem Elastizitätsmodul multiplizierten Dehnungen, welche nach (4.10) durch Differenzieren der Ansatzfunktionen gebildet werden. Allgemein gilt, daß der Fehler einer fehlerbehafteten Funktion beim Differenzieren vergrößert wird. Beim Integrieren hingegen wird der Fehler verringert. Da es sich bei den Spannungen um differenzierte Größen handelt, sind sie bei Finiten Elementen mit Verschiebungsansatz immer ungenauer als die Verschiebungen.

Die Spannungen sind in Elementmitte erheblich genauer als am Elementrand. Zwischen zwei Elementen tritt aufgrund der getroffenen Näherung ein Spannungssprung auf. Je kleiner dieser Spannungssprung ist, desto genauer ist das Ergebnis der Finite-Element-Berechnung. Er ist somit ein Maß für die Genauigkeit einer Finite-Element-Berechnung. In Bereichen mit hohem Spannungsgradienten (z.B. im Erläuterungsbeispiel in der rechten Stabhälfte) nimmt die Größe des Spannungssprungs zu und damit die Genauigkeit der Berechnung ab. Um eine gleichmäßige Genauigkeit zu erhalten, sollten daher die Finiten Elemente in Bereichen mit hohen Spannungsgradienten verdichtet werden, wie dies für das Erläuterungsbeispiel in Bild 4-11 dargestellt ist.

Man kann zeigen, daß bei Elementen mit Verschiebungsansätzen (kinematische Elemente) die errechneten Verschiebungen im Mittel zu klein sind. Dies wird auch in Bild 4-11 und Tabelle 4-2 deutlich. Das System verhält sich somit aufgrund des Verschiebungsansatzes zu steif. Um 'künstliche Steifigkeitssprünge' zu vermeiden, die (in statisch unbestimmten

Systemen) zu fehlerhaften Spannungsumlagerungen führen können, dürfen benachbarte Finite Elemente nicht extrem unterschiedliche Abmessungen aufweisen.

Die wesentlichen Ergebnisse werden noch einmal zusammengefaßt:

Eigenschaften der FEM-Näherungslösung

a) Die FEM-Lösung nähert die exakte Lösung an. Ihre Genauigkeit wird durch eine Vergrößerung der Elementanzahl bzw. eine Verringerung der Elementgröße erhöht.

b) Elemente mit höheren Ansatzfunktionen besitzen eine höhere Genauigkeit als Elemente mit niedrigeren Ansatzfunktionen.

c) Bei Finiten Elementen, die ausschließlich auf Verschiebungsansätzen beruhen, sind die angenäherten Knotenverschiebungen im Mittel zu klein, d.h., das System verhält sich aufgrund des Näherungsansatzes zu 'steif'.

d) Die FEM-Näherung ist bei gleichmäßiger Elementgröße im Bereich geringerer Spannungsgradienten besser als im Bereich höherer Spannungsgradienten.

e) Die Elementspannungen sind in Elementmitte deutlich genauer als am Elementrand.

f) Der Spannungssprung zwischen zwei Elementen ist ein Maß für die Genauigkeit an der betreffenden Stelle.

Diese Eigenschaften der Finite-Element-Methode gelten allgemein für alle Flächentragwerke und Kontinua und sind bei der Finite-Element-Modellierung zu beachten.

4.4 Rechteckelement für Scheiben

4.4.1 Ansatzfunktionen

Die Herleitung der Steifigkeitsmatrix eines Scheibenelements erfolgt am Beispiel eines einfachen Rechteckelements. Die Vorgehensweise ist hier ähnlich wie beim Fachwerkstab im vorangegangenen Abschnitt. Allerdings sind die Gleichungen komplizierter, da anstelle einer Verschiebung zwei Verschiebungskomponenten und anstelle einer Dehnung und einer Spannung drei Verzerrungs- und drei Spannungskomponenten zu berücksichtigen sind.

Man beginnt wieder mit der Wahl des Verschiebungsansatzes. Das Element hat zwei Verschiebungsfreiheitsgrade an jedem Knotenpunkt (Bild 4-12). Interpoliert man die Verschiebungen $u(x,y)$ und $v(x,y)$ linear zwischen den Knotenpunkten, so ergibt sich eine bilineare Ansatzfunktion der Verschiebungen:

4.4 Rechteckelement für Scheiben

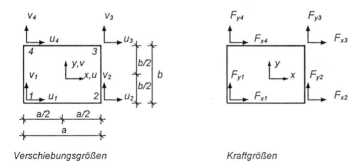

Verschiebungsgrößen   *Kraftgrößen*

Bild 4-12 Rechteck-Scheibenelement

$$u = \alpha_1 + \alpha_2 \cdot x + \alpha_3 \cdot y + \alpha_4 \cdot x \cdot y$$
$$v = \beta_1 + \beta_2 \cdot x + \beta_3 \cdot y + \beta_4 \cdot x \cdot y \tag{4.26}$$

bzw.

$$\begin{bmatrix} u \\ v \end{bmatrix} = \begin{bmatrix} 1 & x & y & xy & 0 & 0 & 0 & 0 \\ 0 & 0 & 0 & 0 & 1 & x & y & xy \end{bmatrix} \cdot \begin{bmatrix} \alpha_1 \\ \alpha_2 \\ \alpha_3 \\ \alpha_4 \\ \beta_1 \\ \beta_2 \\ \beta_3 \\ \beta_4 \end{bmatrix} \tag{4.26a}$$

$$\underline{u} = \underline{N}_a \cdot \underline{a} \tag{4.26b}$$

Trägt man diese Funktionen über dem Element auf, erhält man eine gekrümmte Fläche, die jedoch in Schnitten parallel zur x- oder y-Achse geradlinig verläuft (Bild 4-14).

Die Werte α_1-α_4 und β_1-β_4 stellen noch freie Parameter dar, die durch die Knotenverschiebungen u_1, v_1 bis u_4, v_4 ausgedrückt werden. Hierzu setzt man die Punktkoordinaten der Knotenpunkte in (4.26) ein und erhält damit folgende Knotenverschiebungen:

am Knotenpunkt 1:

$$u_1 = \alpha_1 + \alpha_2 \cdot (-a/2) + \alpha_3 \cdot (-b/2) + \alpha_4 \cdot (-a/2) \cdot (-b/2),$$
$$v_1 = \beta_1 + \beta_2 \cdot (-a/2) + \beta_3 \cdot (-b/2) + \beta_4 \cdot (-a/2) \cdot (-b/2),$$

am Knotenpunkt 2:

$u_2 = \alpha_1 + \alpha_2 \cdot (a/2) + \alpha_3 \cdot (-b/2) + \alpha_4 \cdot (a/2) \cdot (-b/2)$,

$v_2 = \beta_1 + \beta_2 \cdot (a/2) + \beta_3 \cdot (-b/2) + \beta_4 \cdot (a/2) \cdot (-b/2)$,

am Knotenpunkt 3:

$u_3 = \alpha_1 + \alpha_2 \cdot (a/2) + \alpha_3 \cdot (b/2) + \alpha_4 \cdot (a/2) \cdot (b/2)$,

$v_3 = \beta_1 + \beta_2 \cdot (a/2) + \beta_3 \cdot (b/2) + \beta_4 \cdot (a/2) \cdot (b/2)$,

und am Knotenpunkt 4:

$u_4 = \alpha_1 + \alpha_2 \cdot (-a/2) + \alpha_3 \cdot (b/2) + \alpha_4 \cdot (-a/2) \cdot (b/2)$

$v_4 = \beta_1 + \beta_2 \cdot (-a/2) + \beta_3 \cdot (b/2) + \beta_4 \cdot (-a/2) \cdot (b/2)$.

Diese Gleichungen lassen sich geschlossen nach den acht Parametern α_1-α_4 und β_1-β_4 auflösen:

$$\begin{bmatrix} \alpha_1 \\ \alpha_2 \\ \alpha_3 \\ \alpha_4 \\ \beta_1 \\ \beta_2 \\ \beta_3 \\ \beta_4 \end{bmatrix} = \frac{1}{2} \begin{bmatrix} \frac{1}{2} & 0 & \frac{1}{2} & 0 & \frac{1}{2} & 0 & \frac{1}{2} & 0 \\ -\frac{1}{a} & 0 & \frac{1}{a} & 0 & \frac{1}{a} & 0 & -\frac{1}{a} & 0 \\ -\frac{1}{b} & 0 & -\frac{1}{b} & 0 & \frac{1}{b} & 0 & \frac{1}{b} & 0 \\ \frac{2}{a \cdot b} & 0 & -\frac{2}{a \cdot b} & 0 & \frac{2}{a \cdot b} & 0 & -\frac{2}{a \cdot b} & 0 \\ 0 & \frac{1}{2} & 0 & \frac{1}{2} & 0 & \frac{1}{2} & 0 & \frac{1}{2} \\ 0 & -\frac{1}{a} & 0 & \frac{1}{a} & 0 & \frac{1}{a} & 0 & -\frac{1}{a} \\ 0 & -\frac{1}{b} & 0 & -\frac{1}{b} & 0 & \frac{1}{b} & 0 & \frac{1}{b} \\ 0 & \frac{2}{a \cdot b} & 0 & -\frac{2}{a \cdot b} & 0 & \frac{2}{a \cdot b} & 0 & -\frac{2}{a \cdot b} \end{bmatrix} \begin{bmatrix} u_1 \\ v_1 \\ u_2 \\ v_2 \\ u_3 \\ v_3 \\ u_4 \\ v_4 \end{bmatrix}$$

$$\underline{a} \qquad\qquad = \qquad\qquad \underline{A} \qquad\qquad \cdot \underline{u}_e$$

Die Verschiebungsfunktionen $u(x,y)$ und $v(x,y)$ lassen sich damit durch die Knotenverschiebungen ausdrücken. Setzt man die Gleichungen für α_1-α_4 und β_1-β_4 in (4.26a) ein, erhält man:

$\underline{u} = \underline{N}_a \cdot \underline{A} \cdot \underline{u}_e$

4.4 Rechteckelement für Scheiben

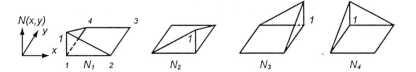

Bild 4-13 Formfunktionen N_1-N_2

und nach Durchführung der Matrizenmultiplikation:

$$\begin{bmatrix} u \\ v \end{bmatrix} = \begin{bmatrix} N_1 & 0 & N_2 & 0 & N_3 & 0 & N_4 & 0 \\ 0 & N_1 & 0 & N_2 & 0 & N_3 & 0 & N_4 \end{bmatrix} \cdot \begin{bmatrix} u_1 \\ v_1 \\ u_2 \\ v_2 \\ u_3 \\ v_3 \\ u_4 \\ v_4 \end{bmatrix} \quad (4.27)$$

$$\underline{u} = \underline{N} \cdot \underline{u}_e \quad (4.27a)$$

mit

$$N_1 = \frac{1}{4} - \frac{1}{2a}x - \frac{1}{2b}y + \frac{1}{ab}xy \quad (4.27b)$$

$$N_2 = \frac{1}{4} + \frac{1}{2a}x - \frac{1}{2b}y - \frac{1}{ab}xy \quad (4.27c)$$

$$N_3 = \frac{1}{4} + \frac{1}{2a}x + \frac{1}{2b}y + \frac{1}{ab}xy \quad (4.27d)$$

$$N_4 = \frac{1}{4} - \frac{1}{2a}x + \frac{1}{2b}y - \frac{1}{ab}xy \quad (4.27e)$$

Die Funktionen N_1-N_4 werden auch als Formfunktionen bezeichnet. Sie besitzen an einem Knotenpunkt den Wert 1 und an allen anderen Knotenpunkten den Wert 0 (Bild 4-13).

4.4.2 Verzerrungen und Spannungen

Aus den Ansatzfunktionen der Verschiebungen $u(x,y)$ und $v(x,y)$ werden nun die zugehörigen Dehnungen ε_x, ε_y und der Scherwinkel γ_{xy} bestimmt. Man erhält sie durch Differenzieren der Verschiebungsfunktionen (4.27) nach (2.1b) zu:

$$\begin{bmatrix} \varepsilon_x \\ \varepsilon_y \\ \gamma_{xy} \end{bmatrix} = \begin{bmatrix} \dfrac{\partial u}{\partial x} \\ \dfrac{\partial v}{\partial y} \\ \dfrac{\partial u}{\partial y} + \dfrac{\partial v}{\partial x} \end{bmatrix} = \begin{bmatrix} \dfrac{\partial N_1}{\partial x} & 0 & \dfrac{\partial N_2}{\partial x} & 0 & \dfrac{\partial N_3}{\partial x} & 0 & \dfrac{\partial N_4}{\partial x} & 0 \\ 0 & \dfrac{\partial N_1}{\partial y} & 0 & \dfrac{\partial N_2}{\partial y} & 0 & \dfrac{\partial N_3}{\partial y} & 0 & \dfrac{\partial N_4}{\partial y} \\ \dfrac{\partial N_1}{\partial y} & \dfrac{\partial N_1}{\partial x} & \dfrac{\partial N_2}{\partial y} & \dfrac{\partial N_2}{\partial x} & \dfrac{\partial N_3}{\partial y} & \dfrac{\partial N_3}{\partial x} & \dfrac{\partial N_4}{\partial y} & \dfrac{\partial N_4}{\partial x} \end{bmatrix} \cdot \begin{bmatrix} u_1 \\ v_1 \\ u_2 \\ v_2 \\ u_3 \\ v_3 \\ u_4 \\ v_4 \end{bmatrix} \quad (4.28)$$

mit

$$\frac{\partial N_1}{\partial x} = -\frac{1}{2a} + \frac{1}{ab}y \qquad \frac{\partial N_1}{\partial y} = -\frac{1}{2b} + \frac{1}{ab}x$$

$$\frac{\partial N_2}{\partial x} = \frac{1}{2a} - \frac{1}{ab}y \qquad \frac{\partial N_2}{\partial y} = -\frac{1}{2b} - \frac{1}{ab}x$$

$$\frac{\partial N_3}{\partial x} = \frac{1}{2a} + \frac{1}{ab}y \qquad \frac{\partial N_3}{\partial y} = \frac{1}{2b} + \frac{1}{ab}x$$

$$\frac{\partial N_4}{\partial x} = -\frac{1}{2a} - \frac{1}{ab}y \qquad \frac{\partial N_4}{\partial y} = \frac{1}{2b} - \frac{1}{ab}x \qquad (4.28\text{a-h})$$

und damit

$$\begin{bmatrix} \varepsilon_x \\ \varepsilon_y \\ \gamma_{xy} \end{bmatrix} = \frac{1}{2ab} \begin{bmatrix} 2y-b & 0 & -2y+b & 0 & 2y+b & 0 & -2y-b & 0 \\ 0 & 2x-a & 0 & -2x-a & 0 & 2x+a & 0 & -2x+a \\ 2x-a & 2y-b & -2x-a & -2y+b & 2x+a & 2y+b & -2x+a & -2y-b \end{bmatrix} \cdot \begin{bmatrix} u_1 \\ v_1 \\ u_2 \\ v_2 \\ u_3 \\ v_3 \\ u_4 \\ v_4 \end{bmatrix}$$

$$\underline{\varepsilon} \quad = \qquad\qquad\qquad\qquad\qquad \underline{B} \qquad\qquad\qquad\qquad\qquad \cdot \underline{u}_e \qquad (4.29)$$

4.4 Rechteckelement für Scheiben

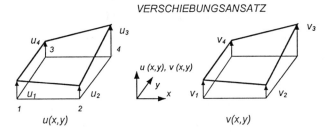

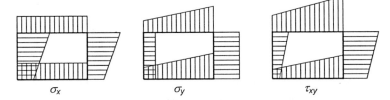

Bild 4-14 Verschiebungsansatz beim Rechteck-Scheibenelement und daraus abgeleitete Spannungen

Die Dehnung ε_x ist nach (4.29) innerhalb eines Finiten Elements in x-Richtung konstant und in y-Richtung linear veränderlich. Die Dehnung ε_y ist in y-Richtung konstant und in x-Richtung linear veränderlich. Die Scherverzerrung γ_{xy} ist in x- und y-Richtung linear veränderlich.

Die Elementspannungen erhält man aus den Verzerrungen mit Hilfe des Hookschen Gesetzes (2.2b) zu:

$$\underline{\sigma} = \underline{D} \cdot \underline{\varepsilon}$$

und mit den Verzerrungen nach (4.29a) zu:

$$\underline{\sigma} = \underline{D} \cdot \underline{B} \cdot \underline{u}_e \tag{4.30}$$

Da die Spannungen sich aus der Multiplikation der Verzerrungen mit konstanten Werten in der Matrix $\underline{D}$ ergeben, haben sie innerhalb des Finiten Elements denselben Verlauf wie die Verzerrungen (Bild 4-14).

4.4.3 Steifigkeitsmatrix

Die Knotenkräfte, die den aus dem Verschiebungsansatz erhaltenen Spannungen entsprechen, werden mit Hilfe des Prinzips der virtuellen Verschiebungen bestimmt. Für den Verlauf der virtuellen Verschiebungen im Finiten Element werden dieselben Ansatzfunktionen gewählt wie für die wirklichen Verschiebungen, also analog zu (4.28):

$$\overline{\underline{u}} = \underline{N} \cdot \overline{\underline{u}}_e \tag{4.31}$$

wobei $\overline{\underline{u}}$ die virtuellen Verschiebungen im Element und $\overline{\underline{u}}_e$ die virtuellen Knotenverschiebungen beschreiben. Die dem virtuellen Verschiebungszustand entsprechenden virtuellen Verzerrungen $\overline{\underline{\varepsilon}}$ erhält man mit (4.29a) zu:

$$\overline{\underline{\varepsilon}} = \underline{B} \cdot \overline{\underline{u}}_e \tag{4.32}$$

bzw.

$$\overline{\underline{\varepsilon}}^T = \overline{\underline{u}}_e^T \cdot \underline{B}^T \tag{4.32a}$$

Das Prinzip der virtuellen Verschiebungen sagt aus, daß die von wirklichen inneren Kräften mit den zugehörigen virtuellen Verschiebungen geleistete innere Arbeit gleich der äußeren Arbeit ist, die von den wirklichen äußeren Kräften mit den zugehörigen virtuellen Verschiebungen geleistet wird.

Die virtuelle innere Arbeit ergibt sich nach (2.4b) zu:

$$\overline{W}_i = t \cdot \int \overline{\underline{\varepsilon}}^T \cdot \underline{\sigma} \, dx \, dy$$

Die Integration ist über die Elementfläche durchzuführen. Die virtuellen Verzerrungen $\overline{\underline{\varepsilon}}$ werden mit (4.32a) durch die virtuellen Verschiebungen der Knotenpunkte ausgedrückt. Für die wirklichen Spannungen $\underline{\sigma}$ wird Gleichung (4.30), die die wirklichen Knotenverschiebungen als Unbekannte enthält, eingesetzt. Damit lautet die innere virtuelle Arbeit:

$$\overline{W}_i = t \cdot \int \overline{\underline{u}}_e^T \cdot \underline{B}^T \cdot \underline{D} \cdot \underline{B} \cdot \underline{u}_e \, dx \, dy$$

bzw., da die wirklichen Knotenverschiebungen $\underline{u}_e$ ebenso wie die virtuellen Knotenverschiebungen $\overline{\underline{u}}_e$ von x und y unabhängig sind:

$$\overline{W}_i = \overline{\underline{u}}_e^T \cdot \int t \cdot \underline{B}^T \cdot \underline{D} \cdot \underline{B} \, dx \, dy \cdot \underline{u}_e \tag{4.33}$$

Die äußere virtuelle Arbeit ist die Arbeit, die die wirklichen äußeren Kräfte mit den virtuellen Verschiebungen leisten. Die Knotenkräfte F_{x1}, F_{y1}, F_{x2} bis F_{y4} leisten mit den entsprechenden virtuellen Knotenverschiebungen virtuelle äußere Arbeit. Falls Flächenlasten, die durch Massenkräfte entstehen können, oder Linienlasten am Elementrand vorhanden sind, leisten auch sie virtuelle äußere Arbeit. Nach (2.3a) und Bild 2-7 gilt für die Knotenkräfte:

4.4 Rechteckelement für Scheiben

$$\overline{W}_a = [\overline{u}_1 \ \overline{v}_1 \ \overline{u}_2 \ \overline{v}_2 \ \overline{u}_3 \ \overline{v}_3 \ \overline{u}_4 \ \overline{v}_4] \cdot \begin{bmatrix} F_{x1} \\ F_{y1} \\ F_{x2} \\ F_{y2} \\ F_{x3} \\ F_{y3} \\ F_{x4} \\ F_{y4} \end{bmatrix} \quad (4.34)$$

$$\overline{W}_a = \underline{\overline{u}}_e^T \cdot \underline{F}_e \quad (4.34a)$$

Die Flächenlasten p_x und p_y bewirken am infinitesimalen Element die Kräfte $p_x \cdot dx \cdot dy$ bzw. $p_y \cdot dx \cdot dy$ und mit den virtuellen Verschiebungen u und v nach (4.31) die virtuelle äußere Arbeit

$$\overline{W}_a = \int \overline{u} \cdot p_x + \overline{v} \cdot p_y \ dx \, dy$$

$$= \int [\overline{u} \ \overline{v}] \cdot \begin{bmatrix} p_x \\ p_y \end{bmatrix} dx \, dy$$

bzw.

$$\overline{W}_a = \int \underline{\overline{u}}^T \cdot \underline{p} \ dx \, dy$$

und mit $\overline{u}$ und $\overline{v}$ nach (4.31)

$$\overline{W}_a = \underline{\overline{u}}_e^T \cdot \int \underline{N}^T \cdot \underline{p} \ dx \, dy \ .$$

Linienlasten auf den Rändern, deren Beitrag zur virtuellen äußeren Arbeit hier ebenfalls berücksichtigt werden kann, werden später behandelt. Die gesamte äußere virtuelle Arbeit lautet damit:

$$\overline{W}_a = \underline{\overline{u}}_e^T \cdot \underline{F}_e + \underline{\overline{u}}_e^T \cdot \underline{F}_L \quad (4.34b)$$

wobei der Vektor

$$\underline{F}_L = \int \underline{N}^T \cdot \underline{p} \ dx \, dy \quad (4.34c)$$

die den Elementlasten entsprechenden Knotenlasten enthält.

Nach dem Gleichsetzen der inneren und äußeren virtuellen Arbeiten (4.33) und (4.34b) erhält man:

$$\underline{\overline{u}}_e^T \cdot \int t \cdot \underline{B}^T \cdot \underline{D} \cdot \underline{B} \ dx \, dy \cdot \underline{u}_e = \underline{\overline{u}}_e^T \cdot \underline{F}_e + \underline{\overline{u}}_e^T \cdot \underline{F}_L$$

Da diese Gleichung für beliebige virtuelle Knotenverschiebungen $\underline{\overline{u}}_e^T$ gültig ist, folgt hieraus:

$$\int t \cdot (\underline{B}^T \cdot \underline{D} \cdot \underline{B}) \ dx \, dy \cdot \underline{u}_e = \underline{F}_e + \underline{F}_L \quad (4.35)$$

oder ohne Elementlasten

$$\underline{K}^{(e)} \cdot \underline{u}_e = \underline{F}_e$$

mit

$$\underline{K}^{(e)} = \int t \cdot \underline{B}^T \cdot \underline{D} \cdot \underline{B} \; dx \, dy \qquad (4.35a)$$

Die Matrix $\underline{K}^{(e)}$ ist die Steifigkeitsmatrix des Rechteck-Scheibenelements mit bilinearem Verschiebungsansatz. Nach Durchführung der Matrizenmultiplikation und der Integration erhält man für eine konstante Scheibendicke t die Steifigkeitsbeziehung nach [4.9] zu:

$$\frac{E \cdot t}{12(1-\mu^2)} \begin{bmatrix} k_{11} & k_{12} & k_{13} & k_{14} & k_{15} & k_{16} & k_{17} & k_{18} \\ k_{21} & k_{22} & k_{23} & k_{24} & k_{25} & k_{26} & k_{27} & k_{28} \\ k_{31} & k_{32} & k_{33} & k_{34} & k_{35} & k_{36} & k_{37} & k_{38} \\ k_{41} & k_{42} & k_{43} & k_{44} & k_{45} & k_{46} & k_{47} & k_{48} \\ k_{51} & k_{52} & k_{53} & k_{54} & k_{55} & k_{56} & k_{57} & k_{58} \\ k_{61} & k_{62} & k_{63} & k_{64} & k_{65} & k_{66} & k_{67} & k_{68} \\ k_{71} & k_{72} & k_{73} & k_{74} & k_{75} & k_{76} & k_{77} & k_{78} \\ k_{81} & k_{82} & k_{83} & k_{84} & k_{85} & k_{86} & k_{87} & k_{88} \end{bmatrix} \cdot \begin{bmatrix} u_1 \\ v_1 \\ u_2 \\ v_2 \\ u_3 \\ v_3 \\ u_4 \\ v_4 \end{bmatrix} = \begin{bmatrix} F_{x1} \\ F_{y1} \\ F_{x2} \\ F_{y2} \\ F_{x3} \\ F_{y3} \\ F_{x4} \\ F_{y4} \end{bmatrix}$$

$$\underline{K}^{(e)} \cdot \underline{u}_e = \underline{F}_e \qquad (4.36)$$

mit

$k_{11} = k_{33} = k_{55} = k_{77} = 4 \, b/a + 2(1 - \mu) \, a/b$

$k_{22} = k_{44} = k_{66} = k_{88} = 4 \, a/b + 2(1 - \mu) \, b/a$

$k_{12} = k_{47} = k_{38} = k_{56} = 3/2 \, (1 + \mu)$

$k_{13} = k_{57} \qquad\qquad = -4 \, b/a + (1 - \mu) \, a/b$

$k_{14} = k_{27} = k_{58} = k_{36} = -3/2 \, (1 - 3\mu)$

$k_{15} = k_{37} \qquad\qquad = -2 \, b/a - (1 - \mu) \, a/b$

$k_{16} = k_{25} = k_{78} = k_{34} = -3/2 \, (1 + \mu)$

$k_{17} = k_{35} \qquad\qquad = 2 \, b/a - 2(1 - \mu) \, a/b$

$k_{18} = k_{23} = k_{67} = k_{45} = 3/2 \, (1 - 3\mu)$

$k_{24} = k_{68} \qquad\qquad = 2 \, a/b - 2(1 - \mu) \, b/a$

$k_{26} = k_{48} \qquad\qquad = -2 \, a/b - (1 - \mu) \, b/a$

$k_{28} = k_{46} \qquad\qquad = -4 \, a/b + (1 - \mu) \, b/a$

4.4 Rechteckelement für Scheiben

4.4.4 Elementlasten

Das Element sei durch eine konstante Flächenlast und durch Linienlasten an den Rändern belastet (Bild 4-15). Diese Elementlasten sind in äquivalente Knotenkräfte umzurechnen. Nach (4.34c) gilt für die äquivalenten Knotenkräfte:

> *Äquivalente Knotenkräfte für Elementlasten*
> *Die zu einer Elementlast äquivalenten Knotenkräfte sind diejenigen Kräfte, die mit den virtuellen Knotenverschiebungen dieselbe (virtuelle äußere) Arbeit leisten wie die Elementlasten mit den ihnen entsprechenden virtuellen Verschiebungen.*

Die äquivalenten Knotenkräfte werden nun für die einzelnen Elementlasten ermittelt. In ähnlicher Weise können auch für andere Elementlasten, wie z.B. für im Element angreifende Einzellasten, äquivalente Knotenkräfte bestimmt werden.

Flächenlasten

Die Knotenkräfte für konstante Flächenlasten p_x und p_y erhält man nach (4.34c) zu:

$$\underline{F}_L = \int \underline{N}^T \cdot \underline{p} \; dx \, dy \tag{4.34c}$$

Nach Durchführung der Integration ergeben sich die Knotenkräfte zu (Bild 4-15):

$$\begin{bmatrix} F_{Lx1} \\ F_{Ly1} \\ F_{Lx2} \\ F_{Ly2} \\ F_{Lx3} \\ F_{Ly3} \\ F_{Lx4} \\ F_{Ly4} \end{bmatrix} = \frac{a \cdot b}{4} \begin{bmatrix} p_x \\ p_y \\ p_x \\ p_y \\ p_x \\ p_y \\ p_x \\ p_y \end{bmatrix} \tag{4.37a}$$

Linienlasten

Als Beispiel für linienförmige Elementlasten wird die Belastung des oberen Elementrandes durch linear veränderliche Lasten in x- und y-Richtung untersucht. Die äquivalenten

Knotenlasten werden durch Gleichsetzen der virtuellen Arbeiten der Knotenlasten und der Randlasten bei einer virtuellen Verschiebung ermittelt.

Die virtuelle Verschiebung zwischen den Knotenpunkten 3 und 4 ist in (4.27) enthalten. Der Verlauf der Verschiebung ist linear, so daß gilt

$$\overline{v}_{3-4} = \begin{bmatrix} \overline{v}_3 & \overline{v}_4 \end{bmatrix} \cdot \begin{bmatrix} \frac{1}{2}+\frac{x}{a} \\ \frac{1}{2}-\frac{x}{a} \end{bmatrix}$$

Die linear veränderliche Randlast $p_{y,3-4}$ läßt sich analog schreiben:

$$p_{y,3-4} = \left[\left(\frac{1}{2}+\frac{x}{a} \right) \ \left(\frac{1}{2}-\frac{x}{a} \right) \right] \cdot \begin{bmatrix} p_{y3} \\ p_{y4} \end{bmatrix}$$

Die Randlast $p_{y,3-4}$ bewirkt am infinitesimalen Abschnitt der Länge dx die Kraft $p_{y,3-4} \cdot$ dx und mit der virtuellen Verschiebung $\overline{v}_{3-4}$ die virtuelle äußere Arbeit:

$$\overline{W}_{aL} = \begin{bmatrix} \overline{v}_3 & \overline{v}_4 \end{bmatrix} \cdot \int_{-a/2}^{a/2} \begin{bmatrix} \frac{1}{2}+\frac{x}{a} \\ \frac{1}{2}-\frac{x}{a} \end{bmatrix} \cdot \begin{bmatrix} \frac{1}{2}+\frac{x}{a} & \frac{1}{2}-\frac{x}{a} \end{bmatrix} dx \cdot \begin{bmatrix} p_{y3} \\ p_{y4} \end{bmatrix}$$

Aus der Gleichheit dieser Arbeit mit der äußeren virtuellen Arbeit der äquivalenten Knotenkräfte

$$\overline{W}_{aK} = \begin{bmatrix} \overline{v}_3 & \overline{v}_4 \end{bmatrix} \begin{bmatrix} F_{L,y3} \\ F_{L,y4} \end{bmatrix}$$

folgt:

$$\begin{bmatrix} \overline{v}_3 & \overline{v}_4 \end{bmatrix} \begin{bmatrix} F_{L,y3} \\ F_{L,y4} \end{bmatrix} = \begin{bmatrix} \overline{v}_3 & \overline{v}_4 \end{bmatrix} \int_{-a/2}^{a/2} \begin{bmatrix} \frac{1}{2}+\frac{x}{a} \\ \frac{1}{2}-\frac{x}{a} \end{bmatrix} \cdot \begin{bmatrix} \frac{1}{2}+\frac{x}{a} & \frac{1}{2}-\frac{x}{a} \end{bmatrix} dx \begin{bmatrix} p_{y3} \\ p_{y4} \end{bmatrix}$$

Da diese Gleichung für beliebige virtuelle Verschiebungen $\overline{v}_3$ und $\overline{v}_4$ gelten muß, erhält man hieraus die Knotenkräfte zu:

$$\begin{bmatrix} F_{L,y3} \\ F_{L,y4} \end{bmatrix} = \int_{-a/2}^{a/2} \begin{bmatrix} \frac{1}{2}+\frac{x}{a} \\ \frac{1}{2}-\frac{x}{a} \end{bmatrix} \cdot \begin{bmatrix} \frac{1}{2}+\frac{x}{a} & \frac{1}{2}-\frac{x}{a} \end{bmatrix} dx \begin{bmatrix} p_{y3} \\ p_{y4} \end{bmatrix}$$

und nach Durchführung der Integration

4.4 Rechteckelement für Scheiben

$$\begin{bmatrix} F_{L,y3} \\ F_{L,y4} \end{bmatrix} = a \begin{bmatrix} \frac{1}{3} \cdot p_{y3} + \frac{1}{6} \cdot p_{y4} \\ \frac{1}{6} \cdot p_{y3} + \frac{1}{3} \cdot p_{y4} \end{bmatrix} . \tag{4.37b}$$

Die Ermittlung der äquivalenten Knotenkräfte für $p_{x,3-4}$ erfolgt mit den Knotenverschiebungen u_3 und u_4 ganz analog (Bild 4-15). In ähnlicher Weise lassen sich auch Randlasten auf die übrigen Ränder des Elements behandeln.

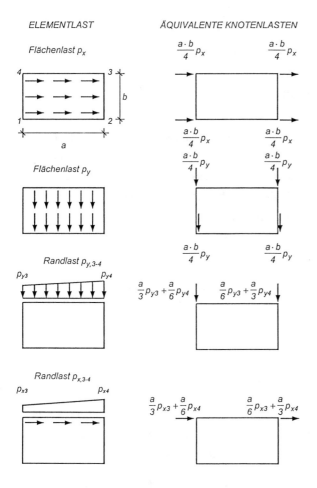

Bild 4-15 Elementlasten und äquivalente Knotenkräfte beim Scheibenelement

4.4.5 Beispiele

Beispiel 4.5

Um zu überprüfen, ob das Reckteck-Scheibenelement mit bilinearem Verschiebungsansatz korrekt in ein Finite-Element-Programm implementiert ist, wird in einem Freiheitsgrad eine Last von 1000 [kN] aufgebracht, während alle übrigen Freiheitsgrade festgehalten werden (Bild 4-16). Die Verschiebung im belasteten Freiheitsgrad und die Festhaltekräfte in den übrigen Freiheitsgraden sind zu überprüfen.

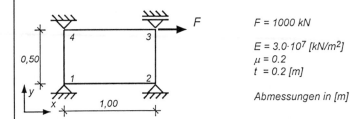

$F = 1000$ kN
$E = 3.0 \cdot 10^7$ [kN/m²]
$\mu = 0.2$
$t = 0.2$ [m]

Abmessungen in [m]

Bild 4-16 Scheiben-Rechteckelement mit einem verschieblichen Freiheitsgrad

Da das System nur aus einem einzigen Finiten Element besteht, ist die Elementsteifigkeitsmatrix identisch mit der Systemsteifigkeitsmatrix. Alle Freiheitsgrade außer der Verschiebung u_3 sind festgehalten. Daher sind zur Berücksichtigung der Auflagerbedingungen alle Zeilen und Spalten mit Ausnahme derjenigen, die dem Freiheitsgrad u_3 entsprechen, aus der Systemsteifigkeitsmatrix zu eliminieren. Man erhält aus (4.36):

$$k_{55} \cdot u_3 = F_{x3}$$

mit

$$k_{55} = \frac{E \cdot t}{12 \cdot (1-\mu^2)} \left(4 \cdot \frac{b}{a} + 2 \cdot (1-\mu)\frac{a}{b}\right) = \frac{3 \cdot 10^7 \cdot 0.2}{12 \cdot (1-0.2^2)} \left(4 \cdot \frac{0.5}{1.0} + 2 \cdot (1-0.2)\frac{1.0}{0.5}\right)$$

$$= 2.70 \cdot 10^6 \text{ [kN/m]}$$

Damit erhält man u_3 zu:

$$u_3 = F_{x3} / k_{55} = 1000 / 2.7 \cdot 10^6 = 3.69 \cdot 10^{-4} \text{ [m]}$$

Die Festhaltekräfte erhält man aus den bei der Berückichtigung der Auflagerbedingungen eliminierten Gleichungen. Da alle Verschiebungen außer u_3 Null sind, brauchen nur die Steifigkeitswerte einer einzigen Spalte der Matrix ermittelt zu werden:

$$F_{x1} = k_{15} \cdot u_3 = 5.21 \cdot 10^5 \left(-2 \cdot \frac{0.5}{1.0} - (1-0.2) \cdot \frac{1.0}{0.5}\right) \cdot 3.69 \cdot 10^{-4} = -500 \text{ [kN]}$$

4.4 Rechteckelement für Scheiben

$$F_{y1} = k_{25} \cdot u_3 = 5.21 \cdot 10^5 \left(-\frac{3}{2}(1+0.2)\right) \cdot 3.69 \cdot 10^{-4} = -346 \text{ [kN]}$$

$$F_{x2} = k_{35} \cdot u_3 = 5.21 \cdot 10^5 \left(2 \cdot \frac{0.5}{1.0} - 2 \cdot (1-0.2) \cdot \frac{1.0}{0.5}\right) \cdot 3.69 \cdot 10^{-4} = -423 \text{ [kN]}$$

$$F_{y2} = k_{45} \cdot u_3 = 5.21 \cdot 10^5 \left(\frac{3}{2}(1-3 \cdot 0.2) \cdot \right) \cdot 3.69 \cdot 10^{-4} = 115 \text{ [kN]}$$

$$F_{y3} = k_{65} \cdot u_3 = 5.21 \cdot 10^5 \left(\frac{3}{2}(1+0.2) \cdot \right) \cdot 3.69 \cdot 10^{-4} = 346 \text{ [kN]}$$

$$F_{x4} = k_{75} \cdot u_3 = 5.21 \cdot 10^5 \left(-4 \cdot \frac{0.5}{1.0} + (1-0.2) \cdot \frac{1.0}{0.5}\right) \cdot 3.69 \cdot 10^{-4} = -77 \text{ [kN]}$$

$$F_{y4} = k_{85} \cdot u_3 = 5.21 \cdot 10^5 \left(-\frac{3}{2}(1-3 \cdot 0.2) \cdot \right) \cdot 3.69 \cdot 10^{-4} = -115 \text{ [kN]}$$

Die ermittelte Verschiebung und die Auflagerkräfte müssen mit den vom Programm ausgegebenen Werten übereinstimmen, wenn dasselbe Finite Element in das Finite-Element-Programm implementiert ist. Für eine vollständige Überprüfung der Korrektheit des FE-Programms muß die Rechnung selbstverständlich für eine Verschieblichkeit aller anderen Freiheitsgrade (bei Festhaltung der jeweils restlichen Freiheitsgrade) wiederholt werden.

Beispiel 4.6

Die in Bild 4-17 dargestellte Scheibe ist mit einem Finite-Element-Programm mit Rechteck-Scheibenelementen mit bilinearem Verschiebungsansatz zu untersuchen. Die Berechnung ist mit drei unterschiedlichen Finite-Element-Diskretisierungen, nämlich 2x2, 4x4 und 8x8 Elemente, durchzuführen und die Ergebnisse sind zu interpretieren.

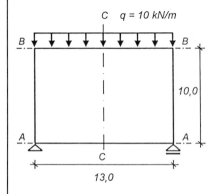

$E = 3.0 \cdot 10^4 \text{ [MN/m}^2\text{]}$
$\mu = 0.0$
$t = 0.5 \text{ [m]}$

Abmessungen in [m]

Bild 4-17 Wandscheibe

2 x 2 Elemente

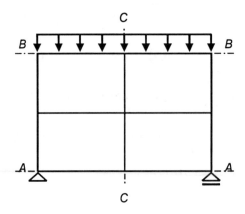

Schnitt B - B:

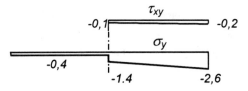

Schnitt C - C:

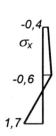

Schnitt A - A:

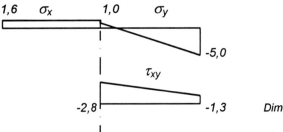

Dimension [MN/m²]

Bild 4-18 Spannungen für die 2 x 2-Diskretisierung

4.4 Rechteckelement für Scheiben

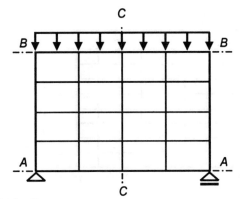

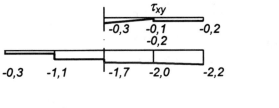

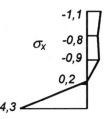

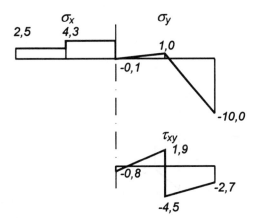

Dimension [MN/m²]

Bild 4-19 Spannungen für die 4 x 4 -Diskretisierung

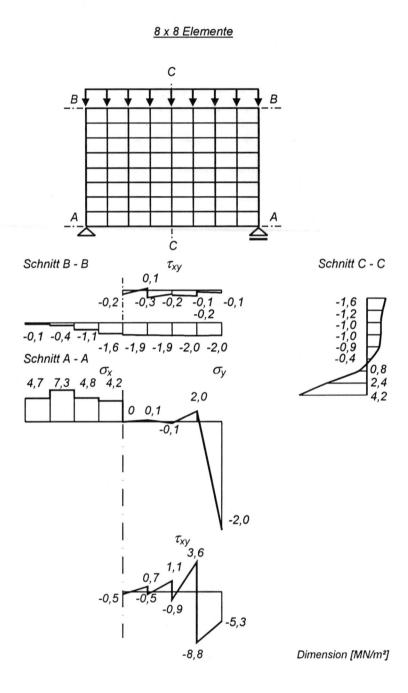

Bild 4-20 Spannungen für die 8 x 8-Diskretisierung

4.4 Rechteckelement für Scheiben

Die Berechnung der Scheibe wurde mit dem Programmsystem ARS [P1] mit dem konformen Scheibenelement durchgeführt. Das in das Programm implementierte allgemeine Viereckelement entspricht bei einer Verwendung als Rechteckelement dem in diesem Abschnitt hergeleiteten Finiten Element mit bilinearem Verschiebungsansatz. Die Spannungen in den Schnitten A-A, B-B und C-C sind für die drei untersuchten Diskretisierungen in den Bildern 4-18 bis 4-20 angegeben.

Die Spannungen weisen an den Elementgrenzen Sprünge auf und haben innerhalb des Elements den bereits erläuterten und in Bild 4-14 dargestellten Verlauf. Im Schnitt C-C können aufgrund der Symmetrie des System keine Spannungssprünge auftreten. Für die Bemessung als Wandscheibe aus Stahlbeton ist die Längsspannung σ_x im Schnitt C-C maßgebend. Die Spannungen σ_x der 2x2-Einteilung am oberen und unteren Scheibenrand sind mit 1.662 [MN/m²] gegenüber 4.216 [MN/m²] bzw. -0.432 [MN/m²] gegenüber -1.620 [MN/m²] grob falsch und für die praktische Anwendung unbrauchbar. Die Spannungen der 4x4- und der 8x8-Einteilung unterscheiden sich am oberen Scheibenrand mit

$$\frac{-1.610-(-1.080)}{-1.610} = 0.33 \qquad \hat{=} 33\%$$

noch erheblich, während am unteren Rand mit

$$\frac{4.322-4.216}{4.216} = 0.025 \qquad \hat{=} 2.5\%$$

eine zufriedenstellende Übereinstimmung besteht. Wenn für die Bemessung der Bewehrung in der Wandscheibe die Zugspannung am unteren Rand und deren Verteilung von wesentlichem Interesse sind und für den Nachweis der Druckspannungen am oberen Rand der Wert von -1.61 [MN/m²] - ohne weitere Untersuchungen - akzeptiert wird, kann die 8x8-Diskretisierung in der Praxis als ausreichend angesehen werden. Selbstverständlich ließe sich der Wert der Druckspannung durch eine weitere Berechnung mit einer 16x16-Einteilung, durch Vergleich mit der analytischen Lösung (was hier möglich wäre) oder durch einen Vergleich der resultierenden Zug- und Druckkräfte im Schnitt C-C, die man durch Integration der Spannungen in Bild 4-20 erhält, ingenieurmäßig verifizieren.

Eine genauere Betrachtung der errechneten Spannungsverläufe wirft allerdings auch bei der 8x8-Diskretisierung einige Fragen auf. Beispielsweise sollte die vertikale Druckspannung am oberen Rand in allen Elementen den Wert 10/0.5 = 2.000 [MN/m²] besitzen. Die Schwankung zwischen -1.916 und 2.090, d.h. um ca. 4%, vermittelt einen Eindruck von der Genauigkeit der errechneten Spannungen. Die Schubspannungen nehmen am unteren und am oberen Rand anstelle des erwarteten Wertes von 0 Spannungswerte von merklicher Größe an. Die Ergebnisse lassen sich durch geeignete Interpolationsstrategien, die z.B. von den genaueren Spannungswerten in Elementmitte ausgehen, merklich verbessern (vgl.

Abschnitt 4.9.6). Bereits durch die in die meisten Programme implementierte Mittelung an den Knoten lassen sich die Spannungswerte deutlich verbessern, aber auf der Symmetrieachse verbleiben auch dann noch Schubspannungen von -0.24 und -0.48 [MN/m²] am oberen bzw. unteren Scheibenrand. Nur durch eine noch feinere Diskretisierung lassen sich diese Diskretisierungsfehler verringern. Dies gilt auch für die teilweise beträchtlichen Spannungssprünge der Längsspannungen σ_x am oberen und unteren Scheibenrand.

Besondere Beachtung verdient der Auflagerbereich. Die Auflager wurden als Punktlager definiert, an denen Einzelkräfte in die Scheibe eingeleitet werden. Eine auf eine Scheibe aufgebrachte Einzelkraft führt aber zu einer Singularität der Spannungen unter der aufgebrachten Last. Diese zeigt sich in extrem ansteigenden Spannungen bei einer Verfeinerung des Netzes. Beispielsweise erhält man am Auflagerpunkt folgende Spannungen σ_y:

    2 x 2-Diskretisierung: -4.954 [MN/m²]
    4 x 4-Diskretisierung: -9.992 [MN/m²]
    8 x 8-Diskretisierung: -20.170 [MN/m²]

Eine weitere Verfeinerung des Netzes im Auflagerbereich würde zu immer weiter anwachsenden Spannungen führen und wäre damit für die ingenieurmäßige Interpretation der Ergebnisse sinnlos. Auch die Verschiebungen besitzen am punktförmigen Auflager eine Singularität, so daß die Interpretation der Absolutverschiebungen dieses Modells sinnlos ist. Hier führen Konzepte zur Modellbildung von Bauteilen und zur Ergebnisinterpretation weiter (vgl. Abschnitt 4.9).

4.5 Finite Elemente für Scheiben

4.5.1 Eigenschaften von Finiten Elementen

Von den sechziger Jahren bis heute wurde eine Vielzahl unterschiedlicher Finiter Elemente entwickelt. Ziel hierbei ist es, mit möglichst 'großen' und einfachen Elementen (d.h. mit möglichst geringem Rechenaufwand) eine gute Näherung der Spannungen und Verschiebungen des Gesamtsystems zu erhalten.

Auf Verschiebungsansätzen basierende Elemente unterscheiden sich vor allem durch die Wahl der Ansatzfunktionen. Die in der Praxis ebenfalls bedeutsamen hybriden Elemente besitzen neben den Verschiebungsansätzen auch Spannungsansätze. Grundsätzlich andersartige Finite Elemente, die an den Knotenpunkten nicht Verschiebungen, sondern andere, wenig anschauliche Parameter als Unbekannte einführen, haben sich in der Praxis bisher nicht durchgesetzt.

4.5 Finite Elemente für Scheiben

An jedes Finite Element müssen bestimmte Anforderungen gestellt werden. Hierbei ist zu unterscheiden zwischen Anforderungen, deren Erfüllung zwingend, und Anforderungen, deren Erfüllung aus bestimmten Gründen wünschenswert ist.

Immer zu erfüllende Anforderungen an Finite Elemente

    a) Starrkörperverschiebungen dürfen keine Knotenkräfte hervorrufen.

    b) Konstante Verzerrungen (und damit auch konstante Spannungen) müssen exakt darstellbar sein.

Bedingt zu erfüllende Anforderungen an Finite Elemente

    c) Stetigkeit des Verschiebungsansatzes

    d) geometrische Isotropie

    e) Drehungsinvarianz

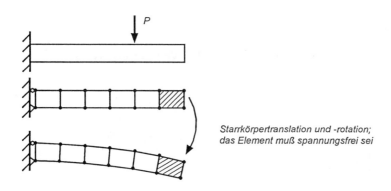

Bild 4-21 Starrkörperverschiebung von Finiten Elementen bei einem durch Scheibenelemente modellierten Kragarm

Bild 4-22 Starrkörperverschiebungszustände bei einem Scheibenelement

Starrkörperverschiebungen

Verschiebt sich ein Finites Element wie ein starrer Körper, so dürfen keine Knotenkräfte und keine Spannungen im Element auftreten. Bild 4-21 zeigt dies am Beispiel eines Kragarms. Für ein Scheibenelement ist demnach allgemein zu fordern, daß bei Starrkörperverschiebungen in x-Richtung und in y-Richtung sowie bei Starrkörperverdrehungen Knotenkräfte und Elementspannungen nicht vorkommen (Bild 4-22). Alle anderen Starrkörperverschiebungen des Scheibenelements lassen sich aus diesen zusammensetzen.

Beispiel 4.7

Weisen Sie nach, daß bei der Starrkörperverschiebung in x-Richtung des Rechteck-Scheibenelements mit bilinearen Ansatzfunktionen keine Knotenkräfte auftreten.

Der Verschiebungszustand bei einer Starrkörperverschiebung in x-Richtung um den Wert 1 wird nach Bild 4-22 beschrieben durch:

$$u_1 = u_2 = u_3 = u_4 = 1$$

$$v_1 = v_2 = v_3 = v_4 = 0$$

Die Festhaltekräfte erhält man durch Multiplikation des Verschiebungsvektors mit der Steifigkeitsmatrix nach (4.36):

$$\begin{bmatrix} F_1 \\ F_2 \\ F_3 \\ F_4 \\ F_5 \\ F_6 \\ F_7 \\ F_8 \end{bmatrix} = \frac{E \cdot t}{12(1-\mu^2)} \begin{bmatrix} k_{11} & k_{12} & k_{13} & k_{14} & k_{15} & k_{16} & k_{17} & k_{18} \\ k_{21} & k_{22} & k_{23} & k_{24} & k_{25} & k_{26} & k_{27} & k_{28} \\ k_{31} & k_{32} & k_{33} & k_{34} & k_{35} & k_{36} & k_{37} & k_{38} \\ k_{41} & k_{42} & k_{43} & k_{44} & k_{45} & k_{46} & k_{47} & k_{48} \\ k_{51} & k_{52} & k_{53} & k_{54} & k_{55} & k_{56} & k_{57} & k_{58} \\ k_{61} & k_{62} & k_{63} & k_{64} & k_{65} & k_{66} & k_{67} & k_{68} \\ k_{71} & k_{72} & k_{73} & k_{74} & k_{75} & k_{76} & k_{77} & k_{78} \\ k_{81} & k_{82} & k_{83} & k_{84} & k_{85} & k_{86} & k_{87} & k_{88} \end{bmatrix} \cdot \begin{bmatrix} 1 \\ 0 \\ 1 \\ 0 \\ 1 \\ 0 \\ 1 \\ 0 \end{bmatrix}$$

4.5 Finite Elemente für Scheiben

$$= \frac{E \cdot t}{12(1-\mu^2)} \begin{bmatrix} k_{11}+k_{13}+k_{15}+k_{17} \\ k_{21}+k_{23}+k_{25}+k_{27} \\ k_{31}+k_{33}+k_{35}+k_{37} \\ k_{41}+k_{43}+k_{45}+k_{47} \\ k_{51}+k_{53}+k_{55}+k_{57} \\ k_{61}+k_{63}+k_{65}+k_{67} \\ k_{71}+k_{73}+k_{75}+k_{77} \\ k_{81}+k_{83}+k_{85}+k_{87} \end{bmatrix} = \begin{bmatrix} 0 \\ 0 \\ 0 \\ 0 \\ 0 \\ 0 \\ 0 \\ 0 \end{bmatrix}$$

mit den Termen k_{ij} nach (4.36).

Damit ist nachgewiesen, daß bei einer Starrkörperverschiebung in x-Richtung am Element keine Festhaltekräfte auftreten. Entsprechende Nachweise wären auch für die Starrkörperverschiebung in y-Richtung und die Starrkörperdrehung zu führen.

Konstante Verzerrungen

Ein Finites Element muß einen konstanten Verzerrungszustand exakt darstellen können. Beim Scheibenelement sind dies diejenigen Verzerrungszustände, in denen ε_x, ε_y und γ_{xy} konstante Werte annehmen (Bild 4-23). Da sich die Spannungen durch Multiplikation der Verzerrungen mit der Stoffmatrix ergeben (z.B. nach (2.2b)), ist dies gleichbedeutend mit der Forderung, daß das Element konstante Spannungszustände exakt darstellen können muß. Dies ist von Bedeutung, da sich bei feiner werdender Elementierung die Spannungen in jedem Element einem konstanten Spannungszustand annähern. Wenn jedes Finite Element einen konstanten Spannungszustand exakt darstellen kann, ist zu erwarten, daß die numerischen Ergebnisse gegen die exakte Lösung konvergieren.

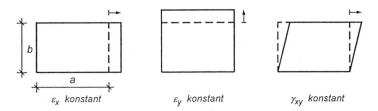

Bild 4-23 Konstante Verzerrungszustände bei einem Scheibenelement

Beispiel 4.8

Weisen Sie nach, daß das Rechteck-Scheibenelement mit bilinearen Ansatzfunktionen konstante Spannungszustände exakt darstellen kann.

Der Nachweis kann 'von Hand' mit der Steifigkeitsbeziehung (4.36) oder mit dem Computer anhand eines Zahlenbeispiels geführt werden, wobei dann auch die richtige Implementierung des Elements in das Programm überprüft wird. Dieser Weg wird im folgenden beschritten.

In Bild 4-24 ist ein einzelnes Finites Element dargestellt, das statisch bestimmt gelagert ist, so daß durch die Lagerung keine Behinderung der Verformung stattfindet. Die Belastung besteht aus Linienlasten an den Elementrändern zur Darstellung der Spannungszustände $\sigma_x = 1$, $\sigma_y = 1$ und $\tau_{xy}=1$ in drei unterschiedlichen Lastfällen. Die Berechnung wird wie in Beispiel 4.6 mit dem Programm ARS [P1] durchgeführt.

Die Ergebnisse der Computerberechnung lauten in Elementmitte sowie in allen Knotenpunkten:

$$\sigma_x = 1, \qquad \sigma_y = 1 \quad \text{bzw.} \quad \tau_{xy} = 1 \quad [kN/m^2],$$

wobei alle übrigen Spannungskomponenten des betreffenden Lastfalls Null sind. Damit ist der Nachweis geführt, daß das Element konstante Spannungszustände exakt wiedergibt.

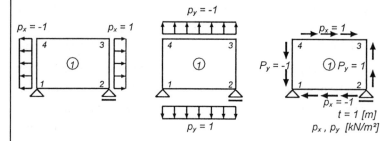

Bild 4-24 Scheibenelement mit konstanten Spannungszuständen

Stetigkeit des Verschiebungsansatzes

Die Forderung nach der Stetigkeit des Verschiebungsansatzes ergibt sich aus mathematischen Gründen. Sie besagt, daß die Verschiebungen benachbarter Scheibenelemente nicht nur an den Knotenpunkten, sondern auch zwischen den Knotenpunkten übereinstimmen müssen. Es dürfen also keine 'Klaffungen' bei der Verschiebung entstehen (vgl. Bild 4-33). Beispielsweise erfüllt das in Abschnitt 4.4 entwickelte Finite Element die Stetigkeitsbedingung, da die

4.5 Finite Elemente für Scheiben

Verschiebungen zwischen den Knotenpunkten linear verlaufen und somit keine 'Klaffungen' zwischen den Elementen auftreten. Wenn die Stetigkeitsbedingung und die o.g. Anforderungen a) und b) erfüllt sind, läßt sich die Finite-Element-Methode mathematisch als eine besondere Form des Ritz-Verfahrens der Variationsrechnung deuten [1.1, 4.8]. Dies bedeutet, daß alle Eigenschaften des Ritz-Verfahrens auch auf die Finite-Element-Methode zutreffen. So lassen sich die Konvergenz des Verfahrens und bei gegebenem Elementtyp auch die Konvergenzrate mathematisch nachweisen. Insbesondere läßt sich zeigen, daß die Konvergenz monoton erfolgt, d.h., unter allen geometrisch möglichen Verschiebungszuständen (z.B. Finite-Element-Ansätzen) macht die exakte Lösung die im System gespeicherte potentielle Energie zu einem Minimum. Dies bedeutet, daß das Finite-Element-Modell sich zu steif verhält. Bei zunehmender Netzverfeinerung wird das System 'weicher', die Verformungen nehmen zu und nähern sich der exakten Lösung an. Da die Verformungen immer unterschätzt werden, nähert man sich von einer Seite, nämlich 'von unten', an die exakte Lösung an, d.h., die Konvergenz ist monoton. Weiterhin sind stetige Verschiebungsansätze die Grundlage für mathematisch fundierte Fehlerabschätzungen der Finite-Element-Methode und der Weiterentwicklung zur automatischen, dem örtlichen Fehler angepaßten Netzverfeinerung (vgl. Abschnitt 4.10.1).

Da sich Elemente mit stetigen Verschiebungsansätzen zu steif verhalten, hat man versucht Elemente zu entwickeln, die diesen Nachteil nicht besitzen. Praktisch von Bedeutung sind Elemente mit sogenannten nichtkonformen Ansätzen und hybride Elemente. Deren Herleitung ist durch heuristische Überlegungen begründet. Um nachzuweisen, daß auch mit diesen Elementen die Lösung bei Netzverfeinerung konvergiert, führt man den sogenannten 'Patch-Test' durch. Dieser Test fordert, daß der Spannungszustand in jedem Element gleich und konstant sein muß, falls an den Knotenpunkten einer beliebigen Elementkonfiguration

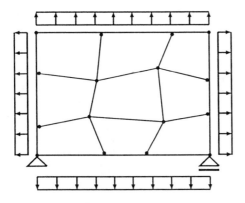

Bild 4-25 Elementkonfiguration für den Patch-Test

(englisch patch) ein entsprechender Verschiebungszustand eingeprägt wird (Bild 4-25). Allerdings erweist sich bei genauerer Betrachtung auch der Patch-Test nicht als hinreichendes Kriterium für den Nachweis der Konvergenz der Finite-Element-Lösung gegen die exakte Lösung [4.10]. Die Konvergenz der Lösung mit nichtkonformen und hybriden Elementen ist nicht monoton, d.h., die Verformungen können von der Finite-Element-Lösung sowohl über- als auch unterschätzt werden.

Geometrische Isotropie

Ein Verschiebungsansatz sollte in der Regel keine Richtung vor der anderen bevorzugen. Diese plausible Forderung erreicht man dadurch, daß man Ansatzfunktionen wählt, die alle Polynomterme eines Polynomgrades oder doch zumindest die zueinander symmetrischen Terme wie z.B. x^2y und xy^2 enthalten(Bild 4-26). Ist dies der Fall, bezeichnet man das Element als geometrisch isotrop. Beispielsweise ist das in Abschnitt 4.4 entwickelte Scheibenelement isotrop, da die Ansatzfunktionen sowohl in x- als auch in y-Richtung gleich (hier linear) verlaufen. Die in der Praxis verwendeten Elemente sind geometrisch isotrop.

Drehungsinvarianz

Einen Ansatz bezeichnet man als drehungsinvariant, wenn sich der Grad der im Ansatz enthaltenen Polynomterme bei einer Drehung des Koordinatensystems nicht ändert. Beispielsweise enthalten die Ansatzfunktionen des in Abschnitt 4.4 hergeleiteten Rechteckelements in x- und y-Richtung ausschließlich lineare Terme, während sich die Verschiebungsfunktionen in einer davon abweichenden Richtung infolge des xy-Terms quadratisch ändern (Bild 4-14). Das Element ist also nicht drehungsinvariant. Das Problem der Drehungsinvarianz tritt bei Elementen mit Verschiebungsansätzen, die alle Polynomterme eines Polynomgrades enthalten, nicht auf.

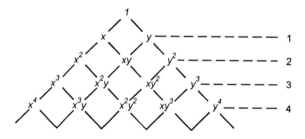

Bild 4-26 Polynomterme für vollständige Polynome

4.5 Finite Elemente für Scheiben

Biegungsartige Beanspruchungen von Scheibenelementen

In den folgenden Abschnitten werden verschiedene Scheibenelemente und deren Eigenschaften diskutiert. Zunächst werden die klassischen Elemente mit Verschiebungsansatz behandelt. Diese Elemente überschätzen die Steifigkeit, was sich insbesondere im Biegezustand, wie er beispielsweise im Stegblech eines I-Trägers auftritt, nachteilig auswirkt. Zu Verbesserung des Verhaltens im Biegezustand gibt es verschiedene Möglichkeiten:

Scheibenelemente zur besseren Modellierung für den Biegezustand:

  a) *Finite Elemente mit quadratischen oder höheren Verschiebungsansätzen*

  b) *nichtkonformes Rechteckelement*

  c) *hybride Scheibenelemente mit höheren Verschiebungsansätzen auf den Elementrändern*

Die Eigenschaften dieser Elemente werden im folgenden diskutiert. Ein weiterer Weg, Elemente mit abgeminderter Steifigkeit herzuleiten, ist die sogenannte reduzierte Integration der Elementsteifigkeitsmatrix. Hierbei versucht man, mit einem rechentechnischen Kunstkniff genaue und effiziente Elemente zu entwickeln.

4.5.2 Elemente mit stetigen Verschiebungsansätzen

Die 'klassischen' Finiten Elemente basieren ausschließlich auf stetigen Verschiebungsansätzen. Sie werden auch als konforme Elemente bezeichnet. Da die Verschiebungsansätze stetig sind, gelten für sie alle mathematischen Aussagen des Ritz-Verfahrens der Variationsrechnung. Die Elementsteifigkeitsmatrix dieser Elemente wird in folgenden Schritten hergeleitet:

Herleitung der Elementsteifigkeitsmatrix für Elemente mit Verschiebungsansätzen:

  a) *Wahl der Ansatzfunktionen für die Verschiebungen; die Unbekannten ('Stützstellen') einer Verschiebungsfunktion sind die Knotenverschiebungen (die Ordnung der Verschiebungsfunktion muß hinreichend hoch sein, so daß die für die Ermittlung der Verzerrungen benötigten Ableitungen nicht zu Null werden).*

  b) *Ermittlung der Verzerrungen, die diesen Verschiebungsfunktionen entsprechen:*

$$\underline{\varepsilon} = \underline{B} \cdot \underline{u}_e \qquad (4.29a)$$

  c) *Formulierung des Stoffgesetzes*

$$\underline{\sigma} = \underline{D} \cdot \underline{\varepsilon} \qquad (2.2b)$$

d) *Die Knotenkräfte, die den gewählten Ansatzfunktionen entsprechen, erhält man nach dem Prinzip der virtuellen Verschiebungen zu:*

$$\underline{K}_e \cdot \underline{u}_e = \underline{F}_e$$

wobei

$$\underline{K}_e = \int t \cdot \underline{B}^T \cdot \underline{D} \cdot \underline{B} \, dx \, dy \qquad (4.35a)$$

die Elementsteifigkeitsmatrix darstellt.

e) *Ermittlung der den Elementlasten äquivalenten Knotenlasten $\underline{F}_L$*

Nach diesen Regeln läßt sich eine Vielzahl von Elementen herleiten, die sich nach ihrer Form und nach der Anzahl der Knotenpunkte unterscheiden. Durch entsprechende Wahl der Stoffmatrix $\underline{D}$ nach Tabelle 2-1 können alle ebenen Finite Elemente sowohl für den ebenen Dehnungszustand als auch für den ebenen Spannungszustand mit isotropem und orthotropem Stoffgesetz hergeleitet werden.

Einfaches Dreieckelement

Das einfache Dreieckelement besitzt drei Knotenpunkte (Bild 4-27). Zwischen den Knotenpunkten und im Element verlaufen die Verschiebungen linear, d.h. es gilt:

$$u(x,y) = \alpha_1 + \alpha_2 \cdot x + \alpha_3 \cdot y \qquad (4.39a)$$

$$v(x,y) = \beta_1 + \beta_2 \cdot x + \beta_3 \cdot y \qquad (4.39b)$$

Für die Verzerrungen, die man durch Differenzieren der Verschiebungsfunktionen nach (2.1b) erhält, ergeben sich damit konstante Werte, z.B. $\varepsilon_x = \partial u/\partial x = \alpha_2$. Die Verzerrungsgrößen ε_x, ε_y und γ_{xy} und damit auch die Spannungen σ_x, σ_y und τ_{xy} sind somit im Element konstant. Das Element wird daher auch als CST- (Constant Strain Triangle) Element bezeichnet. Seine Steifigkeitsmatrix läßt sich mit (4.35a) explizit ermitteln und ist für den ebenen Spannungszustand und isotropes Material in [4.11] angegeben.

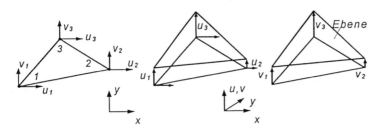

Bild 4-27 Dreieckelement mit linearem Verschiebungsansatz

4.5 Finite Elemente für Scheiben

Die Entwicklung der Finite-Element-Methode begann 1956 mit der Herleitung des CST-Elementes [4.2]. Das Element ist in eine Vielzahl von Finite-Element-Programmen implementiert. Wenn es in Finite-Element-Netzen gemeinsam mit Rechteckelementen verwendet wird, sind allerdings Versteifungseffekte möglich.

Isoparametrische Elemente

Als isoparametrische Elemente wird eine Gruppe von Elementen bezeichnet, die krummlinig berandet sein können (Bild 4-28). Zur Beschreibung der Geometrie der Elementränder werden Polynome (Geraden, Parabeln zweiter oder dritter Ordnung) verwendet. Beim isoparametrischen 8-Knoten-Element werden die Verschiebungen durch quadratische Parabeln mit drei Stützstellen, d.h. Knotenverschiebungen, je Elementseite dargestellt. Das 4-Knoten-Element ist ein allgemeines Viereckelement und besitzt lineare Ansatzfunktionen zwischen den Knotenpunkten. Wenn es die Form eines Rechtecks annimmt, ist es mit dem in Abschnitt 4.4 hergeleiteten Rechteckelement identisch. Das 3-Knoten-Element besitzt lineare Ansatzfunktionen zwischen den Knotenpunkten und ist gleich dem bereits betrachteten CST-Element.

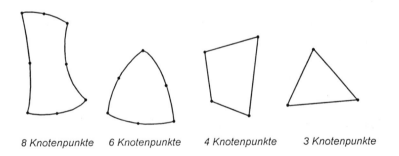

8 Knotenpunkte   6 Knotenpunkte   4 Knotenpunkte   3 Knotenpunkte

Bild 4-28 Isoparametrische Elemente

Die Ansatzfunktionen der isoparametrischen Elemente werden in krummlinigen lokalen Koordinaten beschrieben. Diese haben ganz allgemein die Form

$$u = \sum h_i \cdot u_i$$
$$v = \sum h_i \cdot v_i \qquad (4.40a)$$

wobei u_i und v_i die Verschiebungen des Knotens i, und h_i die Interpolationsfunktionen in den lokalen Koordinaten r,s nach Bild 4-29 bedeuten. Die Funktionen h_i lauten:

	$i = 5^*$	$i = 6^*$	$i = 7^*$	$i = 8^*$	$i = 9^*$
$h_1 = 1/4(1 + r)(1 + s)$	$-1/2\,h_5$	-	-	$-1/2\,h_8$	$-1/4\,h_9$
$h_2 = 1/4(1 - r)(1 + s)$	$-1/2\,h_5$	$-1/2\,h_6$	-	-	$-1/4\,h_9$
$h_3 = 1/4(1 - r)(1 - s)$	-	$-1/2\,h_6$	$-1/2\,h_7$	-	$-1/4\,h_9$
$h_4 = 1/4(1 + r)(1 - s)$	-	-	$-1/2\,h_7$	$-1/2\,h_8$	$-1/4\,h_9$
$h_5 = 1/2(1 - r^2)(1 + s)$	-	-	-	-	$-1/2\,h_9$
$h_6 = 1/2(1 - s^2)(1 - r)$	-	-	-	-	$-1/2\,h_9$
$h_7 = 1/2(1 - r^2)(1 - s)$	-	-	-	-	$-1/2\,h_9$
$h_8 = 1/2(1 - s^2)(1 + r)$	-	-	-	-	$-1/2\,h_9$
$h_9 = (1 - r^2)(1 - s^2)$	-	-	-	-	-

(4.40b)

* *falls Knotenpunkt i vorhanden ist*

Die Anzahl der Seitenknoten ist variabel, d.h., dieselbe Formulierung kann für Elemente mit unterschiedlicher Anzahl von Knotenpunkten gewählt werden. Die Anteile h_5, h_6, h_7, h_8 oder h_9 entfallen in (4.40b), wenn die entsprechenden Knotenpunkte nicht vorhanden sind.

Die Funktionen h_i können auch als Formfunktionen gedeutet werden. Formfunktionen besitzen im Freiheitsgrad i den Wert 1 und in allen übrigen Freiheitsgraden den Wert 0. Die Verschiebungsfunktion ist demnach die Summe der mit den jeweiligen Knotenverschiebungen multiplizierten Formfunktionen (Bild 4-30).

Die Beziehung zwischen den globalen Koordinaten x,y und den Elementkoordinaten r,s wird ebenfalls mit Hilfe der Funktionen h_i beschrieben zu:

$$x = \sum h_i \cdot x_i$$
$$y = \sum h_i \cdot y_i \qquad (4.40c)$$

wobei x_i und y_i (i=1-9) die Koordinaten der Knotenpunkte bedeuten.

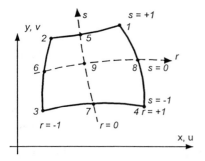

Bild 4-29 Isoparametrisches Element mit lokalen krummlinigen Koordinaten r,s

4.5 Finite Elemente für Scheiben

$u =$

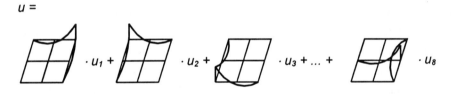

Bild 4-30 Ansatzfunktion als gewichtete Summe der Formfunktionen

ZULÄSSIGE ELEMENTFORMEN:

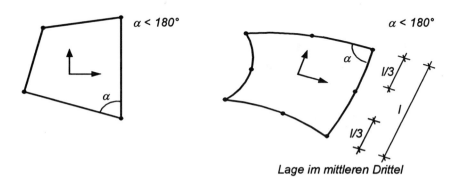

Lage im mittleren Drittel

UNZULÄSSIGE ELEMENTFORMEN:

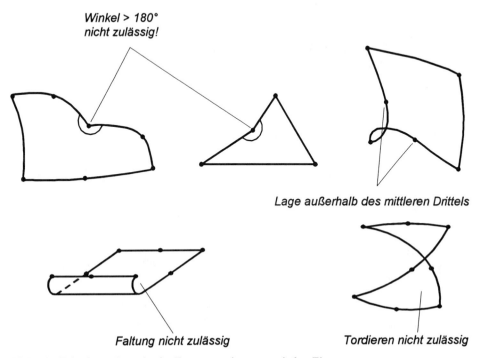

Bild 4-31 Zulässige und unzulässige Formen von isoparametrischen Elementen

Da zur Elementformulierung nicht die globalen Koordinaten x, y verwendet werden, muß zwischen den Elementkoordinaten r, s und den globalen Koordinaten x, y eine eineindeutige Beziehung bestehen. Insbesondere darf die sogenannte Jakobi-Matrix, die die ersten Ableitungen nach r, s mit den ersten Ableitungen nach x, y verknüpft, nicht singulär sein. Unzulässig sind daher stark verzerrte Elementformen sowie Innenwinkel an den Eckpunkten größer 180° (Bild 4-31). Die Seitenknoten müssen immer im mittleren Drittel der Seitenflächen liegen. Die höchste Genauigkeit besitzen die Elemente, wenn die Elementgeometrie 'so rechtwinklig wie möglich' ist und wenn die Seitenpunkte in der Mitte zwischen den Eckpunkten liegen.

Die Steifigkeitsmatrix wird bei isoparametrischen Elementen durch numerische Integration ermittelt. Für das Viereckelement erhält man ausgehend von (4.35a) die Steifigkeitsmatrix zu:

$$\underline{K}_e = t \cdot \sum_{i,j} \alpha_{ij} \cdot \underline{B}_{ij}^T \cdot \underline{D} \cdot \underline{B}_{ij} \cdot \det \underline{J}_{ij} \qquad (4.41)$$

mit

$$\underline{B}_{ij} = \frac{1}{4} \cdot \begin{bmatrix} 1+s_j & 0 & -1-s_j & 0 & -1+s_j & 0 & 1-s_j & 0 \\ 0 & 1+r_i & 0 & 1-r_i & 0 & -1+r_i & 0 & -1-r_i \\ 1+r_i & 1+s_j & 1-r_i & -1-s_j & -1+r_i & -1+s_j & -1-r_i & 1-s_j \end{bmatrix}$$

$$\underline{J}_{ij} = \begin{bmatrix} j_{11} & j_{12} \\ j_{21} & j_{22} \end{bmatrix} \quad \text{(Jakobi-Matrix für } r = r_i \text{ und } s = s_j\text{)},$$

wobei gilt:

$$j_{11} = \left.\frac{\partial x}{\partial r}\right|_{r_i,s_j} = \frac{1}{4} \cdot (1+s_j) \cdot x_1 - \frac{1}{4} \cdot (1+s_j) \cdot x_2 - \frac{1}{4} \cdot (1-s_j) \cdot x_3 + \frac{1}{4} \cdot (1-s_j) \cdot x_4$$

$$j_{21} = \left.\frac{\partial x}{\partial s}\right|_{r_i,s_j} = \frac{1}{4} \cdot (1+r_i) \cdot x_1 + \frac{1}{4} \cdot (1-r_i) \cdot x_2 - \frac{1}{4} \cdot (1-r_i) \cdot x_3 - \frac{1}{4} \cdot (1+r_i) \cdot x_4$$

$$j_{12} = \left.\frac{\partial y}{\partial r}\right|_{r_i,s_j} = \frac{1}{4} \cdot (1+s_j) \cdot y_1 - \frac{1}{4} \cdot (1+s_j) \cdot y_2 - \frac{1}{4} \cdot (1-s_j) \cdot y_3 + \frac{1}{4} \cdot (1-s_j) \cdot y_4$$

$$j_{22} = \left.\frac{\partial y}{\partial s}\right|_{r_i,s_j} = \frac{1}{4} \cdot (1+r_i) \cdot y_1 + \frac{1}{4} \cdot (1-r_i) \cdot y_2 - \frac{1}{4} \cdot (1-r_i) \cdot y_3 - \frac{1}{4} \cdot (1+r_i) \cdot y_4$$

wobei r_i, s_j die Koordinaten r bzw. s der Integrationspunkte und α_{ij} die Beiwerte für die numerische Integration nach Tabelle 4-6 bedeuten.

4.5 Finite Elemente für Scheiben

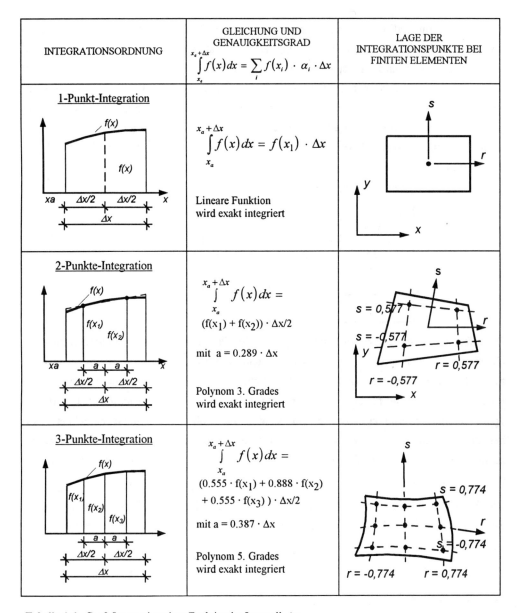

Tabelle 4-6 Gauß-Integration einer Funktion im Intervall Δx

Die vollständige Herleitung von (4.41) ist in [4.7] angegeben. Zur numerischen Integration hat sich die Gaußsche Integration als besonders effizient erwiesen. Die Stützstellen, an denen die zu integrierende Funktion bekannt sein muß, liegen nicht - wie beispielsweise bei der Trapezformel - am Rand des zu integrierenden Bereichs, sondern an bestimmten Stellen innerhalb des Integrationsintervalls, den sogenannten Gauß-Punkten, Tabelle 4-6. Die Lage der Gauß-Punkte ist dabei so festgelegt, daß eine optimale Genauigkeit bei der numerischen Integration erreicht wird. Beispielsweise wird mit der Gaußschen 2-Punkte-Integration ein Polynom dritter Ordnung exakt integriert, während die Trapezformel mit zwei Stützstellen lediglich eine lineare Funktion exakt integriert. Bei ebenen Elementen ist diese Integration über beide Elementkoordinaten durchzuführen. Man spricht dann von einer 2x2- bzw. 3x3- Gauß-Integration. Beispielsweise sind bei der 2x2-Integration folgende Punkte in (4.41) einzusetzen:

r_i	s_j	α_{ij}
-0.577	0.577	1.0
0.577	0.577	1.0
-0.577	-0.577	1.0
0.577	-0.577	1.0

Die erforderliche Integrationsordnung hängt von der Ordnung der Ansatzfunktionen und der Geometrie des Elements ab. Bei der vollen Integrationsordnung wird die Steifigkeitsmatrix für rechteckige Elemente exakt ermittelt, Tabelle 4-7. Bei Elementen, deren Form vom Rechteck abweicht und für die eine exakte Integration nach Gauß nicht möglich ist, wird bei voller Integrationsordnung die Steifigkeitsmatrix mit hoher Genauigkeit berechnet. In bestimmten Fällen kann es aber durchaus sinnvoll sein, eine Ordnung niedriger als erforderlich zu integrieren, auch wenn dies mathematisch unzulässig erscheint. Man spricht dann von reduzierter Integration.

Die Steifigkeitsmatrix isoparametrischer Elemente läßt sich numerisch effizient berechnen. Sie sind in eine Vielzahl von Programmen implementiert und werden in der Praxis häufig verwendet.

Lagrange-Elemente

Bei der Gruppe der Lagrange-Elemente handelt es sich um Rechteckelemente, die auch Innenknoten besitzen, mit Polynomansätzen für die Verschiebungen (Bild 4-32), [4.5]. Sie unterscheiden sich von den isoparametrischen Elementen durch zusätzliche Polynomterme, die mit Hilfe der Innenknoten eingeführt werden (vgl. Bild 4-26). In der Praxis werden sie bisher selten eingesetzt.

4.5 Finite Elemente für Scheiben

    4 Knotenpunkte   *9 Knotenpunkte*   *16 Knotenpunkte*

Bild 4-32 Lagrange-Elemente

Elemente mit reduzierter Integration

Um der Überschätzung der Elementsteifigkeit infolge des Verschiebungsansatzes entgegenzuwirken, wurde eine reduzierte Integration der Elementsteifigkeitsmatrix vorgeschlagen [4.7]. Dies bedeutet, daß bei der numerischen Integration die Integrationsordnung eine Stufe niedriger als die volle Integrationsordnung gewählt wird. Man verzichtet damit bewußt auf Steifigkeitsanteile bei der Addition der Terme der Steifigkeitsmatrix nach (4.40c) und erhält ein 'weicheres' Element. In vielen Fällen werden hiermit erheblich bessere, näher an der genauen Lösung liegende Ergebnisse erzielt. Die Bedingung für monotone Konvergenz ist wegen der fehlenden Steifigkeitsanteile allerdings nicht mehr eingehalten. Die Elemente besitzen damit nicht mehr die Eigenschaften konformer Elemente.

Die reduzierte Integration ist nicht mathematisch begründet, und ihre Anwendung ist nicht immer unproblematisch. Bei bestimmten Elementtypen kann nämlich aufgrund der Vernachlässigung von Steifigkeitsanteilen durch die reduzierte Integration das Element kinematisch werden, d.h., gegenüber bestimmten Belastungen besitzt das Element keine Steifigkeit. Die bei Viereckelementen auftretenden Verschiebungen verlaufen typischerweise 'zick-zack-förmig' und werden auch als 'hourglass modes' oder 'zero energy modes' bezeichnet. Ob die Störung des Verschiebungsverlaufes nur leicht ist, oder das Ergebnis vollständig verfälscht, hängt vom zu berechnenden System und dessen Belastung ab. Neuerdings wird die Einführung sogenannter Stabilisatoren, d.h. die Addition spezieller Steifigkeitsanteile in den 'hourglass modes' vorgeschlagen (vgl. [4.12]).

Empfehlungen zur Integrationsordnung bei isoparametrischen Elementen sind in Tabelle 4-7 zusammengestellt. Einige Elemente, wie z.B. das allgemeine 8-Knoten-Element, können auch ohne Stabilisierung reduziert integriert werden, ohne daß dies zu Kinematiken führt. Auch die in Tabelle 4-7 nicht aufgeführten Lagrange-Elemente können reduziert integriert werden. Über den praktischen Nutzen der reduzierten Integration bei Scheibenelementen bestehen unterschiedliche Meinungen (vgl. z.B. [4.7] und [4.10]).

ELEMENTTYP	REDUZIERTE INTEGRATION MIT STABILISIERUNG	REDUZIERTE INTEGRATION OHNE STABILISIERUNG	VOLLE INTEGRATION
4-Knoten-Rechteck	1 x 1	-	2 x 2
4-Knoten-Viereck	-	2 x 2	3 x 3
8-Knoten-Rechteck	2 x 2	-	3 x 3
8-Knoten-Element	-	3 x 3	4 x 4

Tabelle 4-7 Integrationsordnung bei isoparametrischen Scheibenelementen

4.5.3 Nichtkonforme Elemente

Das isoparametrische Viereckelement besitzt insbesondere bei Beanspruchung in einem Biegezustand ein sehr steifes Verhalten. Als Verbesserung wurde bereits Mitte der siebziger Jahre eine Erweiterung des bilinearen Verschiebungsansatzes um quadratische Terme vorgeschlagen [4.13]. Hierzu wird in der Mitte jeder Seite des Elements ein Verschiebungsfreiheitsgrad senkrecht zur Elementseite eingeführt, der nicht mit anderen Elementen verbunden ist. Bei einer Beanspruchung des Elements verschieben sich diese Freiheitsgrade relativ zu den Nachbarelementen, d.h., die Verschiebungsfunktionen an den Rändern zweier benachbarter Elemente sind zwischen den Knotenpunkten nicht kompatibel (Bild 4-33). Die Elemente werden auch als nichtkonforme Elemente bezeichnet, während die Elemente mit stetigen Verschiebungsfunktionen konforme Elemente heißen. Diese nur auf das Element bezogenen Freiheitsgrade können rechnerisch mit Hilfe einer statischen Kondensation vorab eliminiert werden, so daß man wieder ein 4-Knoten-Element mit einer 8x8-Steifigkeitsmatrix erhält [4.7, 4.10, 4.13, 4.14].

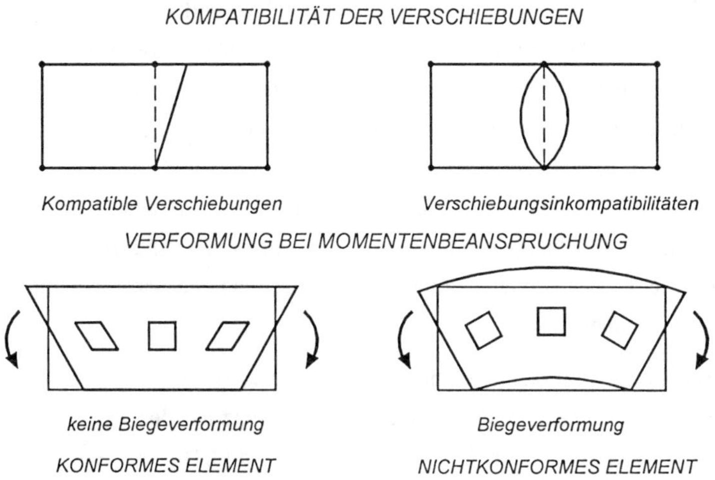

4.5 Finite Elemente für Scheiben

Bild 4-33 Eigenschaften konformer und nichtkonformer Elemente

Mit den gewählten quadratischen Ansatzfunktionen ist das nichtkonforme Element als Rechteck oder Parallelogramm in der Lage, reine Biegezustände exakt wiederzugeben (die Biegelinie eines Balkens bei reiner Biegung mit Q=0 ist eine quadratische Parabel).

Das nichtkonforme Element erfüllt nicht die Stetigkeitsbedingung, die Voraussetzung für eine monotone Konvergenz ist (vgl. Abschnitt 4.5.1). Den Patch-Test als Nachweis für nichtmonotone Konvergenz erfüllt das Element, wenn es als Rechteck oder Parallelogramm vorliegt. Ein Nachweis für die allgemeine Viereckform ist nicht möglich [4.10].

Das Element ist in die meisten Programme, die das isoparametrische 4-Knoten-Element verwenden, ebenfalls implementiert. In der Praxis hat sich das Hinzufügen inkompatibler Verschiebungsfunktionen als brauchbares Verfahren zur Erhöhung der Effektivität eines Elements erwiesen, das auch in der Formulierung von Elementen höherer Ordnung anwendbar ist (vgl. [4.12, 4.15]).

4.5.4 Hybride Elemente

Bei der Entwicklung der Finite-Element-Methode suchte man schon früh nach Alternativen zu Elementen mit reinen Verschiebungsansätzen. Da Spannungen die eigentlich interessierenden Größen sind, lag es nahe, von Ansatzfunktionen für die Spannungen auszugehen. Die meisten dieser Verfahren haben sich allerdings praktisch nicht durchgesetzt, da hierbei als Knotenparameter Spannungsgrößen oder weitere, teilweise nicht physikalisch interpretierbare

Parameter auftreten und die Kopplung von verschiedenartigen Tragwerksarten damit nicht mehr allgemein möglich ist. Eine Ausnahme bilden die hybriden Elemente. Sie werden auch als hybride Spannungsmodelle bezeichnet, während Finite Elemente mit Verschiebungsansatz auch Deformationsmodelle oder kinematische Modelle genannt werden. Bei den hybriden Elementen geht man ebenfalls von Spannungsansätzen aus. Jedoch enthalten die Elementmatrizen als Knotenparameter ebenso wie bei den Elementen mit Verschiebungsansätzen ausschließlich Verschiebungsgrößen. Es handelt sich also um Elementsteifigkeitsmatrizen. Damit lassen sich hybride Elemente im Rahmen einer Finite-Element-Berechnung wie Elemente mit reinem Verschiebungsansatz behandeln.

Die grundlegenden Annahmen bei der Herleitung eines hybriden Elements sind ein Spannungsansatz innerhalb des Elements und ein Verschiebungsansatz auf dem Elementrand. Die Herleitung soll am Beispiel des einfachen Rechteckelements nach [4.16] erläutert werden (Bild 4-34).

Die Ansatzfunktionen für die Spannungen lauten nach [4.16]:

$$\sigma_x = \beta_1 + \beta_4 \cdot y$$
$$\sigma_y = \beta_2 + \beta_5 \cdot x$$
$$\tau_{xy} = \beta_3$$

oder

$$\begin{bmatrix} \sigma_x \\ \sigma_y \\ \tau_{xy} \end{bmatrix} = \begin{bmatrix} 1 & 0 & 0 & y & 0 \\ 0 & 1 & 0 & 0 & x \\ 0 & 0 & 1 & 0 & 0 \end{bmatrix} \cdot \begin{bmatrix} \beta_1 \\ \beta_2 \\ \beta_3 \\ \beta_4 \\ \beta_5 \end{bmatrix} \quad (4.42)$$

$$\underline{\sigma} = \underline{P} \cdot \underline{\beta} \quad (4.42a)$$

Die Parameter β_1-β_5 sind zunächst noch frei. Die Spannungsansätze erfüllen die Gleichgewichtsbedingungen im Element, wie man durch Einsetzen in

$$\frac{\partial \sigma_x}{\partial x} + \frac{\partial \tau_{xy}}{\partial y} = 0$$

$$\frac{\partial \sigma_y}{\partial y} + \frac{\partial \tau_{xy}}{\partial x} = 0$$

(Bild 2-5) nachprüfen kann. Falls Elementlasten zu berücksichtigen sind, muß der Spannungansatz (4.42) so erweitert werden, daß die Gleichgewichtsbedingungen auch von diesen

4.5 Finite Elemente für Scheiben

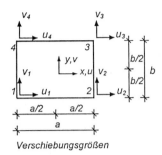
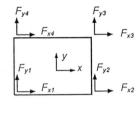

Verschiebungsgrößen　　　　　　　　Kraftgrößen

Bild 4-34 Hybrides Scheibenelement

erfüllt werden. Aufgrund des Spannungsansatzes treten an jedem Rand des Finiten Elements Randspannungen $\underline{\sigma}_R$ auf, die man mit (4.42) ermitteln kann zu:

Rand 1-2: $\sigma_{y,1-2} = -\beta_2 - \beta_5 \cdot x$

$\tau_{xy,1-2} = -\beta_3$

Rand 2-3: $\sigma_{x,2-3} = \beta_1 + \beta_4 \cdot y$

$\tau_{xy,2-3} = \beta_3$

Rand 3-4: $\sigma_{y,3-4} = \beta_2 + \beta_5 \cdot x$

$\tau_{xy,3-4} = \beta_3$

Rand 4-1: $\sigma_{x,4-1} = -\beta_1 - \beta_4 \cdot y$

$\tau_{xy,4-1} = -\beta_3$

oder

$$\begin{bmatrix} \sigma_{y,1-2} \\ \tau_{xy,1-2} \\ \sigma_{x,2-3} \\ \tau_{xy,2-3} \\ \sigma_{y,3-4} \\ \tau_{xy,3-4} \\ \sigma_{x,4-1} \\ \tau_{xy,4-1} \end{bmatrix} = \begin{bmatrix} 0 & -1 & 0 & 0 & -x \\ 0 & 0 & -1 & 0 & 0 \\ 1 & 0 & 0 & y & 0 \\ 0 & 0 & 1 & 0 & 0 \\ 0 & 1 & 0 & 0 & x \\ 0 & 0 & 1 & 0 & 0 \\ -1 & 0 & 0 & -y & 0 \\ 0 & 0 & -1 & 0 & 0 \end{bmatrix} \cdot \begin{bmatrix} \beta_1 \\ \beta_2 \\ \beta_3 \\ \beta_4 \\ \beta_5 \end{bmatrix} \qquad (4.34)$$

$\quad\underline{\sigma}_R \quad = \quad\quad\quad \underline{P}_R \quad\quad\quad \cdot \underline{\beta} \qquad\qquad (4.43\text{a})$

Die Vorzeichen sind so gewählt, daß die Randspannungen mit positiven Verschiebungen u und v positive Arbeit leisten.

Neben den Spannungsansätzen werden bei hybriden Elementen auch Ansätze für die Verschiebungen auf dem Rand des Elements eingeführt. Beim 4-Knoten-Element verlaufen die Verschiebungen zwischen den Knotenpunkten linear. Für das Rechteckelement erhält man:

$$\begin{bmatrix} u_{1-2} \\ v_{1-2} \\ u_{2-3} \\ v_{2-3} \\ u_{3-4} \\ v_{3-4} \\ u_{4-1} \\ v_{4-1} \end{bmatrix} = \begin{bmatrix} \frac{1}{2}-\frac{x}{a} & 0 & \frac{1}{2}+\frac{x}{a} & 0 & 0 & 0 & 0 & 0 \\ 0 & \frac{1}{2}-\frac{x}{a} & 0 & \frac{1}{2}+\frac{x}{a} & 0 & 0 & 0 & 0 \\ 0 & 0 & \frac{1}{2}-\frac{y}{b} & 0 & \frac{1}{2}+\frac{y}{b} & 0 & 0 & 0 \\ 0 & 0 & 0 & \frac{1}{2}-\frac{y}{b} & 0 & \frac{1}{2}+\frac{y}{b} & 0 & 0 \\ 0 & 0 & 0 & 0 & \frac{1}{2}+\frac{x}{a} & 0 & \frac{1}{2}-\frac{x}{a} & 0 \\ 0 & 0 & 0 & 0 & 0 & \frac{1}{2}+\frac{x}{a} & 0 & \frac{1}{2}-\frac{x}{a} \\ \frac{1}{2}-\frac{y}{b} & 0 & 0 & 0 & 0 & 0 & \frac{1}{2}+\frac{y}{b} & 0 \\ 0 & \frac{1}{2}-\frac{y}{b} & 0 & 0 & 0 & 0 & 0 & \frac{1}{2}+\frac{y}{b} \end{bmatrix} \cdot \begin{bmatrix} u_1 \\ v_1 \\ u_2 \\ v_2 \\ u_3 \\ v_3 \\ u_4 \\ v_4 \end{bmatrix} \quad (4.44)$$

$$\underline{u}_R = \underline{H}_R \cdot \underline{u}_e \quad (4.44a)$$

Die von den Spannungen $\underline{\sigma}$ hervorgerufenen Verzerrungen $\underline{\varepsilon}$ erhält man mit dem Hookschen Gesetz zu:

$$\underline{\varepsilon} = \underline{D}^{-1} \cdot \underline{\sigma} = \underline{D}^{-1} \cdot \underline{P} \cdot \underline{\beta} \quad (4.45)$$

Diese Verzerrungen müssen untereinander und mit den Randverschiebungen $\underline{u}_R$ kinematisch verträglich sein. Da die Ansätze für die Randverschiebungen unabhängig von den Spannungsansätzen gewählt wurden, ist dies zunächst nicht der Fall. Eine angenäherte Verträglichkeit läßt sich durch eine geeignete Wahl der noch freien Parameter $\underline{\beta}$ erreichen. Zu diesem Zweck wendet man das Prinzip der virtuellen Spannungen an, das dem Prinzip der virtuellen Kräfte der Stabstatik entspricht. Im Element führt man virtuelle Spannungen $\overline{\underline{\sigma}}$ ein, für die man nach (4.42a) dieselben Ansatzfunktionen wählt wie für die tatsächlichen Spannungen, d.h. im Element

$$\overline{\underline{\sigma}} = \underline{P} \cdot \overline{\underline{\beta}} \quad (4.46)$$

und auf dem Rand

$$\overline{\underline{\sigma}}_R = \underline{P}_R \cdot \overline{\underline{\beta}} \quad (4.47)$$

4.5 Finite Elemente für Scheiben

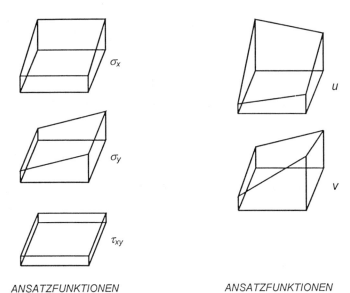

ANSATZFUNKTIONEN
FÜR DIE SPANNUNGEN IM ELEMENT

ANSATZFUNKTIONEN
FÜR DIE VERSCHIEBUNGEN AUF
DEM RAND

Bild 4-35 Ansatzfunktionen eines hybriden Scheibenelements

Nach dem Prinzip der virtuellen Spannungen muß die innere Arbeit, die die virtuellen Spannungen mit den wirklichen Verzerrungen leisten würden, identisch sein mit der äußeren Arbeit, die die virtuellen Randspannungen mit den wirklichen Verschiebungen $\underline{u}_R$ des Randes leisten würden. Es gilt:

$$\int_A t\, \overline{\underline{\sigma}}^T \cdot \underline{\varepsilon}\, dx\, dy = \int_R t\, \overline{\underline{\sigma}}_R^T \cdot \underline{u}_R\, ds \qquad (4.48)$$

wobei A und R die Fläche bzw. den Rand des Elements und s die Koordinate entlang des Randes (Bild 2-10) darstellen. Mit den virtuellen Spannungen nach (4.46, 4.47), den wirklichen Verzerrungen nach (4.45) und den wirklichen Randverschiebungen nach (4.44a) erhält man:

$$\overline{\underline{\beta}}^T \int_A t\, \underline{P}^T \cdot \underline{D}^{-1} \cdot \underline{P}\, dx\, dy \cdot \underline{\beta} = \overline{\underline{\beta}}^T \int_R t\, \underline{P}_R^T \cdot \underline{H}_R\, ds \cdot \underline{u}_e$$

Da diese Beziehung für beliebige Werte der Spannungsparameter $\overline{\underline{\beta}}$ erfüllt sein muß, folgt hieraus:

$$\underline{E} \cdot \underline{\beta} = \underline{G} \cdot \underline{u}_e \qquad (4.49)$$

mit

$$E = \int_A t \, \underline{P}^T \cdot \underline{D}^{-1} \cdot \underline{P} \, dx \, dy \quad (4.49a)$$

$$\underline{G} = \int_R t \, \underline{P}_R^T \cdot \underline{H}_R \cdot ds \quad (4.49b)$$

Die Matrizen $\underline{E}$ und $\underline{G}$ können durch numerische Integration ermittelt werden. Löst man die Gleichung 4.49 nach $\underline{\beta}$ auf, erhält man:

$$\underline{\beta} = \underline{E}^{-1} \cdot \underline{G} \cdot \underline{u}_e \quad (4.49c)$$

Den Randspannungen $\underline{\sigma}_R$ entsprechen Randlasten, die den Knotenkräften $\underline{F}_e$

$$\underline{F}_e = \begin{bmatrix} F_{x1} \\ F_{y1} \\ F_{x2} \\ F_{y2} \\ F_{x3} \\ F_{y3} \\ F_{y4} \\ F_{y4} \end{bmatrix}$$

statisch gleichwertig sein sollen. Um dies zu erreichen, wendet man wie bei Finiten Elementen mit reinem Verschiebungsansatz das Prinzip der virtuellen Verschiebungen an, wobei sich das Integrationsgebiet nur auf den Rand des Elements erstreckt. Für den virtuellen Verschiebungszustand des Randes werden dieselben Ansatzfunktionen gewählt wie für den tatsächlichen Verschiebungen:

$$\underline{\bar{u}}_R = \underline{H}_R \cdot \underline{\bar{u}}_e \quad (4.50)$$

Die Arbeit, die die wirklichen Randlasten mit den virtuellen Randverschiebungen leisten, muß gleich sein der Arbeit, die die wirklichen Knotenkräfte mit den virtuellen Knotenverschiebungen leisten. Danach gilt:

$$\int_R t \cdot \underline{\bar{u}}_R^T \cdot \underline{\sigma}_R \, ds = \underline{\bar{u}}_e^T \cdot \underline{F}_e \quad (4.51)$$

Setzt man die oben angegebenen Ausdrücke für die virtuellen Randverschiebungen $\underline{u}_R$ (4.50) und die wirklichen Randspannungen $\underline{\sigma}_R$ (4.43a) ein, erhält man:

$$\underline{\bar{u}}_e^T \cdot \int_R t \cdot \underline{H}_R^T \cdot \underline{P}_R \, ds \cdot \underline{\beta} = \underline{\bar{u}}_e^T \cdot \underline{F}_e$$

4.5 Finite Elemente für Scheiben

und mit $\underline{G}$ nach (4.49b) und den Spannungsparametern $\underline{\beta}$ nach (4.49c):

$$\underline{\bar{u}}_e^T \cdot \underline{G}^T \cdot \underline{E}^{-1} \cdot \underline{G} \cdot \underline{u}_e = \underline{\bar{u}}_e^T \cdot \underline{F}_e$$

Da diese Gleichung für beliebige virtuelle Knotenverschiebungen $\underline{\bar{u}}_e^T$ erfüllt sein muß, folgt hieraus:

$$\underline{G}^T \underline{E}^{-1} \underline{G} \cdot \underline{u}_e = \underline{F}_e \qquad (4.52)$$

oder

$$\underline{K}_e \cdot \underline{u}_e = \underline{F}_e \qquad (4.52a)$$

mit

$$\underline{K}_e = \underline{G}^T \underline{E}^{-1} \underline{G} \qquad (4.52b)$$

Die Matrix $\underline{K}_e$ stellt die Steifigkeitsmatrix des hybriden Elementes dar. Ihre Ermittlung ist aufwendiger als bei den Elementen mit Verschiebungsansatz, da die numerischen Integration für zwei Matrizen durchzuführen ist und zusätzlich eine Matrizeninversion erforderlich ist.

Die Herleitung der Steifigkeitsmatrix wird im folgenden noch einmal zusammenfassend dargestellt.

Herleitung der Elementsteifigkeitsmatrix eines hybriden Elements

a) Wahl der Ansatzfunktionen der Randverschiebungen:

Die Verschiebungsfunktionen sind Polynome mit den Knotenverschiebungen als Unbekannten:

$$\underline{u}_R = \underline{H}_R \cdot \underline{u}_e \qquad (4.44a)$$

b) Wahl der Ansatzfunktionen für die Spannungen im Element:

Die Spannungsansatzfunktionen müssen die Gleichgewichtsbedingungen erfüllen. Ihre Unbekannten sind die Spannungsparameter β_i. Es sind mindestens (m-r) Spannungsfunktionen erforderlich, wobei m die Anzahl der Verschiebungs-freiheitsgrade des Elementes und r die Zahl der Starrkörperverschiebungszustände (drei bei der Scheibe) bedeuten.

$$\underline{\sigma} = \underline{P} \cdot \underline{\beta} \qquad (4.42a)$$

Daraus ergeben sich die Spannungen am Rand zu:

$$\underline{\sigma}_R = \underline{P}_R \cdot \underline{\beta} \qquad (4.43a)$$

c) *Ermittlung der Verzerrungen im Element aus den Spannungsansätzen mittels des Stoffgesetzes*

$$\underline{\varepsilon} = \underline{D}^{-1} \cdot \underline{\sigma} = \underline{D}^{-1} \cdot \underline{P} \cdot \underline{\beta} \qquad (4.45).$$

Durch entsprechende Wahl der Stoffmatrix $\underline{D}$ nach Tabelle 2-1 können alle ebenen Finiten Elemente sowohl für den ebenen Dehnungszustand als auch für den ebenen Spannungszustand mit isotropem und orthotropem Stoffgesetz hergeleitet werden.

d) *Ermittlung der Steifigkeitsmatrix mit Arbeitsprinzipien*

Die den Verzerrungen im Element entsprechenden Verschiebungen werden den Verschiebungsansätzen $\underline{u}_R$ näherungsweise mit Hilfe des Prinzips der virtuellen Spannungen angepaßt. Die Randspannungen $\underline{\sigma}_R$ werden mit dem Prinzip der virtuellen Verschiebungen näherungsweise in Knotenkräfte überführt. Diese erhält man zu:

$$\underline{K}_e \cdot \underline{u}_e = \underline{F}_e \qquad (4.52a),$$

wobei

$$\underline{K}_e = \underline{G}^T \cdot \underline{E}^{-1} \cdot \underline{G} \qquad (4.52b)$$

die Elementsteifigkeitsmatrix darstellt mit

$$\underline{E} = \int_G t \cdot \underline{P}^T \cdot \underline{D}^{-1} \cdot \underline{P} \; dx \, dy \qquad (4.49a),$$

$$\underline{G} = \int_R t \cdot \underline{P}_R^T \cdot \underline{H}_R \; ds \qquad (4.49b).$$

Wie bei den Elementen mit reinen Verschiebungsansätzen treten bei den hybriden Elementen auch Spannungssprünge an den Elementgrenzen auf, d.h., die Gleichgewichtsbedingungen sind an den Elementgrenzen verletzt. Hingegen sind die Gleichgewichtsbedingungen im Element erfüllt, was bei Elementen mit reinen Verschiebungsansätzen nicht der Fall ist. Hybride Elemente weisen aber noch eine weitere Näherung auf: Die von den Spannungen hervorgerufenen Verzerrungen sind nämlich in der Regel weder untereinander noch mit den Randverschiebungsansätzen verträglich. Die Güte dieser Näherung kann durch die Erhöhung der Ordnung der Polynome der Spannungsansätze und damit auch der Anzahl der Spannungsparameter β_i verbessert werden. Man kann allerdings zeigen, daß damit das Element steifer wird. Um zu steife Elemente zu vermeiden, wählt man daher bei den Spannungsansätzen bewußt keinen allzu hohen Polynomgrad. Die hybriden Elemente weisen hier eine Parallele zu den nicht konformen Elementen mit reinen Verschiebungsansätzen auf. In beiden Fällen macht man die Elemente durch eine Verletzung der Stetigkeitsbedingung der

4.5 Finite Elemente für Scheiben

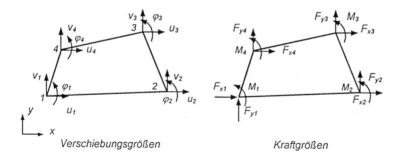

Bild 4-36 Hybrides Scheibenelement mit Verdrehungsfreiheitsgraden

Verschiebungsfunktionen künstlich 'weich' und versucht mit diesem Diskretisierungsfehler, den Diskretisierungsfehler, der durch die Verschiebungsansätze entsteht, teilweise auszugleichen.

Hybride Elemente erfüllen nicht die Voraussetzungen für monotone Konvergenz. Statt dessen verlangt man, daß sie den Patch-Test als Nachweis nichtmonotoner Konvergenz bestehen.

Nach den o.g. Regeln läßt sich eine Vielzahl von Elementen mit unterschiedlichen Formen und Ansatzfunktionen herleiten. Von besonderem Interesse bei hybriden Elementen ist die Möglichkeit, bei Scheiben auch Verdrehungen um die z-Achse als Freiheitsgrade zuzulassen.

Hybride Elemente mit Verschiebungsfreiheitsgraden

Die ursprünglich entwickelten Scheibenelemente besaßen ausschließlich Verschiebungsfreiheitsgrade in den Knotenpunkten. Ein Beispiel ist das oben hergeleitete Element. Ein neueres Element auf dieser Grundlage ist in [4.17] angegeben.

Hybride Elemente mit Verschiebungs- und Verdrehungsfreiheitsgraden

Da bei hybriden Elementen Verschiebungsansätze nur auf dem Elementrand definiert sind, ist es ohne weiteres möglich, in die Verschiebungsansätze auch die Knotenverdrehungen mit einzubeziehen (Bild 4-36). Bei einem Rand ohne Zwischenknoten ist die Verschiebungsfunktion senkrecht zum Rand ähnlich wie beim Biegebalken eine Parabel dritter Ordnung. Auf dieser Grundlage läßt sich eine Reihe von Elementen herleiten [4.18].

Beim allgemeinen Viereckelement SV3KQ und dem entsprechenden Dreieckelement SD3KQ nach [4.18] wird beispielsweise folgender quadratischer Spannungsansatz mit 12 Spannungsparametern gewählt:

$$\begin{bmatrix} \sigma_x \\ \sigma_y \\ \tau_{xy} \end{bmatrix} = \begin{bmatrix} 1 & 0 & 0 & y & 0 & -x & 0 & y^2 & 0 & 2xy & 0 & -x^2 \\ 0 & 1 & 0 & 0 & x & 0 & -y & 0 & x^2 & 0 & 2xy & -y^2 \\ 0 & 0 & 1 & 0 & 0 & y & x & 0 & 0 & -y^2 & -x^2 & 2xy \end{bmatrix} \cdot \begin{bmatrix} \beta_1 \\ \beta_2 \\ \beta_3 \\ \beta_4 \\ \beta_5 \\ \beta_6 \\ \beta_7 \\ \beta_8 \\ \beta_9 \\ \beta_{10} \\ \beta_{11} \\ \beta_{12} \end{bmatrix} \quad (4.53)$$

Die Verschiebungsfunktionen zwischen zwei Knotenpunkten werden in Richtung des Randes linear und senkrecht dazu durch eine kubische Verschiebungsfunktion beschrieben.

Hybride Scheibenelemente mit Verdrehungsfreiheitsgraden sind in einige Programme für den konstruktiven Ingenieurbau implementiert.

4.6 Rechteckelement für Platten

4.6.1 Elementtyp

Bei der klassischen Kirchhoffschen Plattentheorie werden Schubverformungen vernachlässigt. Dies ist bei dünnen Platten zulässig und vereinfacht die analytische Lösung der Plattengleichungen. Die genauere Theorie der schubweichen Platte wird auch als Reissnersche oder Mindlinsche Plattentheorie bezeichnet. Sie wird bei der Herleitung von Finiten Plattenelementen häufig bevorzugt [4.19]. Ein Rechteckelement auf der Grundlage der Theorie der schubweichen Platte wird im folgenden Abschnitt hergeleitet. Über weitere Elementtypen, auch solche nach der Kirchhoffschen Theorie, gibt Abschnitt 4.7 einen Überblick.

4.6.2 Ansatzfunktionen

Die Verformung einer Platte wird durch die Durchbiegung w und die Drehwinkel φ_x und φ_y an jeder Stelle der Platte beschrieben. Ein Plattenelement besitzt somit an jedem Knotenpunkt drei Freiheitsgrade, nämlich die Durchbiegung w_i und die Drehwinkel φ_{xi} und φ_{yi}. Die entsprechenden Kraftgrößen sind die Kraft F_{zi} und die Biegemomente M_{xi} und M_{yi}. Bild 4-37 zeigt ein 4-Knoten-Element mit den 12 Freiheitsgraden.

4.6 Rechteckelement für Platten

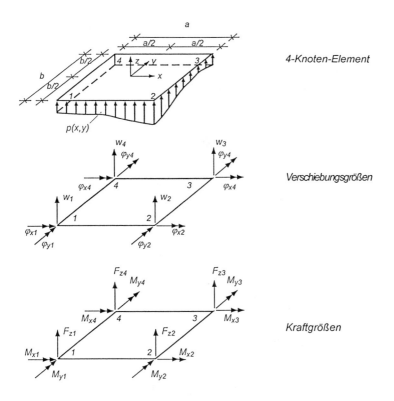

Bild 4-37 Rechteck-Plattenelement

Während sich die Drehwinkel bei der schubstarren Platte aus den Durchbiegungen durch Differenzieren ergeben, ist dies bei der schubweichen Platte nicht der Fall. Aufgrund der hinzukommenden Schubverzerrungen sind die Drehwinkel und die Durchbiegungen unabhängige Größen (vgl. Abschnitt 2.3). Bei der Herleitung eines schubweichen Plattenelements sind daher für die Durchbiegung und die Drehwinkel voneinander unabhängige Ansatzfunktionen zu wählen.

Die Ansatzfunktionen eines 4-Knoten-Elements lassen sich durch bilineare Interpolation der jeweiligen Knotenwerte anschreiben. Die Formfunktionen N_1-N_4 für die bilineare Interpolation wurden bereits bei der Herleitung des Scheibenelements angegeben, (4.27b-e). Man erhält (Bild 4-38):

$$\begin{bmatrix} w \\ \varphi_x \\ \varphi_y \end{bmatrix} = \begin{bmatrix} N_1 & 0 & 0 & N_2 & 0 & 0 & N_3 & 0 & 0 & N_4 & 0 & 0 \\ 0 & N_1 & 0 & 0 & N_2 & 0 & 0 & N_3 & 0 & 0 & N_4 & 0 \\ 0 & 0 & N_1 & 0 & 0 & N_2 & 0 & 0 & N_3 & 0 & 0 & N_4 \end{bmatrix} \begin{bmatrix} w_1 \\ \varphi_{x1} \\ \varphi_{y1} \\ w_2 \\ \varphi_{x2} \\ \varphi_{y2} \\ w_3 \\ \varphi_{x3} \\ \varphi_{y3} \\ w_4 \\ \varphi_{x4} \\ \varphi_{y4} \end{bmatrix} \quad (4.54)$$

$$\underline{u} = \qquad\qquad \underline{N} \qquad\qquad \cdot \underline{u}_e$$

4.6.3 Verzerrungsgrößen und Schnittgrößen

Als Verzerrungsgrößen treten beim schubweichen Element sowohl Krümmungen als auch Scherwinkel auf. Man erhält sie nach (2.9a) und (2.9b) für die durch die Ansatzfunktionen, (4.54), vorgegebenen Verschiebungsgrößen zu:

$$\begin{bmatrix} \kappa_x \\ \kappa_y \\ \kappa_{xy} \end{bmatrix} = \begin{bmatrix} \dfrac{\partial \varphi_x}{\partial x} \\ \dfrac{\partial \varphi_y}{\partial y} \\ \dfrac{\partial \varphi_x}{\partial y} + \dfrac{\partial \varphi_y}{\partial x} \end{bmatrix} \quad (4.55a)$$

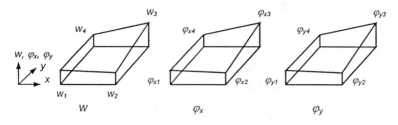

Bild 4-38 Ansatzfunktionen eines schubweichen Plattenelements

4.6 Rechteckelement für Platten

oder

$$\begin{bmatrix} \kappa_x \\ \kappa_y \\ \kappa_{xy} \end{bmatrix} = \begin{bmatrix} 0 & \frac{\partial N_1}{\partial x} & 0 & 0 & \frac{\partial N_2}{\partial x} & 0 & 0 & \frac{\partial N_3}{\partial x} & 0 & 0 & \frac{\partial N_4}{\partial x} & 0 \\ 0 & 0 & \frac{\partial N_1}{\partial y} & 0 & 0 & \frac{\partial N_2}{\partial y} & 0 & 0 & \frac{\partial N_3}{\partial y} & 0 & 0 & \frac{\partial N_4}{\partial y} \\ 0 & \frac{\partial N_1}{\partial y} & \frac{\partial N_1}{\partial x} & 0 & \frac{\partial N_2}{\partial y} & \frac{\partial N_2}{\partial x} & 0 & \frac{\partial N_3}{\partial y} & \frac{\partial N_3}{\partial x} & 0 & \frac{\partial N_4}{\partial y} & \frac{\partial N_4}{\partial x} \end{bmatrix} \cdot \begin{bmatrix} w_1 \\ \varphi_{x1} \\ \varphi_{y1} \\ w_2 \\ \varphi_{x2} \\ \varphi_{y2} \\ w_3 \\ \varphi_{x3} \\ \varphi_{y3} \\ w_4 \\ \varphi_{x4} \\ \varphi_{y4} \end{bmatrix}$$

$$\underline{\kappa} = \underline{B}_b \cdot \underline{u}_e \quad (4.55b)$$

und

$$\begin{bmatrix} \gamma_{xz} \\ \gamma_{yz} \end{bmatrix} = \begin{bmatrix} \varphi_x + \frac{\partial w}{\partial x} \\ \varphi_y + \frac{\partial w}{\partial y} \end{bmatrix} = \quad (4.55c)$$

$$\begin{bmatrix} \gamma_{xz} \\ \gamma_{yz} \end{bmatrix} = \begin{bmatrix} \frac{\partial N_1}{\partial x} & N_1 & 0 & \frac{\partial N_2}{\partial x} & N_2 & 0 & \frac{\partial N_3}{\partial x} & N_3 & 0 & \frac{\partial N_4}{\partial x} & N_4 & 0 \\ \frac{\partial N_1}{\partial y} & 0 & N_1 & \frac{\partial N_2}{\partial y} & 0 & N_2 & \frac{\partial N_3}{\partial y} & 0 & N_3 & \frac{\partial N_4}{\partial y} & 0 & N_4 \end{bmatrix} \cdot \begin{bmatrix} w_1 \\ \varphi_{x1} \\ \varphi_{y1} \\ w_2 \\ \varphi_{x2} \\ \varphi_{y2} \\ w_3 \\ \varphi_{x3} \\ \varphi_{y3} \\ w_4 \\ \varphi_{x4} \\ \varphi_{y4} \end{bmatrix}$$

$$\underline{\gamma} = \underline{B}_s \cdot \underline{u}_e \quad (4.55d)$$

Die Ableitungen der bilinearen Formfunktionen N_1-N_4 wurden bereits beim Scheibenelement in (4.28a-h) angegeben. Das Element kann damit - bei voller Integration - konstante Krümmungen $\underline{\kappa}$ und konstante Momente darstellen.

Aus den Verzerrungsgrößen lassen sich die zugehörigen Schnittgrößen mittels der Momenten-Krümmungs-Beziehung und der Querkraft-Scherwinkel-Beziehung

$$\begin{bmatrix} m_x \\ m_y \\ m_{xy} \end{bmatrix} = \frac{E h^3}{12(1+\mu^2)} \begin{bmatrix} 1 & \mu & 0 \\ \mu & 1 & 0 \\ 0 & 0 & \frac{1-\mu}{2} \end{bmatrix} \cdot \begin{bmatrix} \kappa_x \\ \kappa_y \\ \kappa_{xy} \end{bmatrix} \quad (2.10a)$$

$$\underline{m} \quad = \quad \underline{D}_b \quad \cdot \quad \underline{\kappa}$$

$$\begin{bmatrix} q_x \\ q_y \end{bmatrix} = \frac{5 E \cdot h}{12(1+\mu)} \begin{bmatrix} 1 & 0 \\ 0 & 1 \end{bmatrix} \cdot \begin{bmatrix} \gamma_{xz} \\ \gamma_{yz} \end{bmatrix} \quad (2.10b)$$

$$\underline{q} \quad = \quad \underline{D}_s \quad \cdot \quad \underline{\gamma}$$

ermitteln zu:

$$\underline{m} = \underline{D}_b \cdot \underline{B}_b \cdot \underline{u}_e \quad (4.56a)$$

$$\underline{q} = \underline{D}_s \cdot \underline{B}_s \cdot \underline{u}_e \quad (4.56b)$$

Die beiden Gleichungen geben die Schnittgrößen im Element in Abhängigkeit von den Knotenverschiebungen und -verdrehungen an.

4.6.4 Steifigkeitsmatrix

Die Steifigkeitsmatrix stellt die Beziehung zwischen den Knotenkräften und -momenten und den Knotenverschiebungen und -verdrehungen dar. Zu ihrer Herleitung sind die den Elementschnittgrößen (4.56a,b) äquivalenten Knotenkräfte und -momente zu bestimmen. Hierzu verwendet man wiederum das Prinzip der virtuellen Verschiebungen. Die virtuellen Verschiebungen erhält man mit den gleichen Ansätzen wie die wirklichen Verschiebungen analog zu (4.54) zu:

$$\overline{\underline{u}} = \underline{N} \cdot \overline{\underline{u}}_e \quad (4.57)$$

Die Krümmungen und Scherwinkel im virtuellen Verschiebungszustand ergeben sich zu:

$$\overline{\underline{\kappa}} = \underline{B}_b \cdot \overline{\underline{u}}_e \quad \text{bzw.} \quad \overline{\underline{\kappa}}^T = \overline{\underline{u}}_e^T \cdot \underline{B}_b^T \quad (4.58a)$$

$$\overline{\underline{\gamma}} = \underline{B}_s \cdot \overline{\underline{u}}_e \quad \text{bzw.} \quad \overline{\underline{\gamma}}^T = \overline{\underline{u}}_e^T \cdot \underline{B}_s^T \quad (4.58b)$$

Die innere virtuelle Arbeit wird von den wirklichen Momenten mit den virtuellen Krümmungen und von den wirklichen Querkräften mit den virtuellen Verschiebungen geleistet. Sie lautet nach (2.11c):

$$\overline{W}_i = \int \overline{\underline{\kappa}}^T \cdot \underline{m} \cdot dx\,dy + \int \overline{\underline{\gamma}}^T \cdot \underline{q} \cdot dx\,dy$$

4.6 Rechteckelement für Platten

Setzt man in diese Gleichung die virtuellen Krümmungen und Scherwinkel nach (4.58a,b) und die wirklichen Momente und Querkräfte nach (4.56a,b) ein, erhält man die virtuelle innere Arbeit zu:

$$\overline{W}_i = \int \underline{\overline{u}}_e^T \cdot \underline{B}_b^T \cdot \underline{D}_b \cdot \underline{B}_b \cdot \underline{u}_e \, dx\,dy + \int \underline{\overline{u}}_e^T \cdot \underline{B}_s^T \cdot \underline{D}_s \cdot \underline{B}_s \cdot \underline{u}_e \, dx\,dy$$

oder, da $\underline{u}_e$ und $\underline{u}_e^T$ unabhängig von x und y sind:

$$\overline{W}_i = \underline{\overline{u}}_e^T \cdot \left(\int \underline{B}_b^T \cdot \underline{D}_b \cdot \underline{B}_b \, dx\,dy + \int \underline{B}_s^T \cdot \underline{D}_s \cdot \underline{B}_s \, dx\,dy \right) \cdot \underline{u}_e . \tag{4.59}$$

Die äußere virtuelle Arbeit wird von den wirklichen Knotenkräften mit den virtuellen Knotenverschiebungen und von den wirklichen Knotenmomenten mit den virtuellen Knotendrehwinkeln geleistet. Die äußere Arbeit von Flächenlasten wird später berücksichtigt. Somit lautet die äußere virtuelle Arbeit:

$$\overline{W}_a = \begin{bmatrix} \overline{w}_1 & \overline{\varphi}_{x1} & \overline{\varphi}_{y1} & \overline{w}_2 & \overline{\varphi}_{x2} & \overline{\varphi}_{y2} & \overline{w}_3 & \overline{\varphi}_{x3} & \overline{\varphi}_{y3} & \overline{w}_4 & \overline{\varphi}_{x4} & \overline{\varphi}_{y4} \end{bmatrix} \cdot \begin{bmatrix} F_{z1} \\ M_{x1} \\ M_{y1} \\ F_{z2} \\ M_{x2} \\ M_{y2} \\ F_{z3} \\ M_{x3} \\ M_{y3} \\ F_{z4} \\ M_{x4} \\ M_{y4} \end{bmatrix}$$

$$\overline{W}_a = \underline{\overline{u}}_e^T \cdot \underline{F}_e \tag{4.60}$$

Aus der Gleichheit der inneren und äußeren virtuellen Arbeiten folgt:

$$\underline{\overline{u}}_e^T \cdot \left(\int \underline{B}_b^T \cdot \underline{D}_b \cdot \underline{B}_b \, dx\,dy + \int \underline{B}_s^T \cdot \underline{D}_s \cdot \underline{B}_s \, dx\,dy \right) \cdot \underline{u}_e = \underline{\overline{u}}_e^T \cdot \underline{F}_e$$

Da diese Gleichung für beliebige virtuelle Knotenverschiebungen $\underline{\overline{u}}_e^T$ gültig ist, folgt hieraus:

$$\left(\int \underline{B}_b^T \cdot \underline{D}_b \cdot \underline{B}_b \, dx\,dy + \int \underline{B}_s^T \cdot \underline{D}_s \cdot \underline{B}_s \, dx\,dy \right) \cdot \underline{u}_e = \underline{F}_e$$

oder

$$\underline{K}_e \cdot \underline{u}_e = \underline{F}_e \tag{4.61}$$

wobei

$$\underline{K}_e = \int \underline{B}_b^T \cdot \underline{D}_b \cdot \underline{B}_b \, dx\, dy + \int \underline{B}_s^T \cdot \underline{D}_s \cdot \underline{B}_s \, dx\, dy \tag{4.61a}$$

  | |
Biegung   *Schub*

die Steifigkeitsmatrix des Plattenelements ist. Sie setzt sich aus einem Anteil infolge Biegung und einem Anteil infolge Schub zusammen.

Führt man die Integration zur Ermittlung der Steifigkeitsmatrix nach (4.61a) exakt durch, was einer Gaußschen 2x2-Integration entspricht, so verhält sich das Element für dünne Platten extrem steif. Dieses Phänomen, das als 'Schubblockieren' ('Shear Locking') bezeichnet wird, wird dadurch verursacht, daß bei dünnen Platten aufgrund des Verschiebungsansatzes auch bei reiner Biegebeanspruchung die Schubverzerrungen nicht zu Null werden können. Wie bereits bei den Scheibenelementen erläutert, führt eine reduzierte numerische Integration nach Gauß zu 'weicheren' Elementen. Da das Plattenelement bei einer reduzierten 1x1-Integration aufgrund von Kinematiken unbrauchbar wird, integriert man die Biegungs- und Schubanteile der Steifigkeitsmatrix mit unterschiedlicher Ordnung. Man bezeichnet dies als selektive Integration. Hierbei werden nur die Schubanteile mit der (reduzierten) Ordnung 1x1 integriert, während man bei den Biegeanteilen die volle Integrationsordnung 2x2 ansetzt [4.20]. Für sehr dicke Platten, bei denen die Schubsteifigkeit von praktischer Bedeutung ist, wird in [4.20] eine demgegenüber nochmals modifizierte Integration vorgeschlagen.

Eine Reihe von exemplarischen Ergebnissen ist in [4.20] angegeben. Allerdings sind bei selektiver Integration Kinematiken beim oben beschriebenen Element nicht ausgeschlossen. Diese können bei bestimmten Lagerbedingungen und Belastungen auftreten und äußern sich als alternierende Verschiebungsverläufe, die dem korrekten Verschiebungsverlauf überlagert sind. Das Element ist daher in der beschriebenen einfachen Form nicht allgemein anwendbar. Es stellt aber den Ursprung für eine Reihe modifizierter 4-Knoten-Elemente dar, die kinematisch stabil sind.

4.6.5 Elementlasten

Die Elementlasten sind durch äquivalente Knotenlasten darzustellen. Diese leisten mit den virtuellen Verschiebungen dieselbe äußere virtuelle Arbeit wie die Elementlasten. Im folgenden wird der Fall einer konstanten Flächenlast $p_z(x,y)$ betrachtet. Auf das infinitesimale Flächenelement dx·dy wirkt somit die Kraft $p_z \, dx \, dy$. Die virtuelle Verschiebung $\overline{w}$ lautet nach (4.57) bzw. (4.54):

$$\overline{w} = N_1 \cdot \overline{w}_1 + N_2 \cdot \overline{w}_2 + N_3 \cdot \overline{w}_3 + N_4 \cdot \overline{w}_4 = \Sigma N_i \cdot \overline{w}_i \tag{4.63}$$

mit N_1-N_4 nach (4.27b-e). Damit erhält man die virtuelle Arbeit der Flächenlast durch Integration über die Fläche des Elements zu:

4.6 Rechteckelement für Platten

$$\overline{W}_{a,p} = \int \left(\sum_{i=1}^{4} N_i \cdot \overline{w}_i \right) \cdot p_z \cdot dx\,dy \qquad (4.64a)$$

Die virtuelle Arbeit der äquivalenten Knotenlasten mit den Knotenverschiebungen lautet:

$$\overline{W}_{a,F} = \sum_{i=1}^{n} F_{zL,i} \cdot \overline{w}_i \qquad (4.64b)$$

Durch das Gleichsetzen der virtuellen Arbeit der Knotenlasten und der virtuellen Arbeit der Flächenlast erhält man:

$$\sum_{i=1}^{4} F_{zL,i} \cdot \overline{w}_i = \sum_{i=1}^{4} \int N_i \cdot p_z \, dx\,dy \cdot \overline{w}_i$$

Da diese Gleichung für beliebige virtuelle Knotenverschiebungen gelten muß, folgt hieraus, daß die Summanden auf beiden Seiten der Gleichung gleich sind. Die äquivalenten Knotenlasten einer beliebigen Flächenlast erhält man somit zu:

$$F_{zL,i} = \int N_i \cdot p_z \, dx\,dy \qquad (4.65)$$

Konstante Flächenlast

Für eine konstante Flächenlast p_z erhält man nach Durchführung der Integration (Bild 4-39):

$$F_{zL,i} = \frac{1}{4} a \cdot b \cdot p_z \qquad (4.65a)$$

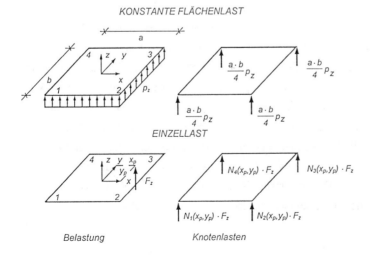

Bild 4-39 Elementlasten und äquivalente Knotenlasten beim Plattenelement

Einzellast

Bei einer Einzellast F_z erhält man mit (4.65) die äquivalenten Knotenlasten zu (Bild 4-39):

$$F_{zL,i} = N_i(x_p, y_p) \cdot F_z \qquad (4.65b)$$

Die Formfunktionen N_i nach (4.27b-e) sind hierbei an der Stelle $x=x_p$ und $y=y_p$ einzusetzen.

4.7 Finite Elemente für Platten

4.7.1 Schubweiche Plattenelemente mit Verschiebungsansatz

Schubweiche Plattenelemente wurden mit dem Ziel entwickelt, die Konsistenz mit der klassischen Theorie der stetigen Ansatzfunktionen auch bei Plattenelementen beizubehalten und bei dicken Platten Schubdeformationen zu berücksichtigen. Sie werden auch als Mindlinsche Elemente bezeichnet. Eine rege Entwicklung schubweicher Plattenelemente fand in den siebziger und achtziger Jahren statt. Im Vergleich zu den ebenfalls vielfach eingesetzten hybriden Plattenelementen ist ihre Formulierung einfacher, so daß ihre Elementsteifigkeitsmatrizen vom Computerprogramm schneller berechnet und einfacher in Finite-Element-Programme implementiert werden können. Ihre Herleitung erfordert jedoch die Berücksichtigung besonderer Eigenarten, die bei klassischen Finiten Elementen mit Verschiebungsansatz nicht auftreten.

Schubweiches Viereck-Plattenelement

Ein einfaches Rechteckelement für schubweiche Platten wurde im vorigen Abschnitt hergeleitet. Dieses Element läßt sich leicht für allgemeine Vierecke sowie für Dreiecke erweitern [4.14, 4.20], (Bild 4-40). Das Elementverhalten dieses einfachen Elements ist aber nicht zufriedenstellend, da es Kinematiken aufweist. Zur Stabilisierung des Elements wurde eine Reihe von Verfahren entwickelt. Eine Möglichkeit ist die Einführung eines Korrekturfaktors für den Schubanteil der Steifigkeitsmatrix in Verbindung mit einer Zwangsbedingung für den Verlauf der Scherverzerrungen auf den Elementrändern [4.21]. Eine andere Möglichkeit besteht in der Wahl spezieller Ansatzfunktionen für Scherverzerrungen [4.22]. Es wurden auch schubweiche Elemente entwickelt, die bei dünnen Platten in das DKT-Element (s.u.) übergehen [4.23]. Die so stabilisierten Elemente werden in verschiedenen kommerziellen Finite-Element-Programmen eingesetzt [4.24].

4.7 Finite Elemente für Platten

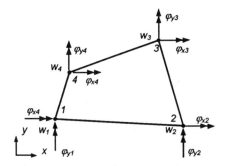

Bild 4-40 Allgemeines Viereckelement für Platten

Isoparametrische und Lagrange-Elemente

Für Platten können wie für Scheiben auch isoparametrische Elemente und Lagrange-Elemente mit quadratischen und kubischen Ansatzfunktionen (vgl. Abschnitt 4.5.2) hergeleitet werden. Eine Parameterstudie in [4.10] zeigt, daß aufgrund des Schubblockierens bzw. des Auftretens unerwünschter Kinematiken nur das 16-Knoten-Lagrange-Element mit voller Integration als allgemein einsetzbares Plattenelement geeignet ist. Kinematisch stabile Elemente lassen sich auch durch die Wahl unterschiedlicher Ansatzfunktionen für die Drehwinkel und die Verschiebungen entwickeln [4.25]. In der Praxis werden diese Elementformulierungen bisher kaum eingesetzt.

DKT- und DKQ-Elemente

Bei der diskreten Kirchhoffschen Theorie geht man davon aus, daß Schubverzerrungen bei dünnen Platten sehr klein sind und damit vernachlässigt werden können. Man vernachlässigt somit in (4.61a) den Schubanteil und ermittelt die Steifigkeitsmatrix zu:

$$\underline{K}_e = \int \underline{B}_{DKT}^T \cdot \underline{D}_b \cdot \underline{B}_{DKT} \, dx\, dy \, . \tag{4.66}$$

Zur Formulierung der Matrix $\underline{B}_{DKT}$ werden für die Drehwinkel φ_x und φ_y höhere Ansatzfunktionen als nach (4.54) gewählt. Für die dadurch zusätzlich erforderlichen Gleichungen wird die Bedingung eingeführt, daß die Schubverzerrungen an bestimmten (diskreten) Punkten im Element wie bei der Kirchhoffschen Plattentheorie Null werden. Es handelt es sich also hierbei um Elemente für schubstarre Platten. Finite Dreieckelemente mit einem quadratischen Ansatz und Viereckelemente mit einem unvollständigen kubischen Ansatz für die Drehwinkel sowie der Bedingung, daß die Schubverzerrungen entlang des Randes zu Null werden, sind in [4.26, 4.28] angegeben. Die Elemente werden auch als DKT- bzw. DKQ-

Elemente ('Discrete Kirchhoff Triangle' bzw. 'Discrete Kirchhoff Quadrilateral') bezeichnet. Sie sind in eine Reihe kommerzieller Finite-Element-Programme implementiert [4.24].

4.7.2 Schubstarre Plattenelemente mit Verschiebungsansatz

Die ersten praktisch eingesetzten Plattenelemente beruhten auf der Kirchhoffschen Plattentheorie für schubstarre Platten. Für konforme Plattenelemente wird gefordert, daß sowohl die Durchbiegungen als auch die Drehwinkel an den Elementgrenzen benachbarter Elemente übereinstimmen. Die Drehwinkel ergeben sich aber nach der Kirchhoffschen Plattentheorie unmittelbar aus der Funktion der Durchbiegung $w(x,y)$ durch Differenzieren. Dies bedeutet für die Ansatzfunktionen, daß nicht nur die Durchbiegung $w(x,y)$, sondern auch deren erste Ableitung normal zur Elementgrenze zwischen benachbarten Elementen übereinstimmen muß. Bei der Herleitung von Finiten Elementen ist diese Forderung nur dann zu erfüllen, wenn man andere Nachteile in Kauf nimmt. Daher verwendet man bei dieser Elementgruppe häufig nichtkonforme Elemente, bei denen zwar die Durchbiegungen, nicht aber die Drehwinkel an der Grenze benachbarter Elemente übereinstimmen.

Konformes Rechteckelement mit bikubischem Verschiebungsansatz

Beim konformen Rechteckelement mit bikubischem Verschiebungsansatz [4.5, 4.9] treten als Freiheitsgrade an den Knoten neben der Durchbiegung w und den beiden Drehwinkeln $\varphi_x = \partial w/\partial x$ und $\varphi_y = \partial w/\partial y$ auch der Freiheitsgrad $\varphi_{xy} = \partial w^2/\partial x \partial y$ auf. Das Element besitzt somit 16 Freiheitgrade (Bild 4-41). Die Ansatzfunktion lautet:

$$w(x,y) = \alpha_1 + \alpha_2 x + \alpha_3 y + \alpha_4 x^2 + \alpha_5 xy + \alpha_6 y^2 + \alpha_7 x^3 + \alpha_8 x^2 y$$
$$+ \alpha_9 xy^2 + \alpha_{10} y^3 + \alpha_{11} xy^3 + \alpha_{12} x^3 y + \alpha_{13} x^2 y^2 + \alpha_{14} x^2 y^3$$
$$+ \alpha_{15} x^3 y^2 + \alpha_{16} x^3 y^3 \tag{4.67a}$$

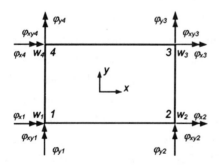

Bild 4-41 Konformes Rechteckelement mit bikubischem Verschiebungsansatz

4.7 Finite Elemente für Platten

Die Parameter α_1-α_{16} lassen sich wiederum durch die 16 Knotenfreiheitsgrade ausdrücken. Die Steifigkeitsmatrix läßt sich explizit angeben [4.9]. Das Element wird jedoch nur selten verwendet, da es nur als reines Rechteck, nicht aber als allgemeines Viereck vorliegt und der zusätzliche Freiheitsgrad $\varphi_{xy} = \partial w^2/\partial x \partial y$ störend wirkt.

Nichtkonformes Rechteckelement mit 12 Freiheitsgraden

Ein Rechteckelement mit einem Verschiebungs- und zwei Verdrehungsfreiheitsgraden je Knoten läßt sich mit folgendem Verschiebungsansatz herleiten:

$$w(x,y) = \alpha_1 + \alpha_2 x + \alpha_3 y + \alpha_4 x^2 + \alpha_5 xy + \alpha_6 y^2 + \alpha_7 x^3 + \alpha_8 x^2 y + \alpha_9 xy^2$$
$$+ \alpha_{10} y^3 + \alpha_{11} xy^3 + \alpha_{12} x^3 y \tag{4.67b}$$

Diese Ansatzfunktion erfüllt zwar die Stetigkeitsbedingung für die Verschiebungen an den Rändern benachbarter Elemente, die Gleichheit der Drehwinkel ist aber nicht mehr gegeben. Es handelt sich also um ein nichtkonformes Element. Die Ermittlung der Steifigkeitsmatrix ist in [4.5, 4.29] angegeben. Eine Erweiterung auf allgemeine Viereckform ist nicht möglich.

Dreieckelemente

Für schubstarre Platten wurde eine Reihe von Dreieckelementen entwickelt, die sich durch Art und Anzahl der Freiheitsgrade unterscheiden. Die grundsätzliche Problematik bei der Herleitung von schubstarren Dreieckelementen besteht darin, daß bei drei Freiheitsgraden (die Durchbiegung und zwei Verdrehungen) je Knoten nur ein 9-parametriger Verschiebungsansatz gewählt werden kann. Da der vollständige Ausdruck dritter Ordnung 10 Parameter enthält, muß entweder ein Term weggelassen werden, oder es müssen zusätzliche Freiheitsgrade eingeführt werden. Eine Übersicht über die in diesem Sinne entwickelten Elemente gibt [4.10]. Ein klassisches Dreieckelement ist das kompatible Element nach [4.30]. Es enthält mehrere zusätzliche innere Freiheitsgrade, die vorab aus der Steifigkeitsmatrix eliminiert werden. Das Element enthält damit wiederum nur neun Freiheitsgrade (Bild 4-42).

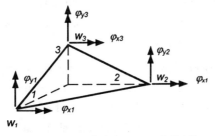

Bild 4-42 Schubstarres Dreieckelement nach [4.30]

Schubstarre Viereckelemente

Da sich allgemeine Viereckelemente auf der Grundlage der Kirchhoffschen Plattentheorie nicht direkt herleiten lassen, setzt man sie häufig aus mehreren Dreiecken zusammen. Zwei Beispiele hierzu sind in Bild 4-43 dargestellt. Das Viereckelement nach Bild 4-43a besteht aus vier Dreieckelementen, [4.31]. Jedoch werden alle inneren Freiheitsgrade auf Elementebene eliminiert, so daß das Element vier Knoten mit jeweils drei Freiheitsgraden besitzt. Das Viereckelement nach Bild 4-43b wird ebenfalls aus Dreieckelementen zusammengesetzt, [4.32]. Um den Einfluß der Diagonalneigung zu eliminieren, wird das Viereck zunächst an der einen, dann an der anderen Diagonale in zwei Dreieckelemente geteilt und die Steifigkeit aus beiden Unterteilungen gemittelt.

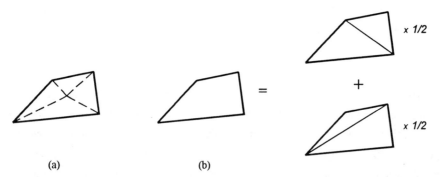

(a)　　　　　　　　(b)

Bild 4-43　Schubstarre Viereckelemente durch Zusammensetzung von Dreieckelementen

4.7.3 Hybride Plattenelemente

Aufgrund der Schwierigkeiten bei der Entwicklung konformer Kirchhoffscher Plattenelemente wurden in den sechziger Jahren hybride Elemente für Platten entwickelt [4.33]. Diese basieren meist auf der Kirchhoffschen Plattentheorie. Es existieren aber auch Formulierungen für schubweiche hybride Plattenelemente [4.33].

Bei den schubstarren Elementen werden die Biegemomente m_x, m_y und das Drillmoment m_{xy} im Elementinnern durch Ansatzfunktionen angenähert. Auf den Rändern des Elements wählt man Ansatzfunktionen für die Durchbiegung w und die Drehwinkel φ_x und φ_y. Hierbei sind grundsätzlich wiederum unterschiedliche Kombinationen von Randverschiebungsansätzen und Spannungsansätzen möglich.

4.7 Finite Elemente für Platten

Schubstarres Viereck-Plattenelement

Das Element besitzt vier Knoten mit jeweils drei Freiheitsgraden (Bild 4-40). Bei diesem klassischen Finiten Plattenelement werden die Randverschiebungen als Parabeln dritter Ordnung angesetzt [4.33]. Die Drehwinkel mit einer Rotationsachse senkrecht zum Rand ergeben sich damit als Parabeln zweiter Ordnung. Dieser Verschiebungsansatz entspricht der Biegelinie eines Balkens (ohne Streckenlast). Drehwinkel mit einer Rotationsachse in Richtung des Randes werden als lineare Funktion angesetzt.

Für die Biege- und Drillmomente werden quadratische Ansatzfunktionen mit 17 Spannungsparametern gewählt:

$$\begin{bmatrix} m_x \\ m_y \\ m_{xy} \\ q_x \\ q_y \end{bmatrix} = \begin{bmatrix} 1 & 0 & 0 & x & y & 0 & 0 & 0 & 0 & x^2 & xy & y^2 & 0 & 0 & 0 & 0 & 0 \\ 0 & 1 & 0 & 0 & 0 & x & y & 0 & 0 & 0 & 0 & 0 & x^2 & xy & y^2 & 0 & 0 \\ 0 & 0 & 1 & 0 & 0 & 0 & 0 & x & y & -xy & 0 & 0 & 0 & 0 & -xy & x^2 & y^2 \\ 0 & 0 & 0 & 1 & 0 & 0 & 0 & 0 & 1 & x & y & 0 & 0 & 0 & -x & 0 & 2y \\ 0 & 0 & 0 & 0 & 0 & 0 & 1 & 1 & 0 & -y & 0 & 0 & 0 & x & y & 2x & 0 \end{bmatrix} \cdot \begin{bmatrix} \beta_1 \\ \beta_2 \\ \beta_3 \\ \beta_4 \\ \beta_5 \\ \beta_6 \\ \beta_7 \\ \beta_8 \\ \beta_9 \\ \beta_{10} \\ \beta_{11} \\ \beta_{12} \\ \beta_{13} \\ \beta_{14} \\ \beta_{15} \\ \beta_{16} \\ \beta_{17} \end{bmatrix}$$

(4.70)

Eine Erweiterung des Elements für elastisch gebettete Platten sowie eine Reihe von Parameterstudien sind in [4.18] enthalten.

4.7.4 Beispiel

Die verfügbaren Plattenelemente wurden, wie die vorangegangenen Abschnitte zeigen, auf sehr unterschiedlichen Wegen hergeleitet. Die Anforderungen an ein Plattenelement sind Effizienz und Genauigkeit auch bei verzerrten Elementformen. Im folgenden Beispiel werden mehrere Plattenelemente miteinander verglichen.

Beispiel 4.9

Für die in Bild 4-44 dargestellte quadratische Platte sind die Durchbiegung w_m und das Biegemoment m_x in Plattenmitte sowie die Querkraft q_{rm} in Randmitte mit folgenden Elementenarten berechnet:

a) V_SW - Schubweiches Viereckelement mit Verschiebungsansatz nach [4.34], [P1]

b) V_SS - Schubstarres Rechteckelement mit Verschiebungsansatz nach [4.29], [P3]

c) HYB - Schubstarres hybrides Viereckelement mit quadratischem Spannungs- und kubischem Verschiebungsansatz nach [4.18], [P2]

Die Untersuchungen werden für eine Gleichlast sowie eine in Plattenmitte wirkende Einzellast durchgeführt. Für die Gleichlast liegt zum Vergleich die analytische Lösung der schubstarren Platte nach [4.35] vor. Um den Einfluß der Regelmäßigkeit des Netzes zu überprüfen, werden auch zwei unregelmäßige Netzformen untersucht (Bild 4-44).

Die Ergebnisse für die regelmäßige Netzeinteilung sind in Tabelle 4-8 zusammengestellt. Im Bereich praktisch sinnvoller Netzeinteilungen mit 4x4- und 8x8-Elementen ist die gute Übereinstimmung der Ergebnisse des schubweichen Elements V_SW, des schubstarren Rechteckelements V_SS und des hybriden Elements HYB erstaunlich, da die Elemente auf sehr unterschiedlichen theoretischen Grundlagen beruhen. Dies gilt für das Plattenmoment bei Gleichlast und die Durchbiegungen in beiden Lastfällen. Unter der Einzellast tritt in der Momentenlinie eine Singularität auf, so daß an dieser Stelle die mit der Finite-Element-Methode erhaltenen Werte nicht aussagekräftig sind. Man sieht, daß das Moment in Feldmitte unter der Einzellast mit zunehmender Netzverfeinerung kontinuierlich anwächst, während alle übrigen Werte konvergieren. Bemerkenswert sind der große Unterschied in den Querkräften beider Finite-Elementarten und die langsame Konvergenz der Querkräfte beim schubweichen Element mit Verschiebungsansatz. Die Ursache liegt darin, daß vom hybriden Element ein linearer Verlauf der Querkräfte in x- und y-Richtung wiedergegeben werden kann, während dies beim Element nach [4.21] nicht der Fall ist. Die Ergebnisse für die schubstarre und die schubweiche Platte unterscheiden sich erwartungsgemäß nur unwesentlich. Die Durchbiegungen sind bei der schubweichen Platte wegen des Schubanteils geringfügig höher. Das 32x32-Finite-Element-Netz führt zu einer sehr guten Übereinstimmung mit der analytischen Lösung.

4.7 Finite Elemente für Platten

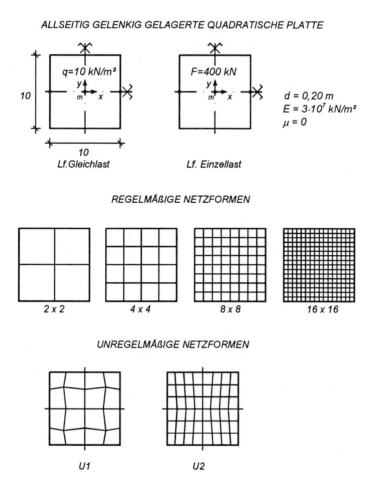

Bild 4-44 Quadratische Platte mit verschiedenen Finite-Element-Diskretisierungen

Bei unregelmäßigen Netzen sind die Fehler der Ergebnisse größer als bei regelmäßigen Netzen. Die Unterschiede zu der vergleichbaren regelmäßigen Elementierung sind aber bei Biegemomenten und Durchbiegungen gering. Es fällt allerdings auf, daß beim hybriden Element die Genauigkeit der Querkräfte gegenüber der regelmäßigen Elementierung deutlich abnimmt.

Der Vergleich dreier Elemente mit sehr unterschiedlicher theoretischer Grundlage an einem einfachen Beispiel zeigt, daß bei den Momenten und Durchbiegungen eine durchaus vergleichbare Genauigkeit erwartet werden kann. In Problembereichen, wie bei der Querkraftermittlung, bei Singularitätenstellen der Schnittgrößen, zu grober Elementierung oder bei stark verzerrten Elementformen treten aber deutliche Unterschiede auf.

		$q = 10$ kN/m²			$F = 400$ kN			Anzahl Gl.'en
		w_m [cm]	m_{xm} [kNm/m]	q_{xrm} [kN/m]	w_m [cm]	m_{xm} [kNm/m]	q_{xrm} [kN/m]	
Analytisch	[4.35]	2.03	36.76	33.78	-	∞	-	-
FEM 2x2	V_SW	1.46	22.40	15.50	2.30	35.80	24.80	19
	V_SS	2.51	56.50	-	2.68	71.43	-	
	HYB	1.43	36.70	33.86	2.29	72.61	32.58	
FEM 4x4	V_SW	1.88	34.00	49.0	2.15	42.60	50.90	59
	V_SS	2.13	39.60	-	2.43	89.50	-	
	HYB	1.82	34.33	29.33	2.28	88.93	19.83	
FEM 8x8	V_SW	2.02	36.80	49.7	2.29	63.90	42.80	211
	V_SS	2.06	37.50	-	2.35	111.50	-	
	HYB	1.93	36.39	31.07	2.31	111.17	17.67	
FEM 16x16	V_SW	2.05	37.10	43.70	2.33	85.90	31.30	803
	V_SS	2.04	36.70	-	2.33	133.6	-	
	HYB	2.02	36.69	32.30	2.32	133.24	16.93	
FEM 32x32	V_SW	2.06	37.30	37.60	2.35	108.20	22.60	3139
	V_SS	-	-	-	-	-	-	
	HYB	2.03	36.80	33.01	2.32	155.30	16.75	

Tabelle 4-8 Schnittgrößen und Mittendurchbiegung bei gleichmäßigem Netz

		$q = 10$ kN/m²			$F = 400$ kN		
		w_m [cm]	m_{xm} / m_{ym} [kNm/m]	q_{xrm} [kN/m]	w_m [cm]	m_{xm} / m_{ym} [kNm/m]	q_{xrm} [kN/m]
Analytisch [4.35, 4.36]		2.03	36.76	33.78	2.32	∞	-
FEM U1	V_SW	1.63	33.30	45.70	1.92	40.40	43.00
	HYB	1.71	39.43	17.08	2.27	87.85	18.03
FEM_U2	V_SW	2.04	39.60 / 37.20	42.00	2.30	91.1 / 64.2	22.10
	HYB	2.00	38.60 / 36.70	25.70	2.34	127.12 / 102.64	22.10

Tabelle 4-9 Schnittgrößen und Mittendurchbiegung bei ungleichmäßigem Netz

4.8 Finite Elemente für Schalen

4.8.1 Ebene Schalenelemente

Die Tragwirkung einer Schale besteht in der Membran- und der Biegewirkung. Ebene Finite Schalenelemente lassen sich daher aus Scheibenelementen für die Membranwirkung und Plattenelementen für die Biegung zusammensetzen. Die so erhaltenen Schalenelemente kann man zur Modellierung von Faltwerken einsetzen. Auch beliebig gekrümmte Schalen können durch ebene Elemente gut angenähert werden (Bild 4-45). Einfach gekrümmte Schalen können mit Dreieck- oder Rechteckelementen modelliert werden, während zweifach gekrümmte Schalen bei einer komplizierten Geometrie u.U. nur mit Dreieckelementen abgebildet werden können.

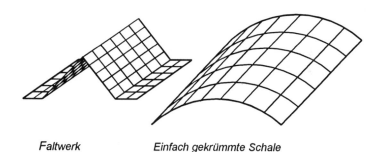

Faltwerk   *Einfach gekrümmte Schale*

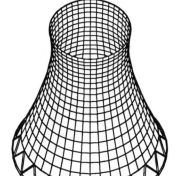

Zweifach gekrümmte Schale

Bild 4-45 Modellierung mit ebenen Schalenelementen

Ein aus einem Platten- und Scheibenelement gebildetes Schalenelement besitzt in der Regel fünf lokale Freiheitsgrade (Bild 4-46). Der sechste lokale Freiheitsgrad, die Rotation um eine Achse senkrecht zum Element, besitzt damit keine Steifigkeit. Eine Ausnahme hiervon bildet das in Abschnitt 4.5.4 erwähnte hybride Scheibenelement mit Verdrehungsfreiheitsgraden, das auch über eine Rotationssteifigkeit verfügt. Bei allen anderen Elementen sind besondere Maßnahmen erforderlich, um Kinematiken, die durch die fehlende Steifigkeit entstehen können, zu vermeiden. Besonders einfach ist der Fall eines orthogonalen Faltwerks, dessen Teilflächen parallel zur x-y-, y-z- oder x-z-Ebene liegen (Bild 4-47). Hier sind in den

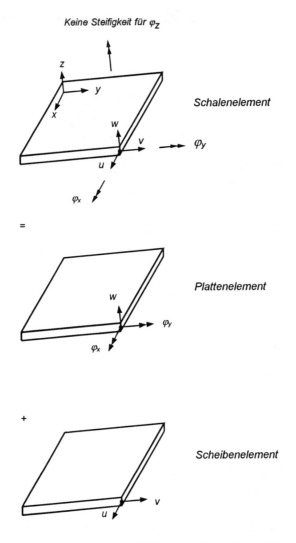

Bild 4-46 Zusammensetzen eines ebenen Schalenelements aus einem Platten- und einem Scheibenelement

4.8 Finite Elemente für Schalen

Teilflächen alle Drehungen um die Achse senkrecht zur jeweiligen Fläche festzuhalten, um Singularitäten in der Systemsteifigkeitsmatrix zu vermeiden. An den gemeinsamen Kanten von Teilflächen müssen die entsprechenden Freiheitsgrade frei beweglich belassen werden, damit die Biegebeanspruchung des Nachbarelements nicht durch eine Einspannung behindert wird.

Bei allgemeinen Schalentragwerken sind sechs Freiheitsgrade je Knotenpunkt erforderlich. Die fehlende Steifigkeit von Schalenelementen bezügliche einer Rotation um die Achse senkrecht zum Element kann Kinematiken bzw. Singularitäten der Systemsteifigkeitsmatrix zur Folge haben. Um diese zu vermeiden, führt man eine künstliche Drehfeder für die Rotation um die Achse senkrecht zum Element an allen Knotenpunkten des Elements ein (Bild 4-48). Deren Federkonstante muß so klein gewählt werden, daß sie die Schnittgrößen und Verformungen des Tragwerks praktisch nicht beeinflußt. Beispielsweise kann man sie zu 1/10000 des kleinsten Diagonalterms der Steifigkeitsmatrix des Platten- und Scheibenelements wählen oder sie an die Rechengenauigkeit des Computers anpassen. Die Federkonstante muß aber auch so groß sein, daß mögliche Singularitäten der Systemsteifigkeitsmatrix verhindert werden und somit eine fehlerfreie Lösung des Gleichungssystems möglich ist.

Als Elementarten werden in kommerziellen Programmen sowohl auf einem Verschiebungsansatz basierende Schalenelemente als auch hybride Schalenelemente eingesetzt.

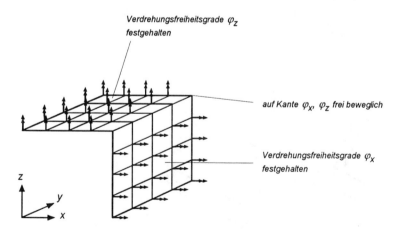

Bild 4-47 Festhaltung von Freiheitsgraden bei Faltwerken mit orthogonalen Teilflächen und Finiten Schalenelementen mit fünf Freiheitsgraden je Knotenpunkt

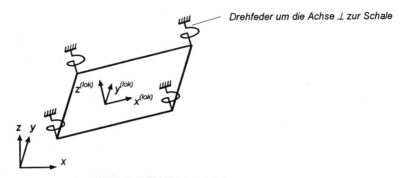

Bild 4-48 Künstliche Drehfedern bei ebenen Schalenelementen mit fünf Freiheitsgraden je Knotenpunkt

4.8.2 Gekrümmte Schalenelemente als spezielle Volumenelemente

Schalenelemente können grundsätzlich auch aus Volumenelementen hergeleitet werden [4.7]. Hierzu führt man in die Bedingung ein, daß senkrecht zu Plattenebene liegende Schnittlinien gerade bleiben (Bernoulli-Hypothese) und keine Dehnung erfahren. Mit dieser Bedingung können die Freiheitsgrade der Knotenverschiebungen durch diejenigen der Verschiebungen und Verdrehungen der Schalenmittelfläche ausgedrückt werden. Die Elemente weisen dieselben Eigenschaften wie die Plattenelemente nach der Theorie der schubweichen Platte auf. Dies bedeutet, daß derartige Schalenelemente auch eine Strategie zur Behandlung des Schubblockierens enthalten müssen. Sie können im Rahmen der isoparametrischen Geometriebeschreibung auch gekrümmt sein.

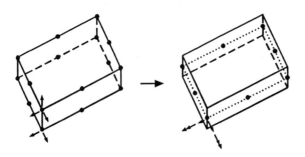

Bild 4-49 Schalenelemente als spezielle Volumenelemente

4.8.3 Rotationssymmetrische Schalenelemente

Ein praktisch wichtiger Sonderfall sind rotationssymmetrische Schalen. Deren Berechnung kann unter Ausnutzung der Symmetrie mit erheblich weniger Rechenaufwand als bei einer vollen dreidimensionalen Finite-Element-Diskretisierung der Schale erfolgen [4.5, 4.6].

Wenn die Belastung nicht rotationssymmetrisch ist, muß sie zunächst in eine Fourier-Reihe (vgl.[1.1]) entwickelt werden. Man erhält für die Radial-, Vertikal- und Tangentialanteile der Flächenlast:

$$p_r = \sum_n p_{r,n}^{sym} \cdot cos(n \cdot \theta) + \sum_n p_{r,n}^{ant} \cdot sin(n \cdot \theta) \qquad (4.71a)$$

$$p_z = \sum_n p_{z,n}^{sym} \cdot cos(n \cdot \theta) + \sum_n p_{z,n}^{ant} \cdot sin(n \cdot \theta) \qquad (4.71b)$$

$$p_\theta = -\sum_n p_{\theta,n}^{sym} \cdot sin(n \cdot \theta) + \sum_n p_{\theta,n}^{ant} \cdot cos(n \cdot \theta) \qquad (4.71c)$$

mit $n = 0, 1, 2$ u.s.w..

Die symmetrischen und antimetrischen Lastanteile erhält man mit Hilfe der Eulerschen Formeln [1.1], z.B. für die Lastkomponente p_r zu:

$$p_{r,o}^{sym} = \frac{1}{2\pi} \int_0^{2\pi} p_r \cdot d\theta \qquad \text{für } n = 0 \qquad (4.72a)$$

$$p_{r,n}^{sym} = \frac{1}{\pi} \int_0^{2\pi} p_r \cdot cos(n \cdot \theta)\, d\theta \qquad \text{für } n = 1,2,... \qquad (4.72b)$$

$$p_{r,n}^{ant} = \frac{1}{\pi} \int_0^{2\pi} p_r \cdot sin(n \cdot \theta)\, d\theta \qquad \text{für } n = 0,1,... \qquad (4.72c)$$

Bild 4-50 zeigt die niedrigsten Fourier-Terme einer Radiallast. Im Sonderfall einer symmetrischen Belastung wird die Last vollständig durch die Terme für $n=0$ dargestellt, d.h., alle übrigen Fourier-Terme sind Null und die Summierung in (4.71) entfällt.

Alle Zustandsgrößen werden in Zylinderkoordinaten durch eine Fourierreihe dargestellt. Die Verschiebungen eines rotationssymmetrischen Finiten Elements lauten also:

$$u_r = \sum_n u_{r,n}^{sym} \cdot cos(n \cdot \theta) + \sum_n u_{r,n}^{ant} \cdot sin(n \cdot \theta) \qquad (4.73a)$$

$$u_z = \sum_n u_{z,n}^{sym} \cdot cos(n \cdot \theta) + \sum_n u_{z,n}^{ant} \cdot sin(n \cdot \theta) \qquad (4.73b)$$

$$u_\theta = -\sum_n u_{\theta,n}^{sym} \cdot sin(n \cdot \theta) + \sum_n u_{\theta,n}^{ant} \cdot cos(n \cdot \theta) \qquad (4.73c)$$

mit $n = 0, 1, 2$ u.s.w. Die Drehwinkel lassen sich ebenso in eine Fourier-Reihe zerlegen.

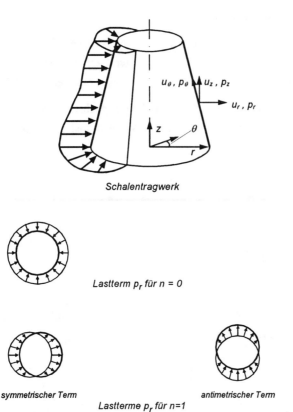

Bild 4-50 Rotationssymmetrische Schale unter nicht-rotationssymmetrischer Belastung

Die Fourier-Terme der Verschiebungen $u_{r,n}^{sym}$, $u_{z,n}^{sym}$, $u_{\theta,n}^{sym}$ und $u_{r,n}^{ant}$, $u_{z,n}^{ant}$, $u_{\theta,n}^{ant}$ hängen ebenso wie die entsprechenden Fourier-Terme der Lasten nur von den beiden Koordinaten r und z, d.h. nicht von θ ab. Die Verschiebungsansätze beziehen sich demnach bei rotationssymmetrischen Finiten Elementen ausschließlich auf die Koordinaten r und z, während die θ-Richtung durch die Fourier-Entwicklung entfällt. Auch alle übrigen Zustandsgrößen, wie Verzerrungsgrößen und Schnittgrößen, werden als Fourier-Reihe dargestellt. Man kann nun zeigen, daß sich aufgrund der Orthogonalitätsbeziehungen der trigonometrischen Funktionen

$$\int_0^{2\pi} \sin(n\cdot\theta)\cdot\sin(m\cdot\theta)\,d\theta = 0 \quad \text{für } n \neq m \tag{4.74a}$$

$$\int_0^{2\pi} \cos(n\cdot\theta)\cdot\cos(m\cdot\theta)\,d\theta = 0 \quad \text{für } n \neq m \tag{4.74b}$$

$$\int_0^{2\pi} \sin(n\cdot\theta)\cdot\cos(m\cdot\theta)\,d\theta = 0 \qquad \textit{für alle } n, m \tag{4.74c}$$

die Zustandsgrößen der einzelnen Fourier-Terme entkoppeln lassen. Leitet man hiermit die Steifigkeitsbeziehungen der Finiten Elemente her, so erhält man für jeden Fourier-Term n ein Gleichungssystem für den symmetrischen und ein Gleichungssystem für den antimetrischen Verschiebungszustand. Auf der rechten Seite der Gleichungen stehen die Fourier-Terme der Lasten. Nachdem die Lösungen dieser Gleichungssysteme ermittelt wurden, müssen sie mit einer Fourier-Synthese zusammengesetzt werden. Für die Verschiebungen geschieht dies z.B. mit Hilfe von (4.73a-c). Die Fourier-Terme der Verzerrungs- und Schnittgrößen werden aus den Fourier-Termen der Verschiebungsgrößen ermittelt und ebenfalls mit einer Fourier-Synthese zusammengesetzt.

Berechnung mit rotationssymmetrischen Finiten Elementen bei unsymmetrischer Belastung

1. *Zerlegung der Lasten in Fourier-Terme*
2. *Lösung der Gleichungssysteme und Ermittlung der Schnittgrößen für alle betrachteten Fourier-Terme*
3. *Zusammensetzung der Verschiebungs- und Schnittgrößen aus den entsprechenden Fourier-Termen*

Die verwendeten Finiten Elemente sind in der r-z-Ebene geradlinig. Grundsätzlich ist es aber auch möglich, gekrümmte Elemente zu entwickeln.

Durch die Fourier-Zerlegung wird das ursprünglich dreidimensionale Problem auf mehrere zweidimensionale Probleme zurückgeführt. Die Anzahl der zu lösenden zweidimensionalen Probleme ist direkt proportional zur Anzahl der erforderlichen Fourier-Terme. Das Verfahren ist daher besonders bei rotationssymmetrischer Belastung effizient, da dann nur ein einziger Fourier-Term zu berücksichtigen ist und aufgrund der Symmetrie bestimmte Zustandsgrößen (z.B. u_θ) entfallen. Hierfür wurden auch spezielle Schalenelemente entwickelt (Bild 4-51). Das Verfahren ist auch noch effizient, wenn die Last durch wenige Fourier-Terme dargestellt werden kann, wie z.B. bei einer Windlast. Hingegen kann es ineffizient werden, wenn viele Fourier-Terme verwendet werden müssen, wie z.B. bei einer Einzellast.

In der Praxis hat der Einsatz rotationssymmetrischer Elemente aufgrund der gestiegenen Computerleistung, die auch die Berechnung allgemeiner 3D-Schalenmodelle ermöglicht, und wegen ihres speziellen Einsatzbereichs an Bedeutung verloren.

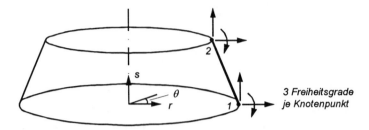

Bild 4-51 Achsensymmetrisches Schalenelement für achsensymmetrische Belastung

4.9 Modellbildung von Bauteilen

4.9.1 Tragwerksmodelle

Die Idealisierung eines Tragwerks bei einer statischen Berechnung erfolgt in zwei Schritten. Im ersten Schritt wird das wirkliche Tragwerk in ein mit den Methoden der Statik berechenbares Tragwerksmodell überführt. Bei Stabwerken bezeichnet man das Tragwerksmodell auch als statisches System. Im zweiten Schritt wird für dieses Tragwerksmodell ein Berechnungsmodell festgelegt und mit einem geeigneten Berechnungsverfahren statisch untersucht.

Dieser Vorgang sei am Beispiel einer Flachdecke erläutert (Bild 4-52). Die Idealisierung der Bauteile 'Stütze' und 'Decke' als ein der Berechnung zugängliches Tragwerksmodell ist nicht eindeutig. So sind etwa - unter Beschränkung auf lineare Modelle - folgende Tragwerksmodelle denkbar:

- Modellierung von Decke und Stütze als dreidimensionales Kontinuum,
- schubstarre oder schubweiche Platte mit elastischer, flächenhafter Stützung,
- schubstarre oder schubweiche Platte mit elastischer oder starrer Punktstützung.

Für die Berechnung dieser Tragwerke kommen unterschiedliche Verfahren, die bestimmte Berechnungsmodelle erfordern, in Frage, wie beispielsweise

- die Finite-Element-Methode,
- die Finite-Differenzen-Methode,
- die Randelementmethode und
- analytische Verfahren, die auf Reihenentwicklungen beruhen.

Eine Übereinstimmung der Ergebnisse unterschiedlicher Berechnungsverfahren kann natürlich nur dann erwartet werden, wenn die zugrunde liegenden Tragwerksmodelle übereinstimmen.

4.9 Modellbildung von Bauteilen

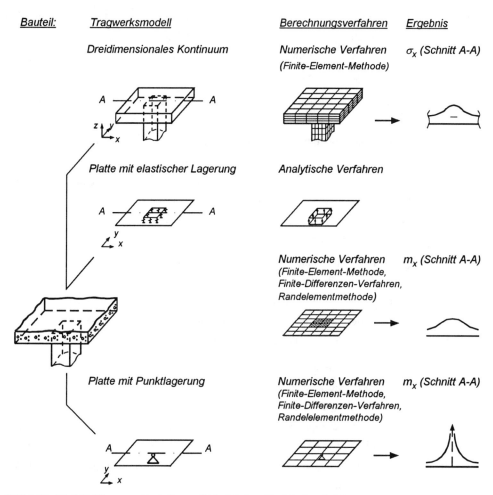

Bild 4-52 Modellbildung von Bauteilen am Beispiel einer Flachdecke mit Stütze

Bei den klassischen Verfahren der Baustatik ist die Bildung des Tragwerksmodells meistens offenkundig und wird durch dessen 'Berechenbarkeit' eingeschränkt. Die statische Berechnung von Flächentragwerken erfolgt 'von Hand' mit Hilfe von Tafelwerken, denen bestimmte Tragwerksmodelle zugrunde liegen, die in der Praxis meistens weiter nicht mehr hinterfragt werden. Bei der Modellbildung und der Ergebnisinterpretation auftretende Probleme, wie z.B. die Behandlung von Singularitäten der Schnittgrößen, sind bereits vom Aufsteller eines Tafelwerks in einer speziellen Weise gelöst worden. Computerorientierte Berechnungsverfahren zeichnen sich hingegen dadurch aus, daß mit ihnen sehr unterschiedliche und komplizierte Tragwerksmodelle der Berechnung zugänglich sind. Damit geht aber auch die

Verantwortung für die Bildung des Tragwerksmodells und die Ergebnisinterpretation auf den Anwender des Berechnungsprogramms über. Darüber hinaus ist auch das Berechnungsmodell, d.h. bei der Finite-Element-Methode das Finite-Element-Modell, so zu wählen, daß die erforderliche Rechengenauigkeit eingehalten wird.

Ein spezielles Problem bei der Bildung von Tragwerksmodellen, die in den Ergebnissen u.U. auftretenden Singularitäten, werden im nächsten Abschnitt behandelt. Daran schließt sich ein Abschnitt über allgemeine Regeln für die Bildung von Finite-Element-Modellen an. Die nachfolgenden Abschnitte befassen sich mit speziellen Problemen, die bei der Bildung von Tragwerksmodellen bei Scheiben und Platten und deren Ergebnisinterpretation auftreten. Hinweise auf die Modellbildung bei Faltwerken finden sich in [4.37].

4.9.2 Singularitäten von Zustandsgrößen

Bei der Bildung des Tragwerksmodells und der Interpretation der Ergebnisse der Berechnung ist Stellen, an denen Singularitäten von Schnittgrößen oder Verschiebungen auftreten, besondere Beachtung zu schenken. An einer Singularität nimmt eine Schnittgröße oder eine Verschiebung einen unbeschränkten Wert an, d.h., im Grenzübergang erhält man ∞. Ein solches Ergebnis ist physikalisch sinnlos und bedarf einer ingenieurmäßigen Interpretation.

Singularitäten treten an Stellen mit einer physikalisch unzureichenden Tragwerksmodellierung oder Lastdarstellung auf. Sie sind also ein Problem der Modellierung von Tragwerk und Lasten und nicht ein Problem des Berechnungsverfahrens. Ein einfaches Beispiel ist der Fall einer Einzellast auf einer Scheibe (Bild 4-53-a). Stellt man die Last F, die beispielsweise durch eine Stütze in die Scheibe eingeleitet wird, realitätsnah als Linienlast $p = F/a$ dar, so erhält man die Spannung in Lastmitte zu $\sigma_y = F/a$. Beim Übergang zur Einzellast erhält man für $a \to 0$ die Spannung unter der Last zu $\sigma_y \to \infty$. Eine genauere Untersuchung zeigt, daß nicht nur die Spannung σ_y, sondern auch die Spannungen σ_x und τ_{xy} sowie die Verschiebungen unter der Einzellast eine Singularität besitzen [4.38, 4.39]. Auch bei Platten können Singularitäten auftreten. Dies zeigt das einfache Beispiel einer gelenkig gelagerten Kreisplatte, die im Mittelpunkt durch die Einzellast F belastet wird (Bild 4.53-b). In einem beliebigen Schnitt im Radius r um den Mittelpunkt beträgt die Querkraft aus Gründen der Symmetrie offensichtlich $q_r = F/(2 \cdot \pi r)$. Im Kreismittelpunkt strebt die Querkraft q_r mit $r \to 0$ gegen ∞. Eine weitergehende Untersuchung der Kreisplatte zeigt, daß nicht nur die Querkraft, sondern auch die Biegemomente unter der Einzellast eine Singularität besitzen [4.36]. Die Durchbiegungen bleiben aber unter der Einzellast endlich. Stellt man die Einzelkraft als kreisförmig verteilte Flächenlast dar, so erhält man auch bei der Kreisplatte endliche Werte für die Biegemomente und die Querkraft.

4.9 Modellbildung von Bauteilen

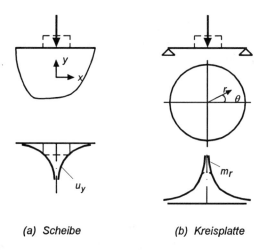

(a) Scheibe (b) Kreisplatte

Bild 4-53 Einzelkräfte auf einer Scheibe und einer Kreisplatte

Das in der Statik der starren Körper und der Stabtragwerke erfolgreich verwendete Konzept der Kräfte widerspricht dem Konzept der bezogenen Kräfte (Spannungen und Schnittgrößen pro Längeneinheit), mit dem Kraftgrößen bei Flächentragwerken und dreidimensionalen Körpern dargestellt werden. Die obigen Beispiele zeigen, daß dieser Widerspruch an einzelnen Stellen zu Problemen führen kann. Stellt man Lasten als Strecken- bzw. Flächenlast dar, so nehmen die Spannungen bzw. bezogenen Schnittgrößen endliche Werte an. In einem gewissen Abstand von der Lastfläche stimmen die Ergebnisse nach dem Prinzip von St. Venant mit denjenigen der Einzellast überein. Die Schnittgrößen im Lastmittelpunkt hängen hingegen von der Größe der Lastfläche ab und reagieren - anders als beim Biegebalken - empfindlich auf deren willkürliche Verkleinerung.

Singularitäten von Spannungen und bezogenen Schnittgrößen können nicht nur bei Einzelkräften und -momenten, sondern auch an geometrisch ausgezeichneten Stellen im Tragwerk auftreten. Ein typisches Beispiel sind einspringende Ecken in Platten und Scheiben. Hier sind die Theorie des zweidimensionalen Spannungszustandes bzw. die Plattentheorie nicht in der Lage, die für das Tragverhalten wesentlichen dreidimensionalen Spannungszustände zu beschreiben. Im Rahmen der zweidimensionalen Theorie ergeben sich Singularitäten in den Spannungsverläufen, die wiederum bei einer realitätsnäheren Darstellung nicht auftreten würden.

Im Rahmen der Finite-Element-Theorie ist es aufgrund des Verschiebungsansatzes und der daraus sich ergebenden endlichen Spannungswerte nicht möglich, 'unendliche' Spannungen an einer Singularitätenstelle zu erhalten. Vielmehr ergeben sich endliche Spannungswerte, die aber mit zunehmender Elementanzahl nicht zu einem Endwert konvergieren, sondern immer weiter anwachsen (vgl. Spannungen am Auflager in Beispiel 4.6 oder Plattenmoment unter der Einzellast in Beispiel 4.9). Singularitäten lassen sich aber in der Regel durch entsprechende Tragwerksmodellierung und Lastdarstellung vermeiden.

Vermeidung von Singularitäten
- *Lasten als verteilte Lasten dargestellen*
- *Auflager statt als starre Punkt- oder Linienlager als elastische Flächen- oder Linienlager abbilden*
- *einspringende Ecken (physikalisch sinnvoll) ausrunden*

Für für eine genaue Erfassung des Spannungsverlaufs sind meistens aufwendige Netzverfeinerungen der entsprechenden Bereiche erforderlich, die nach neueren Verfahren auch adaptiv erfolgen können [4.40]. Es wurden auch spezielle Finite Elemente entwickelt, die Ansatzfunktionen zur Berücksichtigung von Singularitäten enthalten [4.41].

In der Praxis stellt sich aber oft die Frage, inwieweit eine detaillierte Erfassung des Spannungsverlaufs im Bereich von Singularitäten erforderlich ist. Außerhalb des St. Venantschen Bereichs ist ihr Einfluß auf die Spannungsverläufe vernachlässigbar. Die Genauigkeit, mit der Schnittgrößen oder Spannungen im Bereich der Singularität benötigt werden, ist aber von der Aufgabenstellung abhängig. Beispielsweise werden im Stahlbau oft genauere Ergebnisse gefordert als im Stahlbetonbau, wo man einen gewissen Spannungsausgleich durch Rissebildungen und die Duktilität des Materials voraussetzt. Im Stahlbetonbau verzichtet man daher in der Praxis meistens auf eine aufwendige Modellierung zur Vermeidung von Singularitäten. Vielmehr nimmt man Singularitäten bewußt in kauf und versucht, im Bereich von Singularitäten durch ingenieurmäßige Abschätzungen zu praxisgerechten Ergebnissen zu gelangen. Vernachlässigt man das Vorhandensein einer Singularität bei einer Finite-Element-Berechnung völlig, so sind die Spannungen an der Singularität äußerst ungenau und unterliegen einem gewissen Zufall. Sie liegen jedoch, wenn man eine im übrigen sinnvolle Netzaufteilung wählt, im Rahmen der im Stahlbetonbau geforderten Genauigkeit meistens 'auf der sicheren Seite'. Einige praktisch verwendete Regeln zur Behandlung von Singularitäten sind in den Abschnitten 4.9.4 und 4.9.5 angegeben.

4.9.3 Elementwahl und Netzbildung

Seit den Anfängen der Finite-Element-Methode in den sechziger Jahren wurde eine Vielzahl unterschiedlicher Elemente entwickelt. So finden sich in Softwareprodukten durchaus unterschiedliche Elementtypen [4.24]. Diese Entwicklung ist noch nicht abgeschlossen. Ziel der Forschung ist es, möglichst robuste und effiziente Elemente zu entwickeln. So ist es

4.9 Modellbildung von Bauteilen

durchaus möglich, daß die Entwicklung zukünftig zu einigen wenigen Elementtypen führt, die sich als besonders leistungsfähig erweisen.

Ein Vergleich verschiedener Elementtypen erfordert eine differenzierte Betrachtung, so daß eine allgemeine Beurteilung kaum möglich erscheint. Dennoch sollen im folgenden einige Regeln für die Elementwahl zusammengestellt werden.

Am häufigsten werden für die Finite-Element-Modellierung 4-Knoten-Elemente verwendet. Diese erlauben einerseits eine gute Anpassung an die Bauteilgeometrie und besitzen andererseits eine vergleichsweise hohe Genauigkeit. Dreieckelemente sind Viereckelementen hinsichtlich der Anpassungsmöglichkeiten an die Bauteilgeometrie überlegen. Die Genauigkeit ist allerdings bei Viereckelementen höher, da sie bei gleicher Anzahl von Freiheitsgraden (zwei Dreiecke entsprechen einem Viereck) höhere Ansatzfunktionen enthalten.

Von den in kommerzielle Software implementierten Typen von Viereckelementen für Platten darf man bezüglich der Biegemomente und Durchbiegungen eine vergleichbare Genauigkeit erwarten, sofern sie von der Rechteckform nicht oder nur unwesentlich abweichen. Bezüglich der Querkräfte, des Verhaltens bei Singularitäten der Schnittgrößen und bei verzerrten Elementformen sind aber durchaus Unterschiede vorhanden.

Bei den Viereckelementen für Scheiben ist zwischen dem klassischen konformen (isoparametrischen) Element und den Elementen, die die Konformitätsbedingung (- gleiche Verschiebungen an den Grenzen benachbarter Elemente -) nicht erfüllen, zu unterscheiden. Derartige Elemente sind z.B. die Elemente mit nicht konformen Verschiebungsansätzen sowie die hybriden Elemente. Konforme Elemente sind zwar einer theoretischen Behandlung für Fehlerabschätzungen und Konvergenzbeweise leichter zugänglich, erweisen sich allerdings in der Praxis als vergleichsweise 'steif'. Wesentliche Unterschiede ergeben sich bei der Berechnung von Scheiben, die - ähnlich wie Balken - auf Biegung beansprucht werden. Bei konformen Elementen ist eine sehr feine Netzeinteilung vorzunehmen, während bei nichtkonformen und hybriden Elementen wesentlich weniger Elemente ausreichen. Bei scheibenähnlichen Beanspruchungszuständen sind die Unterschiede hingegen gering.

Beispiel 4.10

Ein Kragarm nach Bild 4-54 ist als Scheibe für eine Belastung durch ein eingeprägtes Moment und eine Einzellast am Kragarmende sowie durch eine konstante Streckenlast in drei getrennten Lastfällen zu untersuchen. Die Diskretisierung soll mit nur zwei Finiten Elementen nach Bild 4-54 erfolgen. Das Beispiel wurde [4.42] entnommen, wobei jedoch auf die Kopplung der Knotenverschiebungen verzichtet wurde.

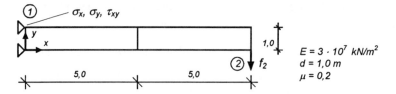

Bild 4-54 Modellierung eines Kragarms mit zwei Scheibenelementen

Die Untersuchungen werden zum Vergleich mit folgenden Elementtypen durchgeführt:

a) *V_KO* - konforme Scheibenelemente nach Abschnitt 4.4 [4.7, 4.9]
b) *V_NKO* - nichtkonforme Scheibenelemente nach [4.13]
c) *HYB* - hybride Elemente mit Verdrehungsfreiheitsgraden nach [4.18]

An der Einspannstelle ergibt sich für alle in Tabelle 4-10 dargestellten Lastfälle ein Biegemoment von 250 [kNm] und somit nach der Theorie des Biegebalkens eine Normalspannung von $\sigma_x = 0.25/(1^3/6) = 1.50$ [MN/m²]. Die Durchbiegung am Kragarmende erhält man zu:

Lastfall 1 (Moment): $\quad f = \dfrac{M \cdot l^2}{2\,EI} = \dfrac{250 \cdot 10^2}{2 \cdot 3 \cdot 10^7 \cdot 1/12} = 5 \cdot 10^{-3}\,[m]$

Lastfall 2 (Einzelkraft): $\quad f = \dfrac{F \cdot l^3}{3\,EI} + \dfrac{F \cdot l}{GA_s} = \dfrac{25 \cdot 10^3}{3 \cdot 3 \cdot 10^7 \cdot 1/12} + \dfrac{25 \cdot 10}{1.25 \cdot 10^7 \cdot 0.8 \cdot 1} = 3.36 \cdot 10^{-3}\,[m]$

Lastfall 3 (Streckenlast): $\quad f = \dfrac{ql^4}{8\,EI} + \dfrac{ql^2}{2\,GA_s} = \dfrac{5 \cdot 10^4}{8 \cdot 3 \cdot 10^7 \cdot 1/12} + \dfrac{5 \cdot 10^2}{2 \cdot 1.25 \cdot 10^7 \cdot 0.8 \cdot 1} = 2.53 \cdot 10^{-3}\,[m]$

Die Finite-Element-Berechnungen wurden mit den Programmen [P1] und [P2] durchgeführt. Bei Verwendung konformer oder nichtkonformer Elemente besitzt das Modell acht Freiheitsgrade, bei Verwendung hybrider Elemente mit zusätzlichen Verdrehungsfreiheitsgraden nach [4.18] und [P2] 12 Freiheitsgrade. Die Spannungen an der Einspannstelle, Punkt 1, sowie die Durchbiegungen am Kragarmende sind in Tabelle 4-10 zusammengestellt. Grundsätzlich müssen die Spannungen der Scheibe nicht mit denjenigen eines Biegebalkens übereinstimmen, da die Bernoulli-Hypothese des Ebenbleibens der Querschnitte hier nicht gilt. Bei der gewählten Diskretisierung verlaufen aber beim konformen Element die Spannungen aufgrund der Verschiebungsansätze linear über die Höhe (vgl. Bild 4-14), so daß sich ein scheibenartiger Spannungsverlauf über die Querschnittshöhe mit einer Spannungsspitze in der Ecke nicht einstellen kann. Hierzu müßte der Kragarm über die Querschnittshöhe in erheblich mehr Elemente diskretisiert werden. Die Scheibenspannungen an der Einspannstelle sind daher in diesem Fall mit den Spannungen des Balkens vergleichbar. Wesentlich kritischer ist die

4.9 Modellbildung von Bauteilen

Darstellbarkeit des Spannungsverlaufs in Richtung der Längsachse des Kragarms durch die Ansatzfunktionen der Finiten Elemente, wie die Ergebnisse der Spannung σ_x an der Einspannstelle und der Durchbiegungen f_2 am Kragarmende zeigen.

Bei der Momentenbelastung des Kragarms (Lastfall 1) sind die Normalspannungen σ_x am oberen bzw. unteren Rand in Richtung des Kragarms konstant, die Schubspannungen sind gleich Null, und die Biegelinie des Balkens ist eine Parabel zweiter Ordnung. Beim konformen Element kann aber aufgrund des Verschiebungsansatzes die 'Biegelinie' nur durch zwei lineare Funktionen dargestellt werden. Die fehlerhafte Spannung von 0.14 gegenüber 1.5 [MN/m²] und die fehlerhafte Durchbiegung von 0.44 gegenüber 5.0 [mm] zeigen, daß diese Näherung völlig unzureichend ist. Beim nichtkonformen Element sind die Ansatzfunktionen der Verschiebungen um quadratische Terme erweitert, so daß die Verschiebung durch eine Parabel zweiter Ordnung approximiert wird. Die Ansatzfunktionen enthalten damit die exakte Lösung für konstante Momentenbeanspruchung und führen hier somit zu den exakten Spannungen und der exakten Verschiebung des Balkens. Auch die Spannungs- und Verschiebungsansätze des hybriden Elements enthalten die exakte Lösungsfunktionen des Balkens. Mit dem hybriden Element erhält man daher ebenfalls die Ergebnisse der Balkentheorie.

Bei Belastung durch eine Einzellast haben die Normalspannungen entlang des oberen bzw. unteren Trägerrandes eine linearen, die Schubspannungen über die Balkenhöhe einen quadratischen Verlauf. Die Biegelinie ist eine Parabel dritter Ordnung. Das nichtkonforme Element kann aufgrund seines Verschiebungsansatzes quadratische 'Biegelinien' darstellen und nähert damit die Lösung an. Während der Fehler bei den Verschiebungen mit (3.33-3.14)/3.33=5.7% noch mäßig ist, ist die Abweichung der Randspannung σ_x mit (1.50-1.13)/1.5=24.7% bereits deutlich höher. Das hybride Element besitzt quadratische Spannungsansätze und senkrecht zu den Rändern kubische Verschiebungsansätze. Daher überrascht zunächst, daß die Spannungen und Verschiebungen nicht besser als beim nichtkonformen Element angenähert werden. Die Ursache hierfür liegt im Verschiebungsansatz in Richtung des Randes. Dieser ist lediglich linear, was am unteren bzw. oberen Rand des Kragarms einer konstanten Normalspannung σ_x entspricht. Diese Restriktion ist die Ursache dafür, daß die Genauigkeit des Elements im betrachteten Beispiel trotz höherer Anzahl von Freiheitsgraden nicht höher ist als beim nichtkonformen Element. Der Fehler der Randspannung nimmt mit zunehmender Anzahl von Elementen ab und liegt z.B. bei einer Einteilung in zehn hybride Elemente in Längsrichtung (anstelle von zwei Elementen) bei (1.443-1.500)/1.500 = 3.8%. Die Schubspannungen nähern beim nichtkonformen und beim hybriden Element aufgrund der Ansatzfunktionen (Bild 4-14) den Mittelwert $\tau_{xy} = Q/A$ an.

Im Fall der Streckenlast ist die Biegelinie nach der Balkentheorie eine Parabel vierter Ordnung. Alle betrachteten Finiten Elemente können nur noch eine Näherungslösung liefern. Bei der vorgegebenen Diskretisierung mit zwei Elementen ist der Fehler in den Spannungen mit $(0.95-1.50)/1.50 = 36.7\%$ höher als bei Belastung mit einer Einzellast. Bei einer Elementierung in zehn Elemente in Längsrichtung (ein Element über die Höhe) erhält man mit den o.g. hybriden Elementen eine Normalspannung von 1.39 [MN/m^2], d.h. immer noch einen Fehler von $(1.39-1.50)/1.50 = 7.3\%$. Erst bei einer Einteilung des Kragarms in 18 hybride Elemente erhält man an der Einspannung eine Randspannung σ_x von 1.452 [MN/m^2] und somit einen Fehler von $(1.45-1.50)/1.50 = 3.3\%$.

Das Beispiel zeigt, daß konforme Scheibenelemente für biegebeanspruchte scheibenartige Tragwerke nur dann geeignet sind, wenn eine feine Netzeinteilung vorgenommen wird. Aber auch nichtkonforme und hybride Elemente erfordern, wenn Diskretisierungsfehler vermieden werden sollen, eine hinreichend hohe Anzahl von Elementen in Balkenlängsrichtung.

BELASTUNG	BERECHNUNG	σ_x [MN/m^2]	σ_y [MN/m^2]	τ_{xy} [MN/m^2]	f_2 [MN/m^2]
$M = 250$ kNm	Balkentheorie	1.50	0	0	5.00
	FEM V_KO	0.14	0.03	0.027	0.44
	FEM V_NKO	1.50	0	0	5.00
	FEM HYB	1.50	0	0	5.00
$F = 25$ kN	Balkentheorie	1.50	0	$Q/A=0.025$	3.36
	FEM V_KO	0.10	0.02	0.230	0.29
	FEM V_NKO	1.13	0	0.025	3.25
	FEM HYB	1.13	0.01	0.028	3.24
$q = 5$ kN/m	Balkentheorie	1.50	0	$Q/A=0.025$	2.53
	FEM V_KO	0.09	0.02	0.21	0.24
	FEM V_NKO	0.94	0	0.04	2.52
	FEM HYB	0.95	0.02	0.01	2.52

Tabelle 4-10 Biegebalkenberechnung mit Scheibenelementen

Beispiel 4.11

Für die in Beispiel 4.6 mit konformen Elementen berechnete Scheibe ist zum Vergleich die Spannung am unteren Scheibenrand mit nichtkonformen Elementen zu ermitteln.

ELEMENTIERUNG	KONFORME ELEMENTE	NICHTKONFORME ELEMENTE
2 x 2	1.64	2.28
4 x 4	4.32	4.72
8 x 8	4.22	4.22

Tabelle 4-11 Spannung am unteren Scheibenrand [MN/m^2]

Die Ergebnisse sind für verschiedene Diskretisierungen in Tabelle 4-11 zusammengestellt. Sie zeigen, daß bei typischen Scheibenproblemen, bei denen keine biegeähnliche Beanspruchung vorliegt, die Unterschiede zwischen konformen und nichtkonformen Elementen gering sind.

Die Genauigkeit einer Berechnung wird von der Form der Finiten Elemente beeinflußt. Zu deren Beurteilung wurden Faktoren vorgeschlagen, die in Tabelle 4-12 erläutert sind [4.43]:

Formfaktoren von Finiten Elementen
- *Seitenverhältnis a/b*
- *Winkel α*
- *Verjüngung t*

Der Wert *a/b* gibt bei Rechteckelementen das Seitenverhältnis an. Er wurde nach der Definition in Bild 4-55 für die allgemeine Viereckform erweitert. Als optimaler Wert gilt 1. Lange, schmale Elemente, z.B. mit *a/b* > 2, sollen vermieden werden.

Der Wert α gibt den Innenwinkel an. Als optimal gilt der rechte Winkel. Abweichungen von mehr als 45°, d.h. Innenwinkel mit $\alpha < 45°$ oder $\alpha > 135°$, sind zu vermeiden.

Die Verjüngung eines Vierecks ist ein Maß für seine Stellung zwischen der Rechteck- und Dreieckform. Der optimale Wert der Verjüngung *t* = 1 gilt für Rechteckelemente. Die Verjüngung *t* = 0 steht für Dreieckelemente.

Allgemein gilt das Quadrat als beste Form eines Finiten Elements. Es folgen als zweitbeste Form das Rechteck, als drittbeste das Parallelogramm und anschließend das allgemeine Viereck. Extrem verzerrte Elementformen, wie Vierecke mit einspringenden Ecken, sind unzulässig (Bild 4-31). Inwieweit Abweichungen der Formfaktoren von denjenigen des Quadrats die Ergebnisse einer Finite-Element-Berechnung quantitativ beeinflussen, hängt vom Elementtyp und den betrachteten Ergebniswerten (Verschiebungsgrößen, Spannungen, Momente, Querkräfte) ab. Die Eigenschaften von Finiten Elementen können anhand von Musteraufgaben, wie sie z.B. in [4.44] angegeben sind, beurteilt und mit denjenigen anderer Elementtypen verglichen werden.

GEOMETRIEKENNWERTE	FORMFAKTOR	OPTIMALER WERT
Rechteck durch die Mittelpunkte der Seiten — Viereckelement, Mittelpunkt der Seite	SEITENVERHÄLTNIS $\frac{a}{b}$ mit $a > b$	$\frac{a}{b} = 1$
Parallelogramm — Viereckelement	WINKEL α	$\alpha = 90°$
$A_1 \ldots A_4$: Teilflächen	VERJÜNGUNG $t = 4 \cdot \frac{Minimum(A_1, A_2, A_3, A_4)}{(A_1 + A_2 + A_3 + A_4)}$	$t = 1$

Tabelle 4-12 Formfaktoren für Finite Elemente

Beispiel 4.12

Bei der in Bild 4-56 dargestellten auskragenden Platte mit einer gleichförmigen Randlast ist der Einfluß von Unregelmäßigkeiten des Netzes zu untersuchen.

Die Platte mit den auf 10x10 [m] normierten Abmessungen wird mit einem regelmäßigen und zwei unregelmäßigen Finite-Element-Netzen abgebildet (Bilder 4-55-4-57). Das unregelmäßige Netz 1 hat eine aus Dreieck- und Viereckelementen gemischte Elementtopologie, während das unregelmäßige Netz 2 ausschließlich aus Viereckelementen besteht. Die unregelmäßigen Netze besitzen deutlich mehr Elemente und Freiheitsgrade als das regelmäßige Netz und sind für Aufweitungsbereiche von Finite-Element-Netzen typisch.
Die Untersuchung erfolgt zum Vergleich mit folgenden Elementtypen:

    a) *HYB* -   hybrides Plattenelement nach [P2], [4.18]

    b) *V_SW* - schubweiches Plattenelement mit Verschiebungsansatz nach [P1]

Mit dem regelmäßigen 6x6-Raster erhält man bei beiden Elementtypen im Schnitt A-A in der Mitte der Kragplatte die exakten Schnittgrößen mit $m_x = 50.0$ [kNm/m] und $q_x = 10$ [kN/m] (Bild 4-55). Die Ergebnisse für die beiden unregelmäßigen Netze unterscheiden sich hiervon

4.9 Modellbildung von Bauteilen

deutlich. Beim Netz mit der aus Dreiecken und Vierecken gemischten Elementtopologie zeigt sich bei den Biegemomenten ein Fehler von ca. 3% (Bild 4-56). Sehr deutlich tritt der Fehler bei den Querkräften hervor. Er beträgt beim schubweichen Element 12% und beim hybriden Element 50%. Die Querkräfte werden damit trotz der großen Elementanzahl praktisch unbrauchbar. Beim unregelmäßigen Netz 2 nach Bild 4-57, in dem ausschließlich Viereckelemente zur Netzaufweitung verwendet werden, sind die Fehler bei den Querkräften in der Regel geringer. Sie betragen beim hybriden Element 33% und beim schubweichen Element 15%. Die Ergebnisse zeigen, daß die untersuchten Elementtypen in einer verzerrten Form, d.h. bei ungünstigen Formfaktoren, nicht in der Lage sind, die Querkraft hinreichend genau wiederzugeben. Da dies für einen konstanten Wert der Querkraft gilt, ist auch bei einer Netzverfeinerung keine Erhöhung der Genauigkeit der Querkräfte zu erwarten (vgl. S. 167).

Beim schubweichen Element (V_SW) hängen die FE-Schnittgrößen von der Plattenstärke ab, was beim hybriden Element (HYB) nicht der Fall ist. Dies gilt insbesondere für die Querkräfte, die bei schubweichen Elementen direkt aus den Schubverzerrungen (Scherwinkeln) abgeleitet werden. Im Beispiel erhält man bei einer Variation der Plattenstärke t folgende Querkräfte mit den größten Abweichungen von 10.0 [kN/m]:

ELEMENTTYP	q_x - FE-NETZ 1	q_x - FE-NETZ 2
HYB	-15.2 (52%)	-13.3 (33%)
V-SW $t = 0.20$ [m]	-21.5 (115%)	-15.2 (52%)
$t = 0.50$ [m]	-14.5 (45%)	-7.6 (24%)
$t = 1.00$ [m]	-11.4 (14%)	-8.5 (15%)
$t = 3.00$ [m]	-10.3 (3%)	-10.3 (3%)

Danach nimmt beim schubweichen Element die Genauigkeit mit der Plattenstärke deutlich zu.

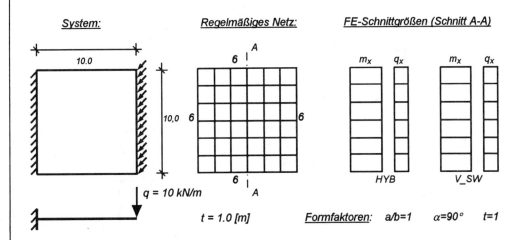

Bild 4-55 Auskragende Platte mit regelmäßigem Finite-Element-Netz

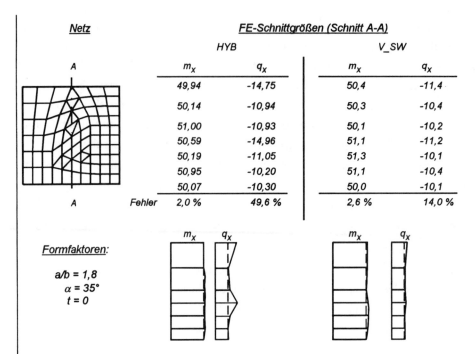

Bild 4-56 Unregelmäßiges Finite-Element-Netz 1 mit gemischter Elementtopologie

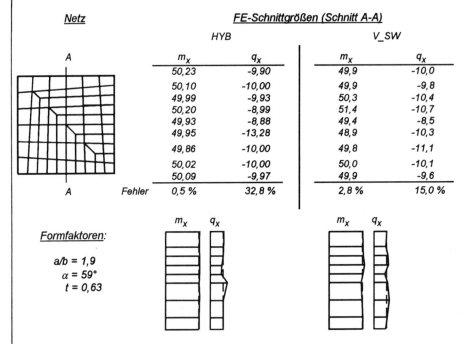

Bild 4-57 Unregelmäßiges Finite-Element-Netz 2 mit Viereckelementen

4.9 Modellbildung von Bauteilen

Zur Bildung von Finite-Element-Netzen sollen folgende allgemeine Regeln als Orientierung dienen:

Regeln für die Bildung von Finite-Element-Netzen

a) *Anzustreben sind regelmäßige Netze, möglichst mit quadratischen oder, rechteckförmigen Elementen.*

b) *Viereckelemente sind Dreieckelementen vorzuziehen.*

c) *Eine Elementtopologie aus Viereckelementen ist einer gemischten Elementtopologie aus Dreieck- und Viereckelementen vorzuziehen.*

d) *Elemente sind in Bereichen mit hohem Spannungsgradienten zu verdichten, wenn eine gleichbleibende Genauigkeit gewünscht wird.*

e) *Die Elementverdichtung soll gleichmäßig erfolgen, um 'künstliche Steifigkeitssprünge' zu vermeiden.*

f) *Steifigkeitssprünge, wie z.B. infolge von Dickenänderungen bei Platten, dürfen nicht willkürlich groß sein.*

Die Bedeutung der Regelmäßigkeit von Finite-Element-Netzen ist aus Beispiel 4.12 ersichtlich. Vor allem bei Platten und Schalen können Unregelmäßigkeiten des Netzes die Schnittgrößenverläufe beeinflussen, wobei jedoch Biegemomente und Normalspannungen weniger empfindlich sind, während Querkräfte leicht bis zur praktischen Unbrauchbarkeit verfälscht werden können. Zur Beurteilung der Regelmäßigkeit eines Netzes können die Formfaktoren dienen.

Netze aus Viereckelementen sind im allgemeinen Netzen aus Dreieckelementen vorzuziehen. Auch dreieck- und kreisförmige Bereiche lassen sich unter ausschließlicher Verwendung von Viereckelementen modellieren (Bild 4-58). Ausnahmen bilden Platten mit aus Dreieckelementen zusammengesetzten Finiten Viereckelementen (vgl. Abschnitt 4.72) sowie komplizierte zweiachsig gekrümmte Schalentragwerke, die sich mit ebenen Viereckelementen nicht abbilden lassen. Bei regelmäßigen Netzen aus Dreieckelementen sollten die Diagonalen alternieren, um einen Richtungseinfluß der Diagonalneigung auf die Ergebnisse zu verhindern (Bild 4-59). Spitze nadelförmige Elemente sind unzulässig.

Das Finite-Element-Netz sollte in Bereichen mit hohen Spannungsgradienten verdichtet werden, sofern dort nicht ein größerer Diskretisierungsfehler akzeptiert werden kann (vgl. Abschnitt 4.3.5). Die Abmessungen benachbarter Elemente sollten sich aber nicht zu sprunghaft ändern. Da Finite Elemente sich aufgrund des Verschiebungsansatzes zu 'steif' verhalten, würde dies einer künstlichen Steifigkeitsänderung des Systems entsprechen. Als Regel kann gelten, daß das Größenverhältnis benachbarter Elemente den Wert von 1.5 nicht überschreiten sollte. Der Wert 1.5 ist als vom Elementtyp und vom untersuchten System und dessen Belastung abhängiger Richtwert zu verstehen.

Steifigkeitssprünge dürfen nicht willkürlich groß gewählt werden, da sie zu numerischen Schwierigkeiten führen können (vgl. Abschnitt 3.8.1). Dies gilt insbesondere für Dickenänderungen von Platten. Als Richtwert kann das Verhältnis von 10:1 für die Dicken benachbarter Plattenelemente gelten, das nicht überschritten werden sollte.

Die Regeln für die Bildung von Finite-Element-Netzen lassen in dieser Allgemeinheit keine quantitative Beurteilung der Güte der Berechnungsergebnisse zu. Sie sollten aber eingehalten werden, um Fehlerquellen zu vermeiden.

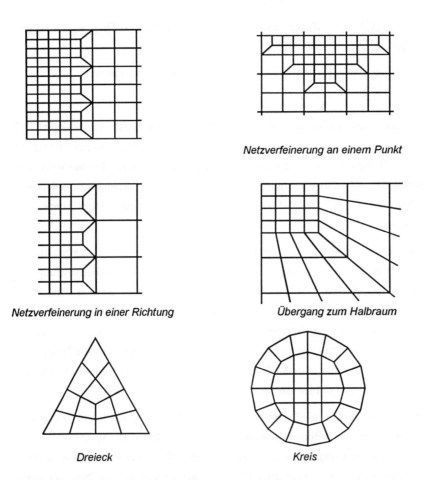

Bild 4-58 Beispiele für die Elementierung mit Viereckelementen

4.9 Modellbildung von Bauteilen

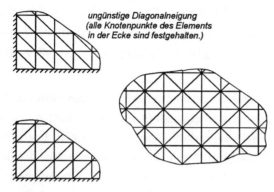

Bild 4-59 Elementierung mit Dreieckelementen

4.9.4 Modellbildung von Scheiben

Eine typische Anwendung der Finite-Element-Methode im konstruktiven Ingenieurbau ist die Berechnung von Wandscheiben und wandartigen Trägern aus Stahlbeton. Im Stahl- und Holzbau wird die Finite-Element-Methode meist im Rahmen von Grundsatzstudien mit eher wissenschaftlichem Charakter, z.B. zur Untersuchung von scheibenartigen Beanspruchungen in Lasteinleitungsbereichen, eingesetzt (vgl. z.B. [4.54, 4.55]). Im folgenden werden Regeln, die bei der Bildung des Tragwerksmodells und des Finite-Element-Modells zu beachten sind, angegeben. Sie beziehen sich im wesentlichen auf Scheiben aus Stahlbeton.

Scheibenfelder

Unter Scheibenfeldern versteht man Viereckbereiche von Scheiben ohne größere Öffnungen. Scheibenfelder sind mit einem möglichst gleichmäßigen Raster gemäß den in Abschnitt 4.9.3 angegebenen Regeln zu diskretisieren. Die Anzahl der Elemente ist vom Elementtyp und der Belastung abhängig. Beim konformen Viereckelement mit vier Knoten sollten in der Regel zwischen zwei Auflagern mindestens acht bis zwölf Elemente liegen. Bei einfach gestützten Scheiben kann die Anzahl u.U. auf sechs Elemente reduziert werden (vgl. Beispiel 4.6).

Scheibenbereiche mit biegeähnlichen Beanspruchungen erfordern bei konformen 4-Knoten-Viereckelementen eine sehr feine Netzeinteilung in Richtung der 'Längsachse', um Spannungsänderungen in dieser Richtung darstellen zu können. Bei CST-Dreieckelementen ist zusätzlich eine sehr feine Diskretisierung mit ca. zehn Elementlagen über die 'Höhe' erforderlich. Bei einer weniger feinen Netzeinteilung besteht die Gefahr, daß die Spannungen grob unterschätzt werden. Bei hybriden Elementen oder konformen Elementen mit quadratischem Verschiebungsansatz genügen in Scheibenbereichen mit biegeähnlichen Beanspruchungen weniger Elemente, um die Spannungen mit gleicher Genauigkeit zu ermitteln (vgl. Beispiel 4.10).

An Eckpunkten des Tragwerksmodells können Singularitäten der Spannungen auftreten. Die Grenzwinkel, bei deren Überschreitung die Spannungen nach [4.47] singulär werden, sind für verschiedene Lagerungsarten in Tabelle 4-13 angegeben. Danach sind bei allen Lagerungsarten an einspringenden Ecken ($\alpha > 180°$) Singularitäten zu erwarten. Ist eine Seite der Ecke festgehalten und die andere Seite frei, so treten bereits bei Winkel $\alpha > 63°$ Singularitäten auf. Werden die Grenzwinkel nur leicht überschritten, so sind die Singularitäten schwach, d.h., bei einer Finite-Element-Berechnung steigen die Spannungen am betreffenden Punkt mit zunehmender Netzverfeinerung nur langsam an. Bei größeren Winkeln, wie z.B. einer rechtwinkligen einspringenden Ecke mit $\alpha = 270°$, steigen die Spannungen hingegen mit zunehmender Netzverfeinerung rasch an.

Bei Stahlbetonscheiben darf man in Bereich von Spannungsspitzen aufgrund der Duktilität des Materials Spannungsumlagerungen voraussetzen. Wesentlich ist allerdings, daß die auftretenden Zugkräfte durch Bewehrung abgedeckt werden. Die Zugkraft im Bereich einer Singularität erhält man durch Integration der Zugspannungen im Bereich der Spannungs-

LAGERUNG	SPANNUNGEN SINGULÄR FÜR
	$\alpha > 180°$
	$\alpha > 180°$
	$\alpha > 63°$
Lagerungsart: ----- frei ///// unverschieblich	

Tabelle 4-13 Grenzwinkel für Singularitäten der Spannungen an Eckpunkten von Scheiben

4.9 Modellbildung von Bauteilen

spitze. Das Vorgehen wird in Beispiel 4.13 erläutert. Es zeigt sich, daß sich die Zugkraft wesentlich weniger als der Spitzenwert der Spannung ändert und, anders als die Eckspannung, zu einem konstanten Wert hin konvergiert. Als Integral einer fehlerbehafteten Funktion (der FE-Spannungswerte) besitzt sie eine höhere Genauigkeit als ein einzelner FE-Spannungswert. In der Praxis reicht es daher meistens, die Zugkraft zu ermitteln und durch Bewehrung abzudecken. Hierzu genügt in der Regel ein regelmäßiges Netz nach den o.g. Kriterien ohne Netzverfeinerung an der Stelle der Singularität.

Beispiel 4.13

Die in Bild 4-60 dargestellte Stahlbetonscheibe besitzt in den Eckpunkten der Öffnung Spannungssingularitäten. Für unterschiedliche Finite-Element-Diskretisierungen sind im Schnitt A-A die Größe und Lage der zur Ermittlung der Vertikalbewehrung maßgebenden Zugkraft zu ermitteln.

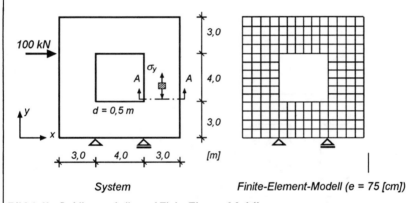

System   Finite-Element-Modell (e = 75 [cm])

Bild 4-60 Stahlbetonscheibe und Finite-Element-Modell

In Bild 4-61 sind die mit [P2] ermittelten Spannungen σ_y für die Elementgrößen 150, 75, 37.5 und 18.75 [cm] dargestellt. Die Eckspannung nimmt erwartungsgemäß mit abnehmender Elementgröße zu. Bei einer Elementgröße von $e = 75$ [cm] erhält man die im Eckbereich durch Bewehrung abzudeckende Zugkraft Z mit der Wandstärke von 0.5 [m] zu:

Randabstand des Nullpunkts der Spannungen: $x_o = 0.75 \cdot 137.3/(137.3 + 18.51) = 0.66$ [m]

Resultierende Zugkraft: $Z = 137.3 \cdot 0.661 \cdot 0.50 = 45.4$ [kN]

Die Eckspannungen σ_y sowie die resultierenden Zugkräfte der übrigen Finite-Element-Netze sind in Tabelle 4-14 dargestellt. Die Zugspannungen wachsen mit zunehmender Netzverfeinerung rasch an und weisen auf das Vorhandensein einer Spannungssingularität hin. Die Spannungsresultierenden, d.h. die Zugkräfte, nehmen hingegen nur langsam zu und nähern sich (augenscheinlich) einem Endwert an. Die resultierende Zugkraft für die Elementgröße von 18.75 [cm] unterscheidet sich von der oben ermittelten Zugkraft für die Elementgröße von 75 [cm] nur um (51.2-45.37)/51.2 = 14%, während sich die Spannungsspitzen um den Faktor 2 unterscheiden. Noch geringer werden die Unterschiede, wenn man über die Elementspannungen (unter Beachtung der Sprünge an den Elementgrenzen) integriert. Betrachtet man nur den untersuchten Lastfall, so ist es in der Praxis ausreichend den Schnitt A-A nach den Regeln für Scheibenfelder mit sechs bis acht Elementen zu diskretisieren und die Bewehrung für die resultierende Zugkraft von 50 [kN] zu bemessen. Die Bewehrung wird im Bereich von 66 [cm] vom Rand entsprechend der Schwerpunktlage der Spannungen konstruktiv sinnvoll angeordnet. Alternativ kann auch die aus den Knotenspannungen ermittelte Bewehrung - bezogen auf die Elementbreite - angeordnet werden. Dies führt zu denselben Bewehrungsmengen. Bei einer Berechnung mit einem feineren Netz bleibt die Bewehrungsmenge praktisch konstant. Lediglich ihre Verteilung kann sich geringfügig ändern.

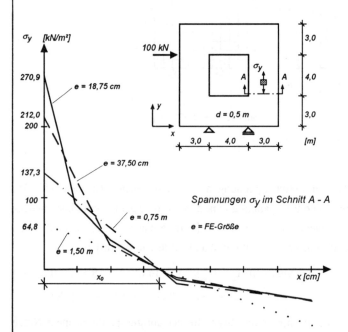

Bild 4-61 Spannungen σ_y im Schnitt A-A

4.9 Modellbildung von Bauteilen

FE-GRÖSSE e [cm]	ANZAHL ELEMENTE	SPANNUNG σ_y [kN/m²]	ABSTAND x_0 [cm]	RESULTIERENDE Z [kN]
150.00	2	64.8	82	13.3
75.00	4	137.3	66	45.4
37.50	8	212.0	64	49.8
18.75	16	270.9	64	51.2

Tabelle 4-14 Spitzenwerte der Spannung in der Ecke, Randabstände des Spannungsnullpunktes und resultierende Zugkraft

Lager

Lagerbedingungen sind im Tragwerksmodell realitätsnah wiederzugeben. Bei Scheiben ist hierbei auch den Horizontalverschiebungen besondere Beachtung zu schenken, da sie auf die Größe der 'Gewölbewirkung' wesentlichen Einfluß haben.

Beispiel 4.14

Bei der in Bild 4-62 dargestellten Scheibe (Beispiel 4.6) ist der Einfluß der Horizontalverschieblichkeit des rechten Auflagers auf die Spannungen zu untersuchen.

Die Berechnung wird wie in Beispiel 4.6 mit einem Netz von 8x8 hybriden Elementen mit [P2] durchgeführt. In Bild 4-62 sind die Hauptspannungen sowie die Spannungen σ_x in Scheibenmitte zum einen für ein einwertiges, horizontal verschiebliches Lager (Beispiel 4.6), zum anderen für ein zweiwertiges, horizontal festgehaltenes Lager angegeben. Die Spannungsverläufe zeigen, daß Gewölbewirkung durch die horizontale Festhaltung des rechten Lagers erheblich zunimmt. Insbesondere reicht die Druckbeanspruchung wesentlich weiter in den unteren Scheibenbereich hinein, als dies bei einem horizontal verschieblichen Lager der Fall ist. Der große Unterschied in den Horizontalspannungen am unteren Rand von 4.2 [MN/m²] gegenüber 1.3 [MN/m²] macht die Bedeutung deutlich, die der realitätsnahen Abbildung der Horizontalverschieblichkeit bei Scheiben zukommt.

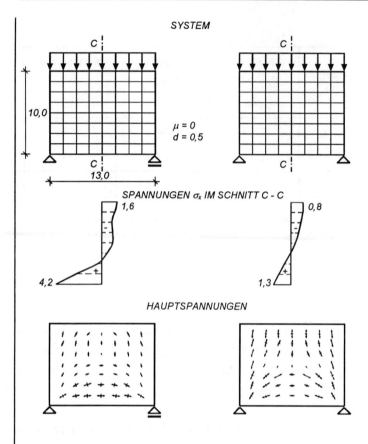

Bild 4-62 Scheibe mit zwei unterschiedlichen Lagerbedingungen

Scheiben können an einzelnen Stellen oder entlang größerer Abschnitte des Randes gelagert sein (Bild 4-63). Bildet man die Unterstützung einer Scheibe im Tragwerksmodell als starres Einzellager ab, so ergibt sich infolge der punktförmigen Lasteinleitung eine Singularität der Spannungen. Die erhaltenen Spitzenwerte der Spannungen sind, wie in Abschnitt 4.9.2 erläutert, physikalisch sinnlos und bedürfen einer ingenieurmäßigen Interpretation. Sinnvoll ist es etwa bei Scheiben aus Stahlbeton den Nachweis im Auflagerbereich mit Hilfe von Stabwerksmodellen zu führen [4.48]. Die Auflagerkraft ist immer genauer als die Elementspannungen, da sie sich unmittelbar aus den Gleichgewichtsbedingungen des Gesamtsystems ergibt (vgl. Abschnitte 3.2.5 und 3.2.7) und von den Näherungen der Ansatzfunktionen nur indirekt beeinflußt wird.

Sinnvolle Absolutwerte der Verschiebungen können bei punktförmig gestützten Scheiben nicht erhalten werden, da an der Punktstützung eine Singularität der Verschiebungen auftritt.

4.9 Modellbildung von Bauteilen

Auch bei einer starren linienförmigen Lagerung ist nach Tabelle 4-13 am Übergang zum freien Rand eine Spannungssingularität zu erwarten. Auch hier müssen die Spannungsspitzen, ähnlich wie in Beispiel 4.13, ingenieurmäßig interpretiert werden.

Aus der Sicht der Finite-Element-Theorie sind Tragwerksmodelle vorzuziehen, die keine Stellen mit Spannungssingularitäten aufweisen [4.49]. Hierzu müssen anstelle der starren Lager realitätsnähere elastische Unterstützungen eingeführt werden. Im Finite-Element-Modell erfordert dies allerdings auch eine entsprechende Netzverfeinerung im Auflagerbereich. Bei einer derartigen Modellbildung sind auch im Auflagerbereich zuverlässige Finite-Element-Spannungen und -Verschiebungen zu erwarten.

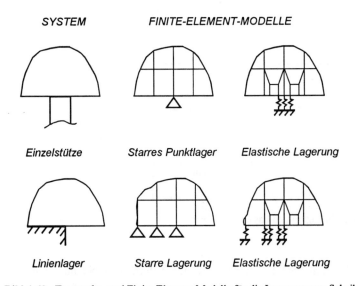

Bild 4-63 Tragwerks- und Finite-Element-Modelle für die Lagerung von Scheiben

Lasten

Auf Scheiben können Einzel-, Linien- und Flächenlasten einwirken. Diese werden im Finite-Element-Modell durch Knotenlasten beschrieben (vgl. Abschnitt 4.4.4). Die Darstellung von Linien- und Flächenlasten ist hierbei in der Regel problemlos. Lediglich bei parallel zum Plattenrand angreifenden Linienlasten können Singularitäten an den Rändern der Last auftreten [4.38] Tabelle 4-15.

AUFLAGER BZW. LAST	SINGULARITÄT	
	SPANNUNGEN	VERSCHIEBUNGEN
(Punktauflager)	ja	ja
(eingespannte Ecke)	ja	nein
(Einzellast vertikal)	ja	ja
(Einzellast horizontal)	ja	ja
(verteilte Last vertikal)	nein	nein
(verteilte Last horizontal)	ja (σ_x)	nein
(verteilte Last vertikal am Rand)	nein	nein
(verteilte Last horizontal am Rand)	nein	nein

Tabelle 4-15 Singularitäten an Auflagern und Lasten von Scheiben

Bei Einzellasten treten hingegen immer Singularitäten auf, sofern sie nicht im Sinne einer realistischeren Abbildung als Linienlasten dargestellt werden. Die Situation ist hier ähnlich wie bei der Punktstützung. Entweder bildet man die Einzellast als Knotenlast ab und interpretiert die Ergebnisse ingenieurmäßig, oder man wählt die realitätsnähere Darstellung als Linienlast und kann dann, eine ausreichend genaue Finite-Element-Modellierung vorausgesetzt, die Spannungen im Lastbereich aus der Finite-Element-Berechnung übernehmen.

4.9.5 Modellbildung von Platten

Die häufigste Anwendung der Finite-Element-Methode im konstruktiven Ingenieurbau ist die Berechnung von Platten im Stahlbetonbau. Hierbei handelt es sich meist um Deckenplatten oder um elastische gebettete Bodenplatten von Bauwerken. Die im folgenden angegebenen Regeln für die Modellbildung beziehen sich hauptsächlich hierauf.

4.9 Modellbildung von Bauteilen

Plattenfelder

Unter einem Plattenfeld versteht man einen Viereckbereich ohne größere Öffnungen. Plattenfelder sind gemäß den in Abschnitt 4.9.3 angegebenen Regeln in ein möglichst gleichmäßiges Elementnetz zu diskretisieren. Mit einem üblichen 4-Knoten-Viereckelement sollten zwischen zwei Stützungen mindestens sechs bis zehn Elemente angeordnet werden. Man kann dann ausreichend genaue Ergebnisse für die Biegemomente und die Durchbiegungen erwarten.

Die Genauigkeit der Querkräfte hängt vom Elementtyp und der Form der Elemente (Rechteck, Parallelogramm, allgemeines Viereck, Dreieck) ab. Bei schubweichen Plattenelementen ist sie auch von der Plattendicke abhängig, wobei im Verhältnis zur Stützweite dünne Platten kritisch sind. Die mit der Finite-Element-Methode ermittelten Querkräfte in Platten können recht ungenau sein (vgl. Beispiele 4.9 und 4.12). Wenn die Querkräfte mit einer Finite-Element-Berechnung zutreffend ermittelt werden sollen, sind in der Regel erheblich feinere Elementnetze als zur Ermittlung von Biegemomenten und Durchbiegungen erforderlich. Sofern bei dem verwendeten Programm Unklarheit über die Genauigkeit der Querkräfte besteht, können die Untersuchung einfacher Beanspruchungszustände, z.B. mit konstanter Querkraft, und Konvergenzstudien mit Netzen unterschiedlicher Feinheit aufschlußreich sein.

Bei Querkraftkontrollen, die man als Gleichgewichtskontrollen in Schnitten durch das Tragwerk durchführt, ist zu beachten, daß nach der Kirchhoffschen Plattentheorie der schubstarren Platte die Querkräfte nicht mit den Auflagerkräften übereinstimmen müssen. Bei gelenkig gelagerten Plattenrändern setzen sich die Auflagerkräfte den Querkräften und einem Anteil aus der Änderung der Drillmomente am Rand nach (2.12) zusammen. Auch bei freien Rändern treten 'Ersatzquerkräfte' auf, die nach (2.12) der Änderung der 'Drillmomente' am Rand entsprechen (vgl. [2.12]).

An Eckpunkten des Tragwerksmodells können auch bei Platten Singularitäten der Schnittgrößen auftreten. Typisch ist, wie bei der Scheibe, der Fall der 'einspringende Ecke'. Eine genauere Betrachtung zeigt, daß die Grenzwinkel, bei deren Überschreitung Singularitäten in Erscheinung treten, für Biegemomente und Querkräfte unterschiedlich sind. Diese sind in Tabelle 4-16 für verschiedene Lagerungsarten angegeben [4.50, 4.51]. Da es sich hierbei um lokale Effekte handelt, können in der Praxis die auf die Längeneinheit bezogenen Schnittgrößen im Eckbereich integriert und als integrale Größen in die Bemessung eingeführt werden, wie dies für Scheiben bereits erläutert wurde.

Beispiel 4.15

Für die in Beispiel 4.9 untersuchte Platte ist das Gleichgewicht zwischen der Auflagerkraft und den Elementquerkräften in Randmitte im Lastfall Gleichlast zu überprüfen.

Die an den Knoten gemittelten Elementquerkräfte und Elementdrillmomente am oberen Plattenrand (y = 5m) sind für die sehr feine Diskretisierung der Platte in 32x32-Elemente in Bild 4-64 dargestellt. Sie wurden mit den hybriden Plattenelement für die schubstarre Platte mit [P2] ermittelt. Die Auflagerkraft in Randmitte setzt sich nach (2.12) aus der Elementquerkraft $q = -33.0$ [kN/m] und einem Anteil infolge der Änderung des Drillmomentes zusammen. Mit diesem Anteil, den man aus der Elementgröße von 10/32 = 0.3125 [m] und den beiden Drillmomentenwerten von 0 bei x=0 und -3.69 [kNm/m] am benachbarten Knotenpunkt erhält, ergibt sich die Auflagerkraft zu:

$$\bar{q} = -q_n^* = 33.0 + \frac{3.69 - 0.0}{0.3125} = 44.8 \,[\text{kN}/\text{m}]$$

Sie stimmt gut mit der aus der Knotenkraft am Auflagerpunkt von 14.26 [kN] ermittelten verteilten Auflagerkraft von

$$\bar{q} = \frac{14.26}{0.3125} = 45.6 \,[\text{kN}/\text{m}]$$

sowie mit der analytischen Lösung nach [4.35] von

$$\bar{q} = \frac{10.10}{2.19} = 45.7 \,[\text{kN}/\text{m}]$$

überein.

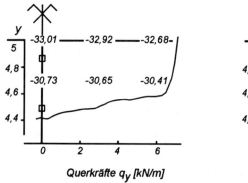
Querkräfte q_y [kN/m]

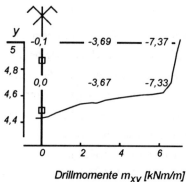
Drillmomente m_{xy} [kNm/m]

Bild 4-64 Querkräfte und Drillmomente am Plattenrand (an den Knoten gemittelte Elementkräfte)

4.9 Modellbildung von Bauteilen

LAGERUNG	MOMENTE	QUERKRÄFTE
(gelenkig–frei)	α >180°	α >78°
(gelenkig–gelenkig)	α >90°	α >51°
(gelenkig–gelenkig)	α >90°	α >60°
(Einspannung–frei)	α >95°	α >52°
(Einspannung–gelenkig)	α >129°	α >90°
(Einspannung–Einspannung)	α >180°	α >126°

Lagerungsart: ----- freier Rand
　　　　　　　 ——— gelenkige Lagerung
　　　　　　　 ////// Einspannung

Tabelle 4-16 Singularitäten von Schnittgrößen an den Eckpunkten von schubstarren Platten

Lager

Platten können punkt-, linien- oder flächenhaft gelagert sein. Der Fall der flächenhaften elastischen Lagerung, d.h. der elastischen Bettung von Platten, stellt keine besondere Schwierigkeit dar. Die Modellbildung kann entweder mit speziellen Finiten Plattenelementen erfolgen, die die elastische Bettung bereits bei der Elementformulierung berücksichtigen, oder durch Einzelfedern an den Knotenpunkten. Die Einzelfedern haben die Größe

$$k_v = k_s \cdot A_k \qquad (4.75a)$$

wobei k_s der Bettungsmodul und A_k die Bezugsfläche des Knotens, z.B. die Elementgröße bei einem regelmäßigen Raster, bedeuten. Die Wahl des Bettungsmoduls erfolgt nach den in Abschnitt 3.7 genannten Kriterien.

Bei linienartigen Lagern können Singularitäten der Schnittgrößen auftreten. Dies ist vor allen in gelagerten Plattenecken mit einem stumpfen Öffnungswinkel der Fall, Tabelle 4-16. Eine besonders starke Singularität stellt sich bei unterbrochenen Stützungen am Ende der Unterstützung ein. Zur Behandlung dieser Singularitäten gibt es die in Abschnitt 4.9.2 genannten Möglichkeiten. Entweder akzeptiert man die Singularitätenstelle im Tragwerksmodell und interpretiert die integralen Schnittgrößen ingenieurmäßig, oder man modifiziert das Tragwerksmodell und führt eine elastische Lagerung ein. Die Federkonstante einer Wand (pro [m]) läßt sich leicht aus deren Normalkraftsteifigkeit ermitteln zu:

$$k_v = \frac{E \cdot b}{h} \left[kN / m^2 \right] \quad (4.75b)$$

mit h = Wandhöhe unter der Decke [m], b = Wandbreite [m] und E = Elastizitätsmodul der Wand [kN/m²]. In der Regel sollte diese Lösung gewählt werden, da durch die starre Lagerung, z.B. bei einer unterbrochenen Stützung, auch die Auflagerkräfte stark gestört werden können.

Beispiel 4.16

Schiefwinklige, vierseitig gelagerte Platten werden in der Literatur häufig als Testbeispiele für parallelogrammförmige Elementformen aufgeführt. Die durch eine Gleichlast belastete, allseitig gelenkig gelagerte schiefwinklige Platte nach Bild 4-65 ist mit hybriden Elementen mit quadratischem Spannungs- und kubischem Verformungsansatz zu untersuchen; die Ergebnisse sind mit der analytischen Lösung in [4.52] zu vergleichen.

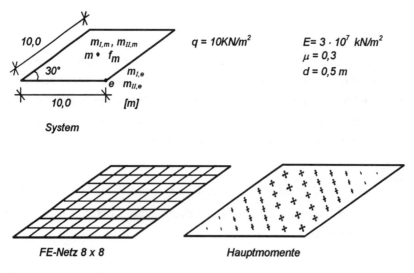

Bild 4-65 Schiefwinklige Platte

4.9 Modellbildung von Bauteilen

Die Singularität läßt sich durch die Annahme einer elastischen Lagerung der Platte vermeiden, die der Wirklichkeit auch eher entspricht. Für eine Federkonstante von $1 \cdot 10^6$ [kN/m²] erhält man die in Tabelle 1-46 angegebenen Werte. Die geringe Zunahme der Feldmomente ist auf die elastische Lagerung und den dadurch geringeren 'Einspanneffekt' der Ecken zurückzuführen.

Die gleiche Platte wurde in [4.18] mit verschiedenen Elementen untersucht. In [4.53] wird darauf hingewiesen, daß bei bestimmten Elementtypen die Elementform (Rechteck oder Parallelogramm) einen deutlichen Einfluß auf die Schnittgrößen schiefwinkliger Platten haben kann.

BERECHNUNGS-MODELL	f_m [mm]	$m_{I,m}$ [kNm/m]	$m_{II,m}$ [kNm/m]	$m_{I,e}$ [kNm/m]	$m_{II,e}$ [kNm/m]
Analytisch	0.12	19.1	10.8	∞	-
Starre Lager					
2 x 2	0.13	18.4	12.0	3.4	2.3
4 x 4	0.13	20.9	13.3	7.7	0.3
8 x 8	0.12	18.5	10.8	14.6	1.1
16 x 16	0.12	19.9	11.5	25.9	1.6
32 x 32	-	-	-	44.8	1.8
Elastische Lagerung.					
4 x 4	-	21.2	12.9	6.1	0.4
8 x 8	-	20.0	11.8	6.6	0.1
16 x 16	-	20.3	12.0	5.6	-0.3

Tabelle 4-17 Durchbiegungen und Hauptmomente der schiefwinkligen Platte

Beispiel 4.17

Unterbrochene Stützungen und Wandvorlagen sind in der Praxis häufig gegeben. Bei starrer Lagerung treten hierbei an den freien Wandenden starke Singularitäten in den Plattenschnittgrößen auf. Die in Bild 4-66 dargestellte Platte ist mit starrer und mit elastischer Lagerung im Lastfall Gleichlast zu untersuchen; die für die Bemessung maßgebenden Schnittgrößen im Punkt *m* sind zu ermitteln.

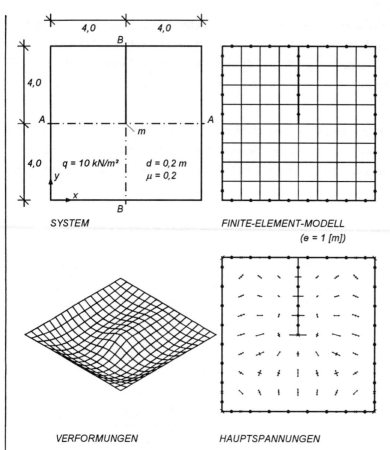

Bild 4-66 Platte mit unterbrochener Stützung

Die Berechnungen wurden mit hybriden Elementen mit quadratischen Spannungs- und kubischen Verformungsansätzen mit [P2] durchgeführt. Die Hauptspannungen und Durchbiegungen in Bild 4-66 vermitteln einen Eindruck von der Beanspruchung der Platte. Am freien Wandende treten hohe Stützmomente in x- und y-Richtung auf. Die in Tabelle 4-18 für verschiedene Elementgrößen angegebenen Momentenwerte m_x und m_y am freien Wandende zeigen bei starrer Lagerung die erwartete Singularität. Die von x = 3.5 [m] bis x = 4.5 [m] integrierten Stützmomente m_y am freien Wandende (y = 4.0 [m]) unterscheiden sich hingegen für die Elementgröße von 0.5 [m] und 0.25 [m] nur geringfügig. Noch geringer sind die Unterschiede des abzudeckenden negativen Gesamtmomentes M_y (bei y = 4.0 [m]) zwischen den Momentennullpunkten. Das Gesamtmoment M_y und damit die hieraus sich ergebende Bewehrung ändern sich somit kaum. Lediglich die Verteilung der Bewehrung kann sich mit zunehmender Netzverfeinerung in geringem Umfang ändern.

4.9 Modellbildung von Bauteilen

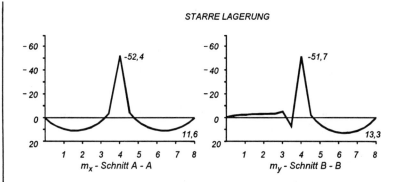

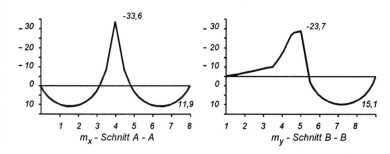

Bild 4-67 Biegemomente in den Schnitten A-A und B-B (e=0.5[m])

LAGERUNG UND ELEMENT-GRÖSSE	MOMENT IN STREIFEN DER BREITE 1 m M_y [kNm]	GESAMT-MOMENT BIS O-PKT M_y [kNm]	MAX FELD-MOMENT m_y [kNm/m]	MIN STÜTZ-MOMENT m_y [kNm/m]	AUFLAGER-KRAFT PUNKT 'm' q_m [kN/m]	STÜTZ-MOMENT PUNKT 'm' m_x [kNm/m]
<u>Starre Lagerung</u>						
e = 1.0	-26.8	-47.2	13.6	-33.6	947	-37.3
e = 0.5	-34.3	-52.2	13.3	-51.7	823	-52.4
e = 0.25	-38.6	-54.6	13.5	-75.5	2088	-71.7
<u>Elastische Lagerung</u>						
e = 1.0	-19.2	-32.8	14.6	-24.0	268	-30.8
e = 0.5	-16.6	-35.8	15.1	-23.7	360	-33.6

Tabelle 4-18 Durchbiegungen und Hauptmomente der Platte

Bei elastischer Lagerung der Wand weisen die Plattenmomente keine Singularitätenstelle auf. Das Gesamtmoment M_y ist deutlich niedriger als bei starrer Lagerung, während die Feldmomente m_y geringfügig höher sind. Die extremen Spitzenwerte der Auflagerkraft am freien Wandende werden durch die elastische Lagerung deutlich abgemindert.

Für Einzelstützen von Flachdecken wurde eine Reihe unterschiedlicher Tragwerks- und Finite-Element-Modelle entwickelt (Bild 4-68).

Modellbildung an Einzelstützen:
a) Punktförmige Lagerung mit Bemessung am Anschnitt
    - Rechteckraster ohne Netzverfeinerung
    - Netzverfeinerung an Stütze
b) Stütze als elastische Bettung der Platte
    - Rechteckraster mit Netzverdichtung
    - lokale Netzverfeinerung an Stütze

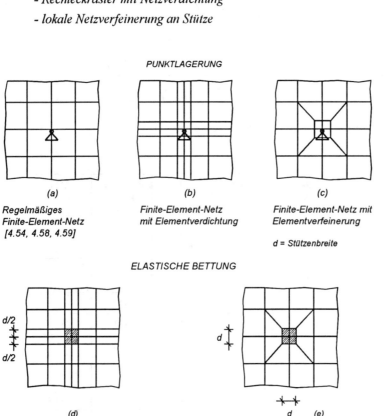

Bild 4-68 Tragwerks- und Finite-Element-Modelle für Einzelstützen von Flachdecken

4.9 Modellbildung von Bauteilen

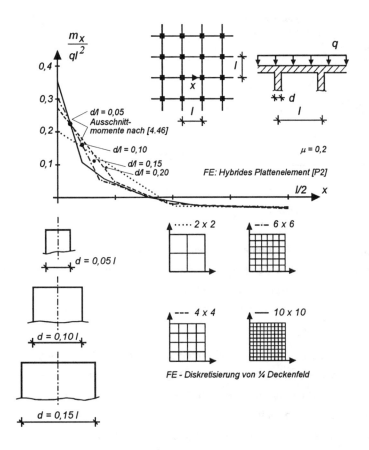

Bild 4-69 Finite-Element-Berechnung des Innenfeldes einer Flachdecke mit Punktlagerung der Stütze

Die einfachste Möglichkeit der Modellierung von Einzelstützen ist die punktförmige Lagerung. Da die Auflagerkraft als Punktlast auf die Platte wirkt, tritt eine Singularität der Biegemomente auf. Das für dieses Modell erhaltene Biegemoment m_x ist für eine Flachdecke mit einem unendlich großen quadratischen Stützenraster (Innenfeld) und mehrere regelmäßige Finite-Element-Netze in Bild 4-69 dargestellt. Die Zunahme des Stützmoments mit der Verfeinerung des Finite-Element-Netzes ist deutlich zu erkennen. Sinnvoller als eine Bemessung für das Stützmoment, das von der gewählten Größe der Finiten Elemente abhängt, ist die Bemessung für das Anschnittsmoment. In [4.54] wird darauf hingewiesen, daß für schlanke Stützen mit $d/l < 0.1$ das so ermittelte Anschnittsmoment mit der analytischen Lösung nach [4.55, 4.56] in zufriedenstellender Näherung übereinstimmt (Bild 4-69). Um Interpolationen der Berechnungsergebnisse zu vermeiden, kann man die Finiten Elemente an der Stütze so wählen, daß die Elementmitten oder die Gaußschen Integrationspunkte am

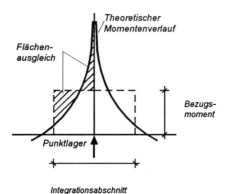

Bild 4-70 Bemessung für integrale Momente

Stützenrand liegen (Bild 4-68b,c). Bei breiten Stützen wird durch die Punktlagerung das Anschnittsmoment unterschätzt. Die in der Praxis häufig gewählte punktförmige Lagerung stellt in jedem Fall eine grobe Vereinfachung des wirklichen Tragverhaltens dar. Bei Stützen mit von der Quadratform abweichendem Querschnitt oder bei Rand- und Eckstützen sind fehlerhafte Ergebnisse zu erwarten [4.57].

Eine weitere Möglichkeit ist die Bemessung für ein integrales Moment [4.58]. Hierzu wird das Moment m_x im Stützenbereich über eine bestimmte Breite, z.B. entsprechend den Gurt- und Feldstreifen in [4.56], in y-Richtung integriert (Bild 4-70). Eine andere Möglichkeit zur Korrektur der Annahme der punktförmigen Einleitung der Auflagerkraft ist in [4.59] angegeben. Dort wird die Überlagerung mit einer Gleichgewichtsgruppe von Flächenlasten an der Stütze vorgeschlagen.

Die punktförmige Lagerung kann starr sein, wenn dies bei den übrigen Lagerungen auch der Fall ist. Sind die Wände elastisch gelagert, sollten die Stützen im Sinne eines konsistenten Tragwerkmodells durch eine Vertikalfeder mit einer Federkonstante von

$$k_v = \frac{E \cdot A}{l} \tag{4.76}$$

(mit E = Elastizitätsmodul, A = Fläche und l = Höhe der Stütze) dargestellt werden.

Die der Bemessung nach [4.55, 4.56] zugrunde liegenden Verfahren beruhen auf dem Tragwerksmodell einer elastischen Bettung der Platte durch die Stütze. In [4.55, 4.56] wird jedoch vorausgesetzt, daß die Flächenlast, mit der die Stütze auf die Platte einwirkt, konstant ist. Vernachlässigt man diese Voraussetzung, so kann das Tragwerksmodell der elastisch gebetteten Platte auch bei Finite-Element-Berechnungen übernommen werden. Für die dazu erforderliche Netzanpassung in Stützenbereich wurden verschiedene einfache Finite-Element-Diskretisierungen vorgeschlagen (Bild 4-68d,e). Nicht immer unproblematisch ist die Wahl

4.9 Modellbildung von Bauteilen

des Bettungsmoduls für die elastische Nachgiebigkeit der Stütze. Geht man von der Dehnsteifigkeit der Stütze aus, erhält man diesen zu:

$$k_v = \frac{E}{l} \tag{4.77a}$$

wobei l [m] die Länge und E [kN/m²] der Elastizitätsmodul der Stütze bedeuten. Ermittelt man hingegen den Bettungsmodul aus der Drehsteifigkeit der Stütze, erhält man bei einer Rechteckstütze zu:

$$k_v = \frac{3 \cdot E}{l} \tag{4.77b}$$

bei gelenkiger Lagerung des Fußpunktes und

$$k_v = \frac{4 \cdot E}{l} \tag{4.77c}$$

bei starrer Einspannung des Fußpunkts. Bei einer kombinierten Normalkraft- und Momentenbeanspruchung der Stütze läßt sich also der Bettungsmodul nicht eindeutig bestimmen. Dies beschränkt die Anwendung dieses Tragwerksmodells im allgemeinen auf zur Stütze symmetrische Systeme mit symmetrischer oder antimetrischer Belastung. Im übrigen sei darauf hingewiesen, daß bei unsymmetrischen Systemen die Verdrehung des elastisch gebetteten Plattenbereichs der Einleitung eines Biegemoments am Stützenkopf entspricht und daß dieses Moment im Sinne einer konsistenten Lastweiterleitung in der Stütze aufgenommen und nachgewiesen werden muß.

Balkenartige Aussteifungen von Platten können als Unterzüge, aber auch in anderen Formen auftreten (Bild 4-71) und stellen eine besondere Form einer nachgiebigen Lagerung einer Platte dar. Im Hochbau ist die häufigste Form der Unterzug. Da die Nullinie des Unterzugs nicht in der Plattenmittelebene liegt, treten in der Platte Normalkraftbeanspruchungen auf. Deren explizite Berücksichtigung erfordert die Berechnung des Systems als Faltwerk mit Finiten Schalenelementen anstelle von Plattenelementen. Bei der 'Handrechnung' berücksichtigt man die Normalkraftbeanspruchung der Platte, indem man den Unterzug als T-Querschnitt mit einer mitwirkenden Plattenbreite betrachtet. Zur Modellierung bei einer Finite-Element-Berechnung wurden in [4.60-4.66] verschiedene Tragwerksmodelle vorgeschlagen (Bild 4-72).

Randverstärkung   *Unterzug*   *Deckensprung*

Bild 4-71   Balkenartige Bauteile bei Platten

Tragwerksmodelle für Unterzüge

a) *Faltwerkmodelle: Modellierung der Platte mit Schalenelementen*
   - *Modellierung des Stegs mit Standard-Schalenelementen*
   - *Modellierung des Stegs mit Schalenelementen mit exzentrischer Bezugsachse*
   - *Modellierung des Stegs mit Balkenelementen mit exzentrischer Bezugsachse*

b) *Plattenmodelle: Modellierung der Platte mit Plattenelementen*
   - *Modellierung des Stegs mit Balkenelementen mit exzentrischer Bezugsachse*
   - *Modellierung des Stegs mit zentrischen Balkenelementen*
   - *starre Lagerung der Platte*

Die Faltwerkmodelle berücksichtigen die Normalkraftbeanspruchung der Platte explizit und bestimmen somit die mitwirkende Plattenbreite automatisch. Modelliert man den Steg mit Standard-Schalenelementen, kommt es im Bereich des Übergangs vom Steg zur Platte zu Überschneidungen der Elemente, die insbesondere bei gedrungenen Querschnitten zu einer Überschätzung der Steifigkeit führen. Geometrisch richtig ist die Modellierung des Stegs durch Schalenelemente mit exzentrischer Bezugsachse (Bild 4-72b). Aufgrund der theoretischen Annahmen beim Schalenelement wird hierbei ein Ebenbleiben des Querschnitts vorausgesetzt. Beim Faltwerk mit exzentrischem Balken (Bild 4-72c) sind Inkonsistenzen zwischen Balken und Plattenelementen vorhanden, die zu einem zusätzlichen Diskretisierungsfehler und zu Sprüngen in den Zustandslinien führen. Sie haben die gleiche Ursache wie beim Modell der Platte mit exzentrisch angeschlossenem Balken und werden in diesem Zusammenhang erläutert (s.u.). Wenn ein Unterzug mit einem Faltwerksmodell abgebildet wird, sollte das Modell mit exzentrisch angeordneten Schalenelementen gewählt werden [4.64]. Faltwerkmodelle erfordern allerdings einen deutlich höheren Rechenaufwand als Plattenmodelle, da sie je Knotenpunkt zwei zusätzliche Freiheitsgrade für die Scheibenwirkung besitzen. Schwierigkeiten können bei Faltwerkmodellen die Modellierung der Auflager des Unterzugs sowie die Beeinflussung der Schnittgrößen der Deckenplatte quer zum Unterzug durch die Schalenelemente des Stegs bereiten. In der Praxis werden Faltwerkmodelle nur dann eingesetzt, wenn eine genaue Erfassung der mitwirkenden Plattenbreite sinnvoll ist. Dies ist beispielsweise bei vorgespannten Platten der Fall [4.66].

Aufgrund der einfacheren Modellierung und des geringeren Rechenaufwandes werden in der Praxis meist Plattenmodelle gegenüber Faltwerkmodellen bevorzugt. Zunächst wird die Modellierung des Unterzugs mit zentrischen Balkenelementen nach Bild 4-72e behandelt. Hierbei bildet man den Unterzug als Biegebalken mit einem Plattenbalkenquerschnitt ab und kann damit auf die explizite Berücksichtigung der Normalkraftbeanspruchung der Decken-

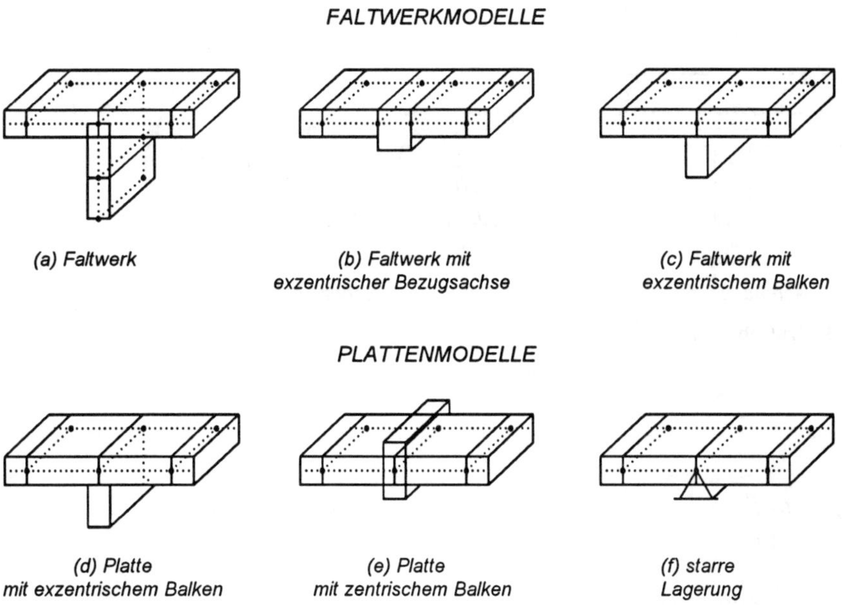

4.9 Modellbildung von Bauteilen

FALTWERKMODELLE

(a) Faltwerk

(b) Faltwerk mit exzentrischer Bezugsachse

(c) Faltwerk mit exzentrischem Balken

PLATTENMODELLE

(d) Platte mit exzentrischem Balken

(e) Platte mit zentrischem Balken

(f) starre Lagerung

Bild 4-72 Abbildung von Unterzügen durch Stabelemente

platte verzichten. Für den Plattenbalkenquerschnitt muß eine mitwirkenden Plattenbreite, z.B. nach [4.56], bestimmt werden. Die hierin enthaltene Näherung ist in der Regel gerechtfertigt, da die Berechnungsergebnisse bei einer sinnvollen Wahl der mitwirkenden Breite meist nur geringfügig von deren Größe abhängen. In Einzelfällen kann auch eine abschnittsweise konstante, aber über die Balkenlänge veränderliche mitwirkende Breite vorgegeben werden, um Einschnürungen an Einzellasten und Auflagern zu berücksichtigen [4.65].

Besondere Bedeutung kommt der Wahl der Biegesteifigkeit des Balkens zu, da die Nachgiebigkeit eines Unterzugs zu merklichen Schnittgrößenumlagerungen in einer Deckenplatte führen kann. Das Trägheitsmoment und die Schwerpunktkoordinaten eines Plattenbalkens lauten mit den Bezeichnungen nach Bild 4-73:

$$e_0 = \frac{d_0}{2} \cdot \frac{b_0(d_0 - d)}{b \cdot d + b_0(d_0 - d)} + \frac{d}{2} \tag{4.78a}$$

$$I_{ges} = I_{Pl} + I_{Ba} + I_{St} \tag{4.78b}$$

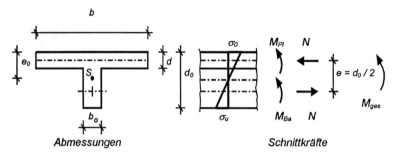

Bild 4-73 Plattenbalken

mit

$$I_{Pl} = \frac{b \cdot d^3}{12} \tag{4.78c}$$

$$I_{Ba} = \frac{b_0 \cdot (d_0 - d)^3}{12} \tag{4.78d}$$

$$I_{St} = \frac{b \cdot d \cdot b_0 \cdot (d_0 - d)}{b \cdot d + b_0 \cdot (d_0 - d)} \cdot \frac{d_0^2}{4} \tag{4.78e}$$

Das Trägheitsmoment des Gesamtquerschnitts setzt sich also aus den Anteilen I_{Pl}, I_{Ba} und I_{St}, die den Trägheitsmomenten der Platte und des Balkens sowie dem Steiner-Anteil entsprechen, zusammen. Dieses Trägheitsmoment muß um den Anteil der Platte reduziert werden, da dieses im Finite-Element-Modell bereits enthalten ist. Somit erhält man das Trägheitsmoment des zentrischen Balkens zur Modellierung des Unterzugs zu:

$$I_{FE} = I_{ges} - I_{Pl}$$

oder

$$I_{FE} = I_{Ba} + I_{St} \tag{4.79}$$

Dieses Modell beinhaltet als einzige Näherung die Annahme der mitwirkenden Plattenbreite, die z.B. nach [4.56] bestimmt werden kann. Setzt man die mitwirkende Plattenbreite b mit dem Grenzwert ∞ an, erhält man das Trägheitsmoment und die Schwerpunktlage durch den Grenzübergang von (4.78a) und (4.79) mit $b \to \infty$ zu:

$$e_{0,\infty} = d/2 \tag{4.80a}$$

$$I_{FE,\infty} = I_{Ba} + I_{St,\infty} \tag{4.80b}$$

mit

4.9 Modellbildung von Bauteilen

$$I_{St,\infty} = b_0 \cdot (d_0 - d) \cdot \frac{d_0^2}{4} \tag{4.80c}$$

In der Praxis wird auch die Modellierung des Stegs mit Balkenelementen mit exzentrischer Bezugsachse angewandt. Die Balken besitzen die Querschnittswerte des Stegs

$$A_{Ba} = b_0 \cdot (d_0 - d) \tag{4.81a}$$

$$I_{Ba} = \frac{b_0 \cdot (d_0 - d)^3}{12} \tag{4.81b}$$

und sind mit der Exzentrizität $e = d_0/2$ starr an die Platte gekoppelt. Bezieht man das Trägheitsmoment auf die Plattenmittellinie, so erhält man man mit dem Steiner-Anteil

$$A_{Ba} \cdot e^2 = b_0 \cdot (d_0 - d) \cdot \frac{d_0^2}{4}$$

das Trägheitsmoment nach (4.80c). Die Abbildung des Stegs durch einen Balken mit exzentrischer Bezugsachse ist also identisch mit dem Modell eines zentrisch angeordneten Balkens mit '∞' großer mitwirkender Plattenbreite. Es ist offensichtlich, daß vor allem bei großen Steghöhen durch die Annahme einer '∞ großen' mitwirkenden Plattenbreite die Biegesteifigkeit des Plattenbalkens überschätzt wird. Bei exzentrisch angeschlossenen Stäben tritt darüber hinaus zusätzlich ein Diskretisierungsfehler auf, da die Längssteifigkeit des Stabes nur einen elementweise konstanten Verlauf des Biegemomentenanteils $N \cdot e_{0,\infty}$ beschreiben kann [4.67]. In [4.62] wird daher das Modell des zentrischen Balkens mit '∞ großer' mitwirkender Plattenbreite bzw. des an eine dehnstarre Platte exzentrisch angeschlossenen Stabes nur bis zu einem Verhältnis von $d_0/d = 3$ empfohlen. Grundsätzlich sollte das Modell mit einer endlichen mitwirkenden Breite vorgezogen werden.

Nach der Durchführung der Finite-Element-Berechnung sind die für Bemessung relevanten Schnittgrößen für den Unterzug zu bestimmen. Das Gesamtmoment im Unterzug, das bei der 'Handrechnung' der Bemessung von Plattenbalken zugrunde gelegt wird, setzt sich nach Bild 4-74 aus drei Anteilen zusammen:

$$M_{ges} = M_{Pl} + M_{Ba} + N \cdot e \tag{4.82}$$

Das Moment läßt sich auch durch Multiplikation der Krümmung mit der Biegesteifigkeit nach (4.78b) bzw. (2.8a) anschreiben zu:

$$\kappa EI_{ges} = \kappa EI_{Pl} + \kappa EI_{Ba} + \kappa EI_{St}$$

Da der Plattenbalken als einheitlicher Stabquerschnitt wirkt, ist die Krümmung κ in Platte und Balken gleich, so daß gilt:

$$\kappa = \frac{M_{ges}}{EI_{ges}} = \frac{M_{Pl}}{EI_{Pl}} = \frac{M_{Ba}}{EI_{Ba}} = \frac{N \cdot e}{EI_{St}} \tag{4.82a}$$

Die Momentenanteile lassen sich somit den entsprechenden Steifigkeitsanteilen zuordnen. Der Momentenanteil M_{Pl} ist bereits in den Schnittgrößen der Platte - überlagert mit Plattenmomenten aus anderen Ursachen - enthalten und läßt sich daher im allgemeinen nur schwer explizit angeben. Während man also bei den klassischen Verfahren die Bemessung des Plattenbalkens als einheitlichen Querschnitt mit dem Moment

$$M_{ges} = M_{Ba} \cdot I_{ges} / I_{Ba} \tag{4.82b}$$

durchführen kann, ist dies beim Finite-Element-Modell kaum noch sinnvoll. In [4.61] wird daher empfohlen, die Bemessung der Platte mit den vom Finite-Element-Programm berechneten Momenten durchzuführen und die Zugbewehrung im Plattenbalkenquerschnitt mit dem verbleibenden Momentenanteil

$$M_{PlBa} = M_{Ba} + N \cdot e \tag{4.83}$$

zu bemessen. Dieses Moment ist das Stabmoment des zentrisch angeordneten Stabes mit der Steifigkeit nach (4.79). Bei exzentrisch angeschlossenen Stäben nach Bild 4-72d ist das Bemessungsmoment aus der vom Programm ausgegebenen Normalkraft N und dem Balkenmoment M_{Ba} zu ermitteln.

Nachteilig gegenüber der Bemessung des Gesamtquerschnitts ist hierbei, daß bei der Bemessung für das Plattenmoment M_{Pl} die Druckkraft, die über die mitwirkende Plattenbreite des Plattenbalkenquerschnitts wirkt, nicht berücksichtigt wird und daß lediglich der innere Hebelarm in der Platte anstelle des größeren inneren Hebelarms des Gesamtquerschnitts angesetzt wird. In [4.61] wird empfohlen, die Normalkraft nach

$$N = \kappa \cdot \frac{EI_{St}}{e} = \frac{M_{Pl}}{e} \cdot \frac{I_{St}}{I_{Pl}} = \frac{M_{Ba}}{e} \cdot \frac{I_{St}}{I_{Ba}} \tag{4.84}$$

die sich aus (4.82a) ergibt, in einer Nachbemessung 'von Hand' anzusetzen sowie die in der Platte erhaltene Bewehrung, zumindest bei kleineren Steghöhen, konstruktiv umzuordnen.

Die Querkraft des Plattenbalkenquerschnitts setzt sich aus einem Plattenanteil und einem Balkenanteil zusammen. Während man bei der Bemessung des Gesamtquerschnittes die gesamte Querkraft

$$Q_{ges} = Q_{Ba} \cdot I_{ges} / I_{Ba} \tag{4.84a}$$

dem Steg zuweist, ist dies hier, ähnlich wie beim Gesamtmoment, kaum sinnvoll. Dies kann zusätzliche konstruktive Überlegungen erforderlich machen.

Die Abbildung des Unterzugs als zentrischen Stabes kann natürlich auch durch ein Plattenelement mit der Breite b_0 des Unterzugs und einer Ersatzhöhe, die sich aus dem Trägheitsmoment I_{FE} zu

4.9 Modellbildung von Bauteilen

$$h_{ers} = \sqrt[3]{\frac{12 \cdot I_{FE}}{b_o}}$$

ergibt, erfolgen, sofern das verwendete Finite-Element-Programm nicht über Stabelemente verfügt. Hierbei ist jedoch zu beachten, daß im 'Ersatzbalken' die Querdehnzahl mit $\mu = 0$ anzusetzen ist, um Störungen der Querbiegemomente in der Platte durch den 'Unterzug' zu vermeiden.

Unterzüge können auch als starre Lager der Deckenplatte abgebildet werden (Bild 4-72e), wenn ihre Steifigkeit wesentlich höher als diejenige der Platte ist. Dieses in der Praxis häufig angewandte Vorgehen sollte allerdings auf im Vergleich zur Deckenstärke hohe Unterzüge beschränkt werden.

Beispiel 4.18

Die in Bild 4-74 dargestellte, allseitig gelenkig gelagerte Deckenplatte mit einem Unterzug ist für den Lastfall Gleichlast zu untersuchen.

Für den Unterzug erhält man nach [4.56] eine mitwirkende Plattenbreite von 3.7 [m] und damit folgende Trägheitsmomente:

$I_{ges} = 0.061$ [m⁴] $I_{FE} = 0.058$ [m⁴] $I_{FE\infty} = 0.073$ [m⁴]

Die Berechnung erfolgt für folgende Varianten:
- *A* - Unterzug als zentrischer Stab für $b = 3.7$ [m]
- *B* - Unterzug als zentrischer Stab für $b \to \infty$
- *C* - Unterzug als exzentrischer Stab
- *D* - Platte auf Unterzug, unverschieblich gelagert

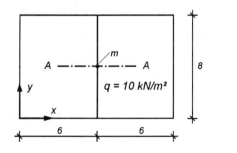
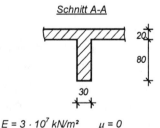

Bild 4-74 Deckenplatte mit Unterzug

Die mit [P2] ermittelten Biegemomente m_x und m_y in der Platte, das Biegemoment M_{PlBa} im Plattenbalken sowie die Durchbiegung f sind für die Plattenmitte in Tabelle 4-18 angegeben. Die geringsten Balkendurchbiegungen ergeben sich erwartungsgemäß für die Variante B, bei der die Biegesteifigkeit des Stabes um den Faktor $I_{FE\infty}/I_{FE} = 1.26$ höher als bei Variante A ist. Der Steifigkeitsunterschied wirkt sich hingegen hier nicht sehr wesentlich auf die Biegemomente in der Platte und im Balken aus. Die Unterschiede zwischen den Varianten B und C sind auf den erwähnten Diskretisierungsfehler zurückzuführen.

MODELL	M_{PlBa} [kNm]	m_y [kNm/m]	m_x [kNm/m]	f [mm]
A	481	4.7	-30.0	1.8
B	493	4.5	-31.2	1.5
C	490	4.3	-30.9	1.6
D	-	0	-36.4	0

Tabelle 4-19 Biegemomente und Durchbiegung in Plattenmitte (Punkt m)

Lasten

Platten können durch Einzel-, Linien- oder Flächenlasten belastet werden. Singularitäten der Schnittgrößen treten insbesondere bei Einzelkräften und eingeprägten Momenten am Lastangriffspunkt auf, Tabelle 4-20 [4.40]. Bemerkenswert ist, daß die Verdrehung unter einem eingeprägten Moment singulär ist. Dies bedeutet u.a., daß die punktförmige Einspannung eines Biegebalkens in eine Platte oder Schale in einem Finite-Element-Modell unzulässig ist.

Bei einer Finite-Element-Berechnung hängt die Größe des Biegemoments unter einer Punktlast von der Größe der Finiten Elemente ab. Näherungsweise läßt sich die Größe der Finiten Elemente nun so wählen, daß man unter der Punktlast dasselbe Biegemoment wie unter einer statisch äquivalenten Teilflächenlast erhält (Bild 4-75). In [4.68] wird hierzu vorgeschlagen, die Größe der Finiten Elemente gleich der α_p-fachen Abmessung der Flächenlast, d.h.

4.9 Modellbildung von Bauteilen

LAST	VERSCHIEBUNGSGRÖSSEN	SCHNITTGRÖSSEN
(F am Punkt A)	nein	ja (m_x, m_y, q_x, q_y)
(M am Punkt A)	ja $(\varphi_y = \dfrac{dw}{dx})$	ja (m_{xy}, q_y)
(P auf Fläche A-A)	nein	ja (q_x)

Tabelle 4-20 Singularitäten bei schubstarren Platten am Lasteinleitungspunkt A

$$h = \alpha_p \cdot c$$
$$k = \alpha_p \cdot d \qquad (4.85)$$

zu wählen. Für das hybride Plattenelement mit quadratischem Spannungs- und kubischem Verschiebungsansatz wurde in [4.68] durch Vergleich mit der exakten Lösung für die Teilflächenlast der Wert

$$\alpha_p = 2.5$$

ermittelt. Dieses Verfahren wurde bereits in [4.69] in Verbindung mit dem Finite-Differenzen-Verfahren angewandt. Es ist jedoch nur für Teilflächenlasten mit kleinen Abmessungen c und d praktikabel, da sich anderenfalls für das Gesamtsystem zu große Finite-Element-Abmessungen ergeben.

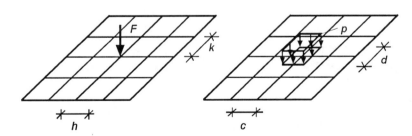

Bild 4-75 Punktlast und Teilflächenlast

4.9.6 Ergebnisausgabe

Nach der Lösung des globalen Gleichungssystems eines Finite-Element-Modells stehen die Knotenverschiebungen und -verdrehungen zur Verfügung. Aus diesen lassen sich alle Schnitt- und Verschiebungsgrößen an jeder Stelle eines Elements und somit auch prinzipiell an jeder Stelle des Finite-Element-Modells ermitteln. Es wurde bereits festgestellt, daß die Schnittgrößen in Elementmitte am genauesten sind. Bei Elementen mit höheren Ansatzfunktionen, deren Steifigkeitsmatrizen durch numerische Integration gebildet werden, sind die Schnittgrößen an den Integrationspunkten am genauesten. Hingegen sind die Schnittgrößen an den Elementrändern und Knotenpunkten verhältnismäßig ungenau und in benachbarten Elementen unterschiedlich. Zur Ausgabe und Weiterverarbeitung der Schnittgrößenverläufe gibt es daher mehrere Möglichkeiten:

Ausgabemöglichkeiten von Finite-Element-Schnittgrößen:

a) *in den Elementmitten bzw. Integrationspunkten,*

b) *in den Knotenpunkten durch Mittelung der Elementspannungen an den Knotenpunkten für alle angrenzenden Elemente,*

c) *an beliebiger Stelle des Finite-Element-Netzes durch Interpolation der Elementmitten- oder Knotenwerte.*

Alle Ausgabemöglichkeiten haben Vor-, aber auch Nachteile. Die Ausgabe in Elementmitte bzw. an den Integrationspunkten ist sehr robust, d.h., sie ergibt auch in problematischen Situationen die besten Ergebnisse. Sie ermöglicht allerdings nicht an jeder Stelle des Finite-Element-Netzes die Ermittlung der Schnittgrößen. Dies kann insbesondere an eingespannten Rändern, an Lagern und unter Lasten, wo häufig die maximalen Schnittgrößen auftreten, störend wirken. In der Praxis begegnet man dem, indem man die Elemente möglichst so angeordnet, daß an allen für die Auswertung relevanten Stellen Elementmittelpunkte vorhanden sind. So genügt es z.B. bei linienförmig gelagerten Platten oft, anstelle von Stützmomenten

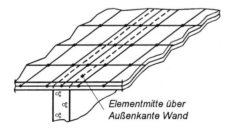

Bild 4-76 Elementierung einer auf einer Wand gelagerten Platte

4.9 Modellbildung von Bauteilen

nur Anschnittsmomente an Wänden zu bestimmen. Man ordnet die Elemente dann so an, daß die Elementmittelpunkte am Wandanschnitt liegen, und verzichtet auf die Ausgabe des Stützmomentes (Bild 4-76).

In den meisten Finite-Element-Programmen werden geglättete Spannungen bzw. Schnittkräfte an den Knotenpunkten ausgegeben. Hierzu ermittelt das Programm die Elementspannungen aller mit dem betreffenden Knotenpunkt verbundenen Elemente und gibt deren Mittelwert aus. Die Genauigkeit der im einzelnen Element verhältnismäßig ungenauen Knotenspannungen nimmt dadurch zu. Dies gilt allerdings nicht für Knotenpunkte am Rand oder in Ecken des Finite-Element-Netzes, die nur ein einziges bzw. kein Nachbarelement besitzen. Die Knotenwerte der Spannungen sind daher dort ungenauer als an Innenknoten des Finite-Element-Netzes (Bild 4-77). Sprünge der Schnittgrößen können aber auch statische Ursachen haben, wie z.B. der Querkraftsprung in einer Platte unter einer Linienlast. Es ist zu beachten, daß in den meisten Finite-Element-Programmen auch solche Sprünge durch die Mittelung verloren gehen. Schwierigkeiten bei der Mittelung können sich auch an Kanten von Faltwerken bzw. beim Übergang ebener Elemente von Schalen ergeben. In diesen Fällen muß auf die Mittelung der Schnittgrößen an den Knoten verzichtet werden.

Spannungswerte werden häufig auch an beliebigen Stellen im Finite-Element-Modell und somit an beliebigen Punkten innerhalb eines Finiten Elements benötigt. Dies gilt beispielsweise für Schnittgrößenausgaben entlang eines beliebigen Schnittes durch das Finite-Element-Modell sowie für Isoliniendarstellung von Schnittgrößenverläufen. Liegen geglättete Knotenspannungen vor, so können konsistente Spannungswerte innerhalb von Viereckelementen durch bilineare Interpolation nach (4.40a,b) gewonnen werden. Sinnvoller erscheint die Extra- bzw. Interpolation der genaueren Elementmittenspannungen. Bei einem regelmäßigen Rechteckraster mit vier gemeinsamen Elementen je Knotenpunkt ist dies ebenfalls durch bilineare Interpolation möglich. Die Extrapolation der Elementmittenspannungen auf den Rand führt häufig zu genaueren Werten [4.10]. Sie läßt sich allerdings nur schwer auf beliebige Elementraster erweitern.

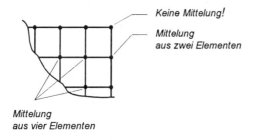

Bild 4-77 Ermittlung von Knotenspannungen aus Elementspannungen

Beispiel 4.19

Die geglätteten Knotenspannungen sowie die Elementmittenspannungen sind für das Erläuterungsbeispiel mit linearem Verschiebungsansatz (Abschnitt 4.3) zu berechnen und mit der exakten Lösung zu vergleichen.

Untersucht werden die Diskretisierungen in eins, zwei und vier Elemente, für die die Spannungen in Tabelle 4-3 angegeben sind. Die Spannungen in den Elementmitten stimmen beim Element mit linearem Verschiebungsansatz mit der exakten Lösung praktisch überein. Mit exakten Knotenverschiebungen würde man nach (4.17b) für dieses Element auch theoretisch die exakte Normalkraft in Elementmitte erhalten. Die geglätteten Knotenspannungen, die man durch Mittelung der Randspannungen aller am Knoten angeordneten Elemente erhält, sind in Tabelle 4-21 angegeben. Sie sind erheblich genauer als die Elementspannungen an den Knoten, nähern die exakte Lösung aber dennoch weniger gut als die Elementmittenspannungen an. Weiterhin besitzt der Endwert bei $x = 500$ [cm] eine wesentlich geringere Genauigkeit als die übrigen Knotenwerte. Eine lineare Extrapolation aus den Spannungswerten in der Mitte der beiden vorhergehenden Elemente würde hingegen den Endwert mit deutlich höherer Genauigkeit annähern.

Beim Element mit quadratischem Verschiebungsansatz werden die Knotenspannungen durch die Mittelung ebenfalls verbessert. Jedoch lassen hier die Spannungen in Elementmitte keine höhere Genauigkeit als die geglätteten Knotenspannungen erkennen. Eine höhere Genauigkeit weisen diese Elemente in den Gaußpunkten für die 2-Punkte-Integration auf.

ANSATZ-FUNKTION	ANZAHL ELEMENTE	x [cm]				
		0	125	250	375	500
Linear	1	0.333	-	-	-	0.333
	2	0.250	-	0.375	-	0.500
	4	0.222	0.254	0.343	0.534	0.667
Quadratisch	1	0.130	-	-	-	0.652
	2	0.191	-	0.296	-	0.818
	4	0.198	0.248	0.327	0.474	0.923
Exakt	-	0.200	0.250	0.333	0.500	1.000

Tabelle 4-21 Geglättete Knotenspannungen im Erläuterungsbeispiel [kN/m^2]

4.10 Qualitätssicherung und Dokumentation von Finite-Element-Berechnungen bei Flächentragwerken

4.10.1 Fehlerabschätzung und adaptive Netzverdichtung

Bei der Finite-Element-Berechnung von Flächentragwerken tritt zu den in Abschnitt 3.8.1 genannten allgemeinen Fehlerquellen (Fehler im Berechnungsmodell, Eingabefehler, numerische Fehler, Programmfehler) noch der Diskretisierungsfehler hinzu. Unter dem Diskretisierungsfehler versteht man denjenigen Fehler, der durch die Annäherung der exakten Verschiebungen bzw. Spannungen durch Ansatzfunktionen entsteht.

Der Diskretisierungsfehler einer Finite-Element-Berechnung läßt sich für das Gesamtsystem als Fehlernorm angeben. Üblich ist die Angabe der sogenannten 'Energienorm'. Man geht vom Fehler $\underline{e}$ der Verschiebungen aus, d.h. von der Abweichung der mit der Finite-Element-Methode erhaltenen Verschiebungen $\underline{u}^{(FE)}$ von der exakten Lösung $\underline{u}^{(exakt)}$:

$$\underline{e} = \underline{u}^{(FE)} - \underline{u}^{(exakt)} \tag{4.86}$$

wobei die Verschiebungen $\underline{u}^{(FE)}$ und $\underline{u}^{(exakt)}$ als Funktionen der Koordinaten x und y zu verstehen sind. Der Fehler $\underline{e}$ ist somit ebenfalls eine Funktion der Koordinaten x und y. Die Energienorm lautet damit

$$\|e\| = \sqrt{\int (\underline{L} \cdot \underline{e})^T \cdot \underline{D} \cdot (\underline{L} \cdot \underline{e}) \, dV} \tag{4.87}$$

Für die Scheibe ist $\underline{L}$ der Differentialoperator nach (2.1c), $\underline{D}$ die Stoffmatrix nach (2.2c), und die Vektoren $\underline{u}^{(FE)}$ und $\underline{u}^{(exakt)}$ enthalten die Verschiebungskomponenten u und v wie in (2.1c). Die Integration erfolgt über das Volumen des Finite-Element-Modells. Die Energienorm gibt die Wurzel aus der zweifachen Formänderungsenergie des Fehlers $\underline{e}$ der Verschiebungen an. Zum Beweis der Konvergenz für ein Finites Element ist nachzuweisen, daß die Energienorm mit zunehmender Anzahl gleich großer Finiter Elemente gegen Null konvergiert. Fehlernormen können auch zu Fehlerabschätzungen von Finite-Element-Berechnungen verwendet werden. Von einer Fehlerabschätzung spricht man, wenn ein oberer Grenzwert eines Fehlers, z.B. des Fehlers $\|e\|$, mit Hilfe der Ergebnisse einer Finite-Element-Berechnung angegeben wird. Fehlerabschätzungen wurden für Finite Elemente mit Verschiebungsansatz angegeben. Für hybride Elemente sind Fehlerabschätzungen nicht bekannt.

In mathematischer Hinsicht sind Fehlernormen für den Nachweis der Konvergenz und die Beurteilung der Konvergenzgeschwindigkeit einer Finite-Element-Lösung von Bedeutung. Aus der Sicht der Praxis sind sie jedoch weniger hilfreich, da hier der globale Fehler einer Finite-Element-Berechnung weniger interessiert. Von großem Interesse sind hingegen Angaben über den maximal möglichen lokalen Fehler von Spannungen und Schnittgrößen.

Hierzu gibt es Fehlerindikatoren auf mathematischer Grundlage, die von der Energienorm ausgehen und obere und untere Schranken des Fehlers liefern (vgl. z.B. [4.70] sowie Übersicht in [4.71]). Die Berechnung des so abgeschätzten Fehlers ist allerdings rechenintensiv. Daneben gibt es verhältnismäßig einfache heuristische Fehlerschätzer auf der Grundlage von [4.72]. Diese gehen von der Differenz des Spannungsverlaufs, der sich aufgrund des Verschiebungsansatzes im Element ergibt, und einem verbesserten Spannungsverlauf aus. Der verbesserte Spannungsverlauf ergibt sich entweder aus einem Mittelungsprozeß nach [4.72] oder, vereinfacht, durch Interpolation der an den Knotenpunkten gemittelten Spannungen im Element. Der geschätzte Fehler der Spannung im Element sei

$$e_\sigma = \sigma^* - \sigma^{(FE)} \tag{4.88}$$

wobei

σ^* die verbesserten Spannungen sind, die sich ergeben, wenn man die an den Knoten gemittelten Elementspannungen im Element interpoliert,

und

$\sigma^{(FE)}$ die Spannungen im Finiten Element sind, die den Ansatzfunktionen der Verschiebungen entsprechen.

Zur Interpolation der Spannungen im Element werden dieselben Funktionen verwendet wie zur Interpolation der Verschiebungen, d.h. die Ansatzfunktionen. Diese sind z.B. bei den isoparametrischen Elementen nach (4.40a)

$$\sigma^* = \sum h_i \cdot \sigma_i^* \tag{4.89}$$

wobei σ_i^* die Knotenwerte der betreffenden Spannungskomponente bedeuten. Der geschätzte Fehler nach [4.72] ist:

$$\|e_\sigma\| = \alpha \cdot \sqrt{\frac{\int_A (\sigma^* - \sigma^{FE})^2 dA}{A}} \tag{4.90}$$

Die Integration erstreckt sich über die Elementfläche. Der Faktor α ist vom Elementtyp abhängig. Für Viereck-Scheibenelemente mit bilinearer Ansatzfunktion wird in [4.72] ein Faktor von $\alpha = 1.1$ angegeben. Das Konzept kann auch auf Platten erweitert werden [4.73]. Diese einfache heuristische Fehlerabschätzung ist auch in einem kommerziellen FE-Programm verfügbar [4.73], [P1].

Das Fehlermaß $\|e\|$ dient zur Abschätzung eines mittleren Fehlers im Element und darf als solches, z.B. als Fehler der Spannung im Elementmittelpunkt, interpretiert werden. Es beinhaltet aber keine Aussage über den punktweisen Fehler wie etwa an einem Knotenpunkt.

4.10 Qualitätssicherung und Dokumentation von Finite-Element-Berechnungen

Der punktweise auftretende Fehler kann z.B. an der Stelle einer Spannungssingularität unendlich werden, während der Fehler im betreffenden Element zwar vergleichsweise hoch sein kann, immer aber endlich bleibt.

Diskretisierungsfehler einer Finite-Element-Berechnung können auch als Fehler der aufgebrachten Lasten interpretiert werden [4.75]. Die Finite-Element-Lösung stellt danach die exakte Lösung für ein System mit einer modifizierten Belastung dar, die sich aus der wirklichen Belastung und den Fehlerlasten zusammensetzt. Die Größe der Fehlerlasten gegenüber den wirklichen Lasten ist dann ein Maß für die Güte der Finite-Element-Berechnung.

Beispiel 4.20

Der Fehler der Spannungen aller Elemente des Einführungsbeispiels 4.2 ist für die Diskretisierung mit vier Elementen zu ermitteln.

Die Elementspannungen nach Tabelle 4-3 sowie die daraus gemittelten Knotenspannungen sind in Tabelle 4-22 zusammengestellt. Die Berechnung des Fehlermaßes nach (4.90) wird beispielhaft für das Element 4 (von $x = 250$ bis $x = 375$ cm) gezeigt. Die Spannung σ^* besitzt an den Knotenpunkten die Werte 0.343 und 0.534 und dazwischen gemäß den Ansatzfunktionen nach (4.9) einen linearen Verlauf. Die rechnerisch ermittelte FE-Elementspannung σ^{FE} hat den Wert 0.400 und ist im Element konstant. Die Integration erfolgt numerisch nach Gauß mit einem 2-Punkte-Schema, das die hier gegebene Parabel dritter Ordnung exakt integriert. Mit

$$dA = h(x)\, dx = (300 - 0.8 \cdot x)\, dx \quad \text{mit } x \,[\text{cm}]$$

und

$$A = \int h(x)\, dx = 312.5 \,[cm^2]$$

ermittelt man die Spannung $\sigma^*(x)$ und die Höhe $h(x)$ an den Integrationspunkten (2-Punkte-Integration) zu:

$x = 26.38$ [cm]: $h = 278.9 \quad \sigma^* = 0.383$

$x = 98.63$ [cm]: $h = 221.1 \quad \sigma^* = 0.494$

Damit erhält man das Fehlermaß $\|e_\sigma\|$ zu

$$\|e_\sigma\| = 1.1 \cdot \sqrt{\frac{\left[(0.383-0.400)^2 \cdot 278.9 + (0.494-0.400)^2 \cdot 221.1\right] \cdot 1.25 \cdot 0.5}{312.5}} = 0.070$$

Die Fehlermaße aller Elemente sind in Tabelle 4-22 angegeben. Sie zeigen, daß die Güte der Finite-Element-Näherung vom Fehlermaß $\|e_\sigma\|$ durchaus richtig wiedergegeben wird.

SPANNUNGS-AUSGABE	x [cm]				
	0	125	250	375	500
Element	0.222	0.286	0.400	0.667	
Knoten	0.222	0.254	0.343	0.534	0.667
$\|e_\sigma\|$		0.014	0.025	0.070	0.114

Tabelle 4-22 FE-Knoten- und Elementspannungen im Erläuterungsbeispiel

Lokale Fehlermaße erlauben es, die Größe und Verteilung des Fehlers der Spannungen abzuschätzen. Diese Kenntnis kann zur Steuerung einer automatischen Netzverfeinerung verwendet werden. Zu diesem als adaptive Netzverfeinerung bezeichneten Prozeß benötigt man ein geeignetes lokales Fehlermaß, einen Grenzwert des Fehlermaßes, von dem an das Netz lokal verfeinert wird, sowie eine Strategie zur Verfeinerung des Netzes (Bild 4-78). Alternativ zur lokalen Verfeinerung des Netzes (h-Adaption) können auch lokal Elemente mit höheren Ansatzfunktionen verwendet werden (p-Adaption). Bei der hp-Adaption werden beide Verfahren kombiniert. In einer neueren Entwicklung werden Elemente mit hohen Polynomansätzen und zusätzlichen abstrakten Freiheitsgraden verwendet und der Polynomgrad aufgrund einer Fehlerschätzung adaptiv bestimmt [4.76]. In der Entwicklung befinden sich auch Verfahren, die in kritischen Tragwerksbereichen von zwei- zu dreidimensionalen Modellen übergehen, d.h. das Tragwerksmodell adaptieren [4.77].

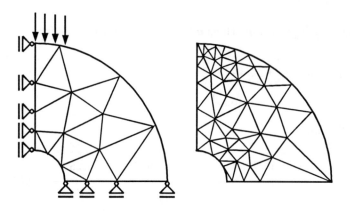

Bild 4-78 Beispiel einer adaptiven Netzverdichtung [4.72]

4.10 Qualitätssicherung und Dokumentation von Finite-Element-Berechnungen

4.10.2 Kontrollen bei Flächentragwerken

Bei Flächentragwerken kann generell dieselbe Strategie zur Überprüfung der Ergebnisse angewandt werden wie bei Stabtragwerken (vgl. Abschnitt 3.8.2). Besonderheiten ergeben sich allerdings durch die in der Regel höhere Komplexität der zu untersuchenden Systeme sowie durch die zusätzlich erforderliche Abschätzung des Diskretisierungsfehlers [4.78, 4.79].

Grobkontrolle

Die Grobkontrolle beinhaltet, wie bei den Stabtragwerken, die grafische Darstellung des Finite-Element-Modells, die lastfallweise erfolgende Kontrolle der aufgebrachten Belastung, die grafische Darstellung der Verformungen und maßgebender Schnittgrößen. Die Knotennummern sind, sofern die verwendete Software über eine geeignete grafische Benutzeroberfläche verfügt, bei Flächentragwerken im allgemeinen weniger von Bedeutung. Allerdings kann, da bei der Darstellung eines Finite-Element-Rasters das Fehlen eines einzelnen Finiten Elements nicht ohne weiteres erkannt wird, die Ausgabe der Elementnummern, der 'geschrumpften' Elementkonturen oder eine farbliche Darstellung der Elemente sinnvoll sein. Die grafische Darstellung der Verformungen läßt grobe Fehler bei der Auflagerdefinition in der Regel leicht erkennen. Die grafische Darstellung der Schnittgrößen in einzelnen Schnitten sowie als Hauptspannungen bzw. Hauptmomente ('Spannungssterne') erlaubt eine erste ingenieurmäßige Abschätzung der Richtigkeit der Berechnung. Sind Zweifel an deren Richtigkeit gegeben, so können überschlägliche Berechnungen an einem vereinfachten statischen System weiterhelfen.

Feinkontrolle

Nach erfolgreicher Durchführung der Grobkontrolle müssen alle relevanten Eingabewerte nochmals durchgängig geprüft werden. Hierbei sind grafische Darstellungen wichtiger Parameter (Deckenstärken, Lastanordnungen u.s.w.) hilfreich.

Wenn nicht hinreichende Erfahrungen vorliegen, sollte man sich über die Größe des Diskretisierungsfehlers Rechenschaft ablegen. Hierzu gibt es verschiedene Möglichkeiten:

Kontrollen zur Abschätzung des Diskretisierungsfehlers
 a) *Gleichgewichtskontrollen an freigeschnittenen Teilbereichen*
    des Tragwerksmodells
 b) *Ausgabe von elementbezogenen Fehlerindikatoren*
 c) *Neuberechnung mit einem (in Teilbereichen) verfeinerten Netz*
    im Sinne einer Konvergenzstudie

In Zweifelsfällen sind Gleichgewichtskontrollen zwischen den Schnittgrößen an freigeschnittenen Tragwerksteilen und den äußeren Lasten und Auflagerreaktionen recht aussagekräftig, um zumindest die Richtigkeit der integrierten Schnittgrößen (allerdings nicht deren Verteilung) feststellen zu können. Dies gilt insbesondere für die Querkräfte von Platten, die leicht mit deutlichen Fehlern behaftet sein können. Da die bemessungsrelevanten Querkräfte häufig an den Auflagern bzw. unter Einzellasten auftreten, sollten in kritischen Fällen die Querkräfte aus den (in der Summe exakten) Auflagerkräften bzw. den Lasten ermittelt werden. Als grobe Näherung, die aber die Gleichgewichtsbedingungen erfüllt, kann auch die Berechnung mit Lasteinzugsflächen nach [4.80] erfolgen. Hinweise zur Durchführung von Gleichgewichtskontrollen an Flachdecken gibt [4.81]. Durchbiegungen und Verdrehungen können auch bei Flächentragwerken mit Hilfe des Reduktionssatzes überprüft werden.

Die Ausgabe von elementbezogenen Fehlerindikatoren erlaubt eine Abschätzung des Fehlers der Elementspannungen. Hierbei ist natürlich der absolute Fehler entscheidend; der relative Fehler in [%] darf bei kleinen Werten örtlich durchaus höher als die üblichen 3-5% der exakten Schnittgröße sein.

Auch das Konvergenzverhalten von Schnittgrößen bei einer lokalen Netzverfeinerung kann Auskunft darüber geben, wie genau die Schnittgrößen sind. Wenn man die Fehlerordnung kennt, kann man aus der Kenntnis der Schnittgrößen zweier Finite-Element-Netze einen genaueren Wert der Schnittgröße extrapolieren (Richardson-Extrapolation, vgl. [4.10]).

Bei der Beurteilung der Schnittgrößen einer Finite-Element-Berechnung sollte bekannt sein, an welchen Stellen des Tragwerksmodells Singularitäten auftreten. An diesen Stellen sind die vom Finite-Element-Programm ermittelten Schnittgrößen für die Bemessung nicht unbedingt maßgebend. Zwar sollte die Summe der ermittelten Bewehrung eingebaut werden, jedoch ist der Spitzenwert der Bewehrung 'willkürlich'. Wenn es aus konstruktiven Gründen sinnvoll erscheint, sollte daher an Singularitätenstellen die vom Programm ermittelte Bewehrung im Sinne einer integralen Betrachtung (Abschnitt 4.9.3) 'von Hand' konstruktiv umverteilt werden.

Im übrigen gelten die in Abschnitt 3.8.2 für Stabwerke angegebenen Maßnahmen zur Kontrolle und Qualitätssicherung einer Finite-Element-Berechnung auch hier.

4.10.3 Dokumentation der Finite-Element-Berechnung

Die Finite-Element-Berechnung von Flächentragwerken ist nach den gleichen Gesichtspunkten wie bei Stabtragwerken durchzuführen. Auf die Angabe von Knoten- und Elementnummern, nicht jedoch auf die Darstellung des Finite-Element-Netzes, kann verzichtet

4.10 Qualitätssicherung und Dokumentation von Finite-Element-Berechnungen   263

werden, wenn die Eingabedaten vollständig in grafischer Form vorliegen. Weiterhin sollte immer der Typ des Finiten Elements sowie das verwendete Programm in der Dokumentation der Berechnung genannt werden.

Dokumentation der statischen Berechnung von Flächentragwerken

Vollständige Dokumentation aller relevanten Eingabewerte
- *verwendetes Finite-Element-Programm bzw. verwendeter Elementtyp*
- *grafische Darstellung des statischen Systems mit Kennzeichnung der Auflagerbedingungen sowie der Bereiche mit gleichen Material- bzw. Querschnittswerten*
- *grafische Darstellung des Finite-Element-Netzes, gegebenenfalls einschließlich der Numerierung der Knotenpunkte und Elemente (Die Numerierung der Knotenpunkte und Elemente kann entfallen, sofern hierauf nicht bei der weiteren Systembeschreibung, z.B. bei den Lastangaben, Bezug genommen wird.)*
- *Knotenpunktkoordinaten nur sofern erforderlich (s.o.)*
- *Zuordnung von Querschnitts-, Material- und Bemessungskennwerten zu den Elementen, sofern diese nicht durch Bereiche grafisch dargestellt werden*
- *Querschnitts-, Material- und Bemessungskennwerte*
- *Ort, Größe, Dimension und Vorzeichen von Lasten*
- *grafische Darstellung der Lasten aller Lastfälle*
- *Vorschrift zur Lastfallüberlagerung*

Ausgabe der Ergebnisse
- *grafische Darstellung der relevanten Schnittgrößen als Zahlenwerte und Höhenlinien (Minima/Maxima aus der Überlagerung aller Lastfälle; gegebenenfalls zusätzlich auch Lastfall 'ständige Last' bzw. alle Lastfälle getrennt)*
- *Schnittgrößendarstellung in relevanten Schnitten durch das Tragwerk*
- *Darstellung der Hauptspannungen ('Spannungssterne') im Lastfall 'ständige Last'*
- *Auflagerkräfte in der Summe (lastfallweise) bzw. vollständige Darstellung*
- *grafische Darstellung der Verformungen (i.d.R. nur Lastfall Gesamtlast)*
- *Bemessung bzw. sonstige statische Nachweise (grafische Darstellung in Form von Zahlenwerten und Höhenlinien)*

5 Softwaretechnische Aspekte von Finite-Element-Programmen

5.1 Programmaufbau

Die Programmierung der Finite-Element-Methode umfaßt verschiedene Schritte, die bei allen Programmen ähnlich sind:

Aufbau von Finite-Element-Programmen

    a) Dateneingabe

    b) Aufbau der Elementsteifigkeitsmatrizen und Elementlastvektoren

    c) Aufbau der Gesamtsteifigkeitsmatrix und des Lastvektors

    d) Lösung des Gleichungssystems

    e) Ermittlung der Elementspannungen bzw. -schnittgrößen

    f) Ergebnisausgabe

Die klassische Eingabe für Finite-Element-Programme besteht aus einer ASCII-Textdatei, die alle für die Berechnung notwendigen Daten enthält.

Daten einer Finite-Element-Berechnung

    a) Knotendaten (Koordinaten)

    b) Festhaltungen einzelner Freiheitsgrade (Auflagerbedingungen)

    c) Elementtyp und -topologie (Verbindung mit Knotenpunkten)

    d) Material- und Querschnittskennwerte

    e) Lastbeschreibung

    f) Lastfallüberlagerungsvorschrift

    g) Bemessungskennwerte

    h) weitere Daten, z.B. zur Definition starrer Kopplungen zwischen Elementen u.a.

Die Eingabedatei wird mit einem Texteditor erstellt. Sie besteht aus Kennworten und Zahlen und kann auch Generierungsfunktionen u.ä. enthalten. Beispiele hierfür finden sich in den meisten Programmhandbüchern sowie in [5.1, 5.2]. Heute erfolgt die Dateneingabe in der Regel durch Masken [5.3]. Bei klassischen Programmen, die eine Eingabedatei erfordern, dienen Maskenprogramme dazu, die Eingabedatei für das Berechnungsprogramm zu erstellen. Man bezeichnet dies auch als 'Preprocessing'. Bei neuerer Software werden die über eine Maske eingegebenen Daten hingegen unmittelbar in eine programmpezifische binäre Datenbasis geschrieben. Aber auch diese Programme sollten über eine (wenn auch weniger komfortable) ASCII-Schnittstelle verfügen, um den Datenaustausch mit anderen Programmen zu ermöglichen.

Nach der Dateneingabe wird der Berechnungsteil des Finite-Element-Programms gestartet. In der Regel werden zunächst die Elementsteifigkeitsmatrizen, die Elementlasten und die Spannungsmatrizen (sowie bei dynamischen Berechnungen auch die Elementmassenmatrizen) berechnet und temporär zwischengespeichert. Tritt in einem Finite-Element-Modell eine große Anzahl von Elementen mit gleichen Abmessungen auf, so braucht die Ermittlung der Elementsteifigkeitsmatrix hierfür nur einmal durchgeführt zu werden. Dies kann insbesondere bei hybriden Elementen, bei denen die Ermittlung der Elementsteifigkeitsmatrix verhältnismäßig rechenaufwendig ist, spürbare Einsparungen der Rechenzeit bewirken.

Die in die Programme implementierten Elementtypen sollten effizient und robust sein. Dies bedeutet, daß sie mit möglichst geringem Rechenaufwand (z.B. mit großen Elementen) und auch bei unregelmäßigen Elementnetzen zu genügend genauen Ergebnissen führen. Einen Überblick über die in kommerzielle Finite-Element-Software implementierten Elementtypen gibt [5.4]. Die Wahl des Elementtyps hängt auch vom Anwendungsbereich des Programms ab. So sind hybride Elemente für nichtlineare Berechnungen und adaptive Netzanpassungen nicht geeignet und erfordern auch bei der Ermittlung der Massenmatrix für dynamische Berechnungen gewisse Näherungen.

Nach der Ermittlung der Elementmatrizen erfolgt der Zusammenbau der Systemsteifigkeitsmatrix sowie der Lastvektoren bzw. bei dynamischen Berechnungen der Massenmatrix. Hierbei werden die Auflagerbedingungen berücksichtigt.

Der rechenintensivste Teil einer Finite-Element-Berechnung ist die Lösung des Gleichungssystems. Da es sich hierbei um sehr große Gleichungssysteme handeln kann, sind zur Speicherung und Lösung geeignete Strategien erforderlich, die in Abschnitt 5.3 behandelt werden. Ein spezielles Berechnungsverfahren stellt das sogenannte 'Frontlösungsverfahren' dar. Hierbei werden die Elementmatrizen aus speicherungstechnischen Gründen simultan mit

5.1 Programmaufbau

PUBLIKATION	JAHR	PROGRAMM	ELEMENTTYPEN	VERFAHREN	SPRACHE
Bathe [5.5]	1976	STAP	3D-Fachwerk	statisch	FORTRAN
Schwarz [5.6]	1981	FACHEN	3D-Fachwerk	statisch	FORTRAN
		RAHMBD	3D-Balken	statisch	FORTRAN
		SCHQEN	Scheibe (Dreieck, Parallelogramm)	statisch	FORTRAN
		PLAKBD	Platten (Rechteck)	statisch	FORTRAN
		PLANKO	Platten (Dreieck, Parallelogramm)	statisch	FORTRAN
		ERWQBD	Potentialprobleme	statisch	FORTRAN
		EEWQEN	Potentialprobleme	dynamisch Eigenfreq.	FORTRAN
		SEWKKO	Scheiben (Dreieck, Parallelogramm)	dynamisch Eigenfreq.	FORTRAN
Adam [5.7]	1986	-	3D-Fachwerk	statisch	BASIC
		-	2D-Balken	statisch	BASIC
		-	Scheiben (Dreiecke)	statisch	BASIC
Krishna-moorthy [5.8]	1987	PASSFEM	3D-Fachwerk, 3D-Balken, Federn, 2D-Elemente, 3D-Kontinuum, Platten, Schalen	statisch	FORTRAN
Oldenburg [5.9]	1989	EbFa	2D-Fachwerk	statisch	PASCAL
		EbRa	2D-Balken	statisch	PASCAL
		RaFa	3D-Fachwerk	statisch	PASCAL
Hinton u.a. [5.10]	1990	MINDLIN	Platten (schubweich)	statisch	FORTRAN
		QUAD9	Schalen (9 Knoten)	statisch	FORTRAN
		PLASTO-SHELL	Schalen (isotropes und anisotropes Material)	statisch, geom. u. mat. nichtlinear	FORTRAN
		CONSHELL	Schalen mit nichtlinearem Materialgesetz für Stahlbeton-	statisch, geom. u. mat. nichtlinear	FORTRAN
Clemens [5.11]	1992	STBWK	2D-Balken (mitGelenken)	statisch	PASCAL
		FwkE	2D-Fachwerk	statisch	PASCAL
		FwkR	3D-Fachwerk	statisch	PASCAL
		TgRost	2D-Balken (Trägerrost)	statisch	PASCAL
Falter [5.12]	1978/92	FEM1/2	2D-Balken	statisch	BASIC
		FEM3/FEM3D	2D-Balken	statisch, Theorie II. Ordnung.	BASIC/PASCAL
		FEM4	2D-Fachwerk	statisch	BASIC
		FEM5	3D-Fachwerk	statisch	BASIC
		FEM6	Balken (Trägerrost)	statisch	BASIC
		FEM8	Scheiben (Dreieck)	statisch	BASIC
		FEM9	Platten (Rechteck)	statisch	BASIC

Tabelle 5-1 Publikationen mit Finite-Element-Programmquellen

der Lösung des Gleichungssystems aufgestellt, so daß die vorherige Ermittlung der Elementmatrizen und der Aufbau der Systemsteifigkeitsmatrix entfallen.

Nach der Lösung des Gleichungssystems stehen die Knotenverschiebungen und -verdrehungen zur Verfügung. Hieraus können nun die Auflagerreaktionen berechnet werden. Letzter Schritt einer Finite-Element-Berechnung ist die Ermittlung der Elementspannungen bzw. -schnittgrößen mittels der Spannungsmatrizen. Häufig werden anschließend die Elementspannungen auf Knotenspannungen umgerechnet. Bei der Ergebnisausgabe werden weitere Berechnungen wie z.B. Lastfallüberlagerungen, Bemessungen oder Spannungsnachweise erforderlich.

In ergonomischer Sicht ist die Benutzeroberfläche eines Finite-Element-Programms von großer Bedeutung. Wichtig ist eine leicht verständliche interaktive Ein- und Ausgabe, die durch grafische Darstellungen unterstützt wird.

Die meisten kommerziellen Softwareprodukte wurden in der Programmiersprache FORTRAN entwickelt. Vereinzelt wird auch BASIC und PASCAL sowie neuerdings auch C und C++ eingesetzt. Eine Reihe von Publikationen enthält ebenfalls Programmquellen, Tabelle 5-1. Zukünftig zu erwarten sind Neuentwicklungen von Finite-Element-Programmen, die vollständig auf der neuen Softwaretechnologie der objektorientierten Programmierung, insbesondere in C++, aufbauen. Ziel dieser Entwicklung ist die bessere Strukturierung und Wartbarkeit dieser recht komplexen Softwareprodukte.

5.2 Netzgenerierung

Die Netzgenerierung stellt einen wesentlichen Bestandteil einer Finite-Element-Berechnung dar. Letztlich ist die Güte des Netzes für die Genauigkeit der Berechnung entscheidend. Zur automatischen Generierung zweidimensionaler Finite-Element-Netze gibt es eine Vielzahl unterschiedlicher Verfahren (vgl. Übersicht in [5.13]):

Verfahren zur Generierung zweidimensionaler Finite-Element-Netze

- *Interpolation in drei- oder viereckigen Makroelementen*
- *sukzessive Unterteilung eines polygonartig berandeten Gebiets*
- *Triangulierung eines polygonartig berandeten Gebiets*
- *'Modifizierte Quadtree-Technik' für polygonartig berandete Gebiete*

5.2 Netzgenerierung

Zu unterscheiden ist weiterhin zwischen Generierungsverfahren, die reine Dreiecknetze, gemischte Netze mit Dreieck- und Viereckelementen und reine Viereckelemente erzeugen. Vorzuziehen sind Netze aus reinen Viereckelementen, da diese über eine höhere Genauigkeit verfügen.

In vielen kommerziellen Softwareprodukten wird das zu berechnende System in drei- oder viereckförmige Makroelemente unterteilt. Die Generierung der Finiten Elemente erfolgt durch Interpolation innerhalb der Makroelemente. Ein gleichmäßiges Rechteckraster wird hierbei in lokalen r-s-Koordinaten, die analog einem isoparametrischen viereckseitigen Element definiert sind, beschrieben und mit Hilfe von (4.40) in x-y-Koordinaten transformiert [5.14] (Bild 5-1). Auch Netzaufweitungen in einer oder zwei Richtungen und kontinuierlich zunehmende Elementgrößen sind möglich [5.15].

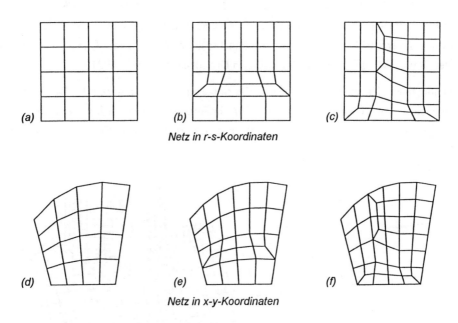

Bild 5-1 Netzgenerierung innerhalb eines Makroelements

Eine weiteres Konzept zur Netzgenerierung ist die sukzessive Unterteilung eines polygonartig umrandeten Gebietes. Das Gebiet wird zunächst in konvexe Teilgebiete zerlegt. Diese werden durch immer neue Teilungslinien, die nach einer bestimmten Strategie gewählt werden, sukzessive unterteilt, bis nur noch viereck- oder dreieckförmige Teilgebiete einer vorgebenen

Größe übrig sind, die dann Finite Elemente darstellen [5.16]. Nach diesem Konzept wurde beispielsweise das Elementnetz in Bild 4-78 generiert. Die Strategie läßt sich auch so formulieren, daß ausschließlich Viereckelemente erzeugt werden [5.17].

Finite-Element-Netze in polygonal umrandeten Gebieten können auch mit Verfahren generiert werden, die auf einer Triangularisierung des Gebiets, d.h. einer direkten Zerlegung in Dreiecke, beruhen. Hierzu werden innerhalb des Gebiets in einer vorgegebenen Verteilungsdichte Punkte erzeugt, die dann zu Dreiecken verbunden werden [5.18]. Durch Zusammenfügen von jeweils zwei Dreiecken können auch gemischte Elementnetze mit Dreieck- und Viereckelementen erzeugt werden. Mit erweiteren Strategien ist es auch möglich, Netze zu generieren, die ausschließlich Viereckelemente enthalten, was aus numerischen Gründen vorzuziehen ist [5.19, 5.20].

Mit der 'modifizierten Quadtree-Technik' können ebenfalls polygonal umrandete Gebiete diskretisiert werden. Sie ist aus Techniken der Computergrafik für Datenstrukturen zur Darstellung komplexer Körper abgeleitet. Danach wird das Gebiet als baumartige logische Struktur von Quadraten mit unterschiedlicher Kantenlänge dargestellt, die sich jeweils um den Faktor 2 unterscheiden und das Gebiet möglichst gut ausfüllen. Diese Quadrate werden dann unter Berücksichtigung des Randpolygons in Dreiecke diskretisiert [5.21].

Bei adaptiven Netzanpassungen müssen die Netze an Stellen, an denen der Diskretisierungsfehler einen vorgegebenen Grenzwert überschreitet, verfeinert werden. Dies kann bei der Netzgenerierung durch sukzessive erfolgende Unterteilung des Gebietes sowie bei den

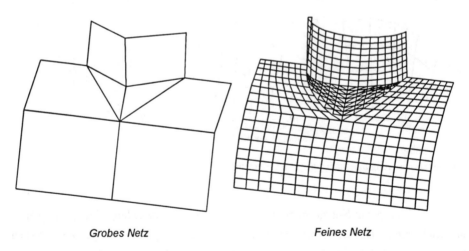

Grobes Netz   *Feines Netz*

Bild 5-2 Schalentragwerk: Verschneidung eines Zylinders mit einer parabelförmig gekrümmten Fläche [5.22]

5.2 Netzgenerierung

Triangularisierungsverfahren durch Einführung einer Dichtefunktion geschehen, die die lokale Elementgröße steuert [5.23]. Bei regelmäßigen Rechtecknetzen, die z.B. durch Interpolation innerhalb von Makroelementen erzeugt wurden, kann durch Einführung einer Knotenkennzeichnung sichergestellt werden, daß bei der lokalen Netzverfeinerung wiederum ausschließlich Rechteckelemente entstehen [5.22, 5.24].

Finite-Element-Netze für Schalentragwerke können mit den gleichen Verfahren wie für ebene Flächentragwerke generiert werden, wenn eine Projektion des ebenen Netzes auf die gekrümmte Fläche erfolgt [5.22]. Dies erfordert eine von der Finite-Element-Modellierung unabhängige Geometriebeschreibung des Tragwerks (Bild 5-2).

Beispiel 5.1

Für die in Bild 5-3a dargestellte Deckenplatte mit einer kreisförmigen Öffnung und zwei Einzelstützen werden verschiedene Finite-Element-Netze mit unterschiedlichen Verfahren generiert.

Bild 5-3b zeigt die vom Programmbenutzer vorgegebene Einteilung in viereckförmige Makroelemente. Die automatische Netzgenerierung in den Makroelementen kann mit einer gemischten Elementtopologie (Bild 5-3c) oder ausschließlich mit Viereckelementen erfolgen (Bild 5-3d), [5.15]. Zwei weitere Netze sind in den Bildern 5-3e und 5-3f dargestellt. Sie wurden nach dem Vernetzungsverfahren für polygonartig umrandete Flächen nach [5.19, 5.25], das auf dem Prinzip der Triangularisierung beruht, mit Viereckelementen generiert. Das Netz *T1* (Bild 5-3e) hat eine gleichmäßige Elementdichte, während das Netz *T2* (Bild 5.3f) an einspringenden Ecken lokal verdichtet ist. An diesen Stellen tritt nach Tabelle 4-16 bei unverschieblicher Lagerung eine Singularität der Schnittgrößen auf, und auch bei der hier gewählten elastischen Lagerung ist ein lokaler Anstieg der Schnittgrößen zu erwarten.

Die Elementgröße ist bei allen Netzen so gewählt, daß eine ausreichende Genauigkeit der Momente zu erwarten ist, wobei diese im einzelnen noch vom Elementtyp abhängt. Die Netze in den Bildern 5-3d-f, die ausschließlich Viereckelemente enthalten, sind aus numerischen Gründen im allgemeinen vorzuziehen. Die mit Hilfe der viereckförmigen Makroelemente generierten Netze *M1* und *M2* sind regelmäßiger als die auf Triangularisierungsverfahren basierenden Netze *T1* und *T2* (Bilder 5-3e-f). Triangularisierungsverfahren tendieren häufig dazu, selbst in Rechteckbereichen unregelmäßige Netze zu erzeugen. Andererseits zeichnen sie sich aber durch einen deutlich niedrigeren Eingabeaufwand aus.

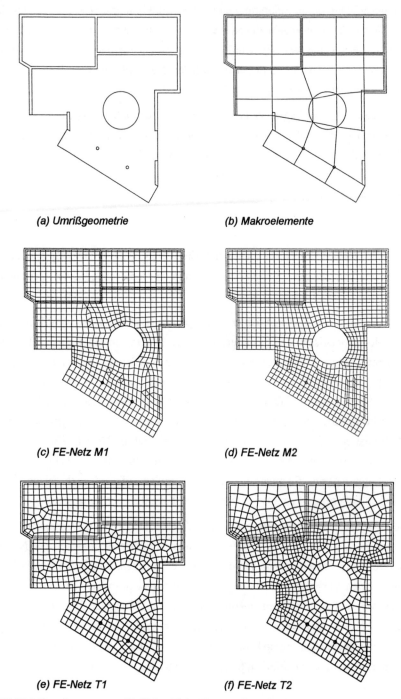

(a) Umrißgeometrie *(b) Makroelemente*

(c) FE-Netz M1 *(d) FE-Netz M2*

(e) FE-Netz T1 *(f) FE-Netz T2*

Bild 5-3 Generierung unterschiedlicher Finite-Element-Netze für eine Deckenplatte; Darstellung mit Wänden

5.3 Rechnerinterne Behandlung von Gleichungssystemen

Bei Finite-Element-Berechnungen komplexer Flächentragwerke treten häufig Gleichungssysteme mit mehreren tausend Unbekannten auf. Da deren Lösung bei einer Finite-Element-Berechnung den überwiegenden Anteil der Rechenzeit in Anspruch nimmt, ist die Effizienz des Lösungsverfahrens für die Rechengeschwindigkeit des Finite-Element-Programms von wesentlicher Bedeutung. Meistens wird bei Finite-Element-Berechnungen der Gaußsche Algorithmus bzw. seine Variante als Cholesky-Verfahren verwendet. Iterative Verfahren sind bei mehreren Lastfällen, wie sie in der Praxis üblich sind, weniger effizient, da für jeden Lastfall ein neuer Iterationsprozeß erforderlich wird. Sie werden lediglich bei Verfahren mit adaptiver Netzverfeinerung eingesetzt, da dann die bereits ermittelten Knotenverschiebungen als Startvektor für das neue Netz verwendet werden können und sich damit eine völlige Neuberechnung des Finite-Element-Modells erübrigt.

Entscheidenden Einfluß auf den Speicherbedarf im Kernspeicher u.U. auch auf der Festplatte des Computers, sowie auf die Rechengeschwindigkeit haben die für die Steifigkeitsmatrix verwendeten Speicherungstechniken. Es ist nicht erforderlich, alle Terme einer Steifigkeitsmatrix abzuspeichern, da diese symmetrisch ist und in der Regel sehr viele Terme den Wert Null besitzen. Diese Eigenschaften nutzt man, um den für die Steifigkeitsmatrix benötigten Speicherplatz möglichst gering zu halten. In Verbindung mit dem Lösungsverfahren gibt es hierzu folgende Techniken:

Speicherungstechniken für die Systemsteifigkeitsmatrix

1. *Bandbreitenorientierte Speicherung (Cholesky-Verfahren)*
2. *Hüllenorientierte Speicherung (Cholesky-Verfahren)*
3. *Blockorientierte Speicherung (Cholesky-Verfahren)*
4. *Frontlöser für simultane Lösung der Gleichungen mit der Bildung der Elementsteifigkeitsmatrizen*

Bei vielen Finite-Element-Modellen sind die von Null verschiedenen Terme entlang der Diagonalen der Steifigkeitsmatrix gruppiert, während die übrigen Terme den Wert Null haben. Man bezeichnet die Anzahl der Nebendiagonalen, die von Null verschiedene Werte aufweisen, als halbe Bandbreite m (Bild 5-5). Ist die Bandbreite einer Matrix bekannt, so genügen die Abspeicherung der Werte oberhalb der Diagonalen sowie der Diagonalwerte. Bei der Lösung des Gleichungssystems nach Gauß oder Cholesky bleibt die Bandstruktur und damit der Speicherbedarf erhalten. Allerdings kann bei sehr großen Gleichungssystemen eine

Aufteilung in Blöcke erforderlich werden, die dann jeweils einzeln in den Kernspeicher des Computers geladen und im Rahmen der Lösung des Gleichungssystems rechnerisch bearbeitet werden.

Die Bandbreite einer Matrix hängt unmittelbar mit der Knotennumerierung zusammen. Es sind nämlich in der Steifigkeitsmatrix alle diejenigen Terme Null, die eine Kopplung von Freiheitsgraden beschreiben, die nicht durch ein Element miteinander verbunden sind. So ist beispielsweise in der Matrix nach Beispiel 3.5 der Term a_{17} gleich Null, da die Freiheitsgrade u_1 und u_4 nicht durch ein Element verbunden sind. Letztlich ist damit dasjenige Element eines Finite-Element-Modells für die Bandbreite der Systemsteifigkeitsmatrix maßgebend, das den größten Unterschied der Knotennummern besitzt. Um die Bandbreite gering zu halten sind daher die Knotenpunkte so zu numerieren, daß der maximale Unterschied der an einem Element vorhandenen Knotennummern möglichst niedrig ist. Maßgebend ist hier immer das Element mit dem größten Unterschied. Zwei Beispiele sind in Bild 5-4 dargestellt.

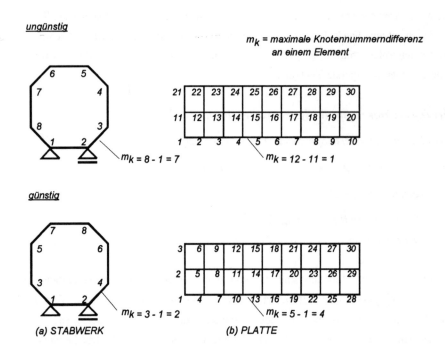

Bild 5-4 Einfluß der Knotennumerierung auf die Bandbreite

5.3 Rechnerinterne Behandlung von Gleichungssystemen

$$\begin{bmatrix} a_{11} & a_{12} & a_{13} & 0 & 0 & 0 & 0 & \\ a_{21} & a_{22} & a_{23} & a_{24} & 0 & 0 & 0 & \\ a_{31} & a_{32} & a_{33} & a_{34} & a_{35} & 0 & 0 & \\ 0 & a_{42} & a_{43} & a_{44} & a_{45} & a_{46} & 0 & 0 \\ 0 & 0 & a_{53} & a_{54} & . & . & . & 0 \\ 0 & 0 & 0 & a_{64} & . & . & . & . \\ 0 & 0 & 0 & 0 & . & . & . & . \\ 0 & 0 & 0 & 0 & 0 & . & . & a_{nn} \end{bmatrix}$$

$m = 2$

Alle Werte innerhalb des Bandes werden gespeichert.

Bild 5-5 Bandorientierte Speicherung der Systemsteifigkeitsmatrix

Da bei der Lösung des Gleichungssystems nur die von Null verschiedenen Terme innerhalb der Bandbreite der Systemsteifigkeitsmatrix betrachtet werden, besitzt die Bandbreite auch erheblichen Einfluß auf die zur Lösung des Gleichungssystems erforderliche Rechenzeit. Maßgebend für die Rechenzeit des Computers ist die Anzahl n_{mul} der multiplikativen Operationen (Multiplikationen und Divisionen). Nach [5.26] beträgt sie beim Cholesky-Verfahren und bei bandbreitenorientierter Speicherung:

$$n_{mul} = 0.5 \cdot n \cdot m \cdot (m+3) \tag{5.1}$$

wobei n die Anzahl der Gleichungen und m die halbe Bandbreite bedeuten. Der Rechenaufwand ist somit direkt proportional zur Gleichungsanzahl n und zum Quadrat der Bandbreite m. Zur Minimierung des Rechenaufwandes ist daher die Bandbreite m möglichst klein zu halten. Kann man beispielsweise die Bandbreite durch Umnumerieren um 25% verkleinern, erzielt man damit fast eine Halbierung der Rechenzeit, sofern nur die Bandbreite betrachtet wird. Zusätzliche Rechenzeiteinsparungen können sich durch das Entfallen der Notwendigkeit einer blockweise erfolgenden Bearbeitung und der damit verbundenen Festplattenzugriffe ergeben.

Bei bandbreitenorientierter Speicherung ist es sinnvoll, die Bandbreite der Systemsteifigkeitsmatrix so gering wie möglich zu halten. Zu diesem Zweck wurden Verfahren zur automatischen Bandbreitenoptimierung entwickelt. Hierbei werden die Knotennummern intern so umnumeriert, daß die Bandbreite möglichst gering wird. Bei der Ergebnisausgabe werden die Knoten natürlich wieder mit ihren ursprünglichen Nummern bezeichnet. Die einfachste Methode besteht in dem systematischen Vertauschen der Knoten und der anschließenden Überprüfung, ob die Bandbreite hierdurch verringert wurde oder nicht. Bei diesem und anderen Verfahren handelt es sich um heuristische Vorgehensweisen, die nicht mit Sicherheit die optimale Numerierung mit der kleinstmöglichen Bandbreite der Systemsteifigkeitsmatrix liefern. Sie sind allerdings in der Praxis außerordentlich hilfreich. Da die Bandbreitenoptimierung selbst u.U. erhebliche Rechenzeit des Computers benötigt, ist sie bei manchen Programmen 'abschaltbar'.

Eine günstige Bandstruktur kann durch Hinzufügen eines einzigen Elements (z.B. eines Stabes, der den Knoten mit der höchsten Nummer mit demjenigen mit der niedrigsten Nummer verbindet) 'zerstört' werden. Damit steigt der Speicherbedarf erheblich an, sofern keine automatische Bandbreitenoptimierung erfolgt. Dies ist bei der hüllenorientierten oder profilorientierten Abspeicherung nicht der Fall. Hierbei werden ausschließlich diejenigen Terme der Systemsteifigkeitsmatrix gespeichert, die sich unterhalb der sogenannten Hülle (die auch als Profil, Kontur oder 'Skyline' bezeichnet wird) befinden (Bild 5-6). Weiterhin muß die Anzahl (m_i+1) der von Null ungleichen Terme für jede Spalte i mit abgespeichert werden. Die Anzahl der nach dem Cholesky-Verfahren erforderlichen multiplikativen Rechenoperationen beträgt bei hüllenorientierter Speicherung nach [5.26]:

$$n_{mul} = \frac{1}{2}\sum_{i=1}^{n-1} m_i (m_i + 3) \qquad (5.2)$$

Bei hüllenorientierter Speicherung ist die optimale Knotennumerierung von geringerer Bedeutung als bei der bandbreitenorientierter Speicherung. Dennoch gibt es Verfahren, die auch die 'Hülle' optimieren.

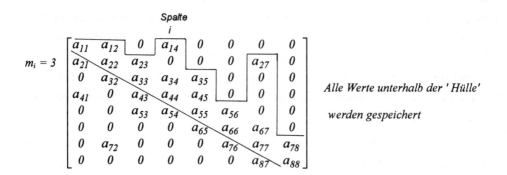

Bild 5-6 Hüllenorientierte Speicherung der Systemsteifigkeitsmatrix

5.3 Rechnerinterne Behandlung von Gleichungssystemen

Beispiel 5.2

Für das in Bild 5-7a dargestellten Stabwerk ist die Anzahl der abzuspeichernden Werte der Steifigkeitsmatrix bei bandbreiten- und bei hüllenorientierter Speicherung zu ermitteln. Es ist weiterhin zu untersuchen, welche Änderungen sich ergeben, wenn zusätzlich ein Fachwerkstab von Knoten 3 nach Knoten 6 angeordnet wird (Bild 5-7b).

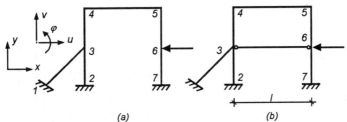

(a)   (b)

Bild 5-7 Zwei ebene Stabwerke

Bei dem in Bild 5-7a dargestellten ebenen Stabwerk mit sechs Balkenelementen besitzt jeder Knotenpunkt drei Freiheitsgrade. Die Freiheitsgrade der Knotenpunkte 1, 2 und 7 entfallen aufgrund der Einspannung. Somit ergibt sich folgender Aufbau der Systemsteifigkeitsmatrix:

$$\begin{bmatrix} a_{1,1} & a_{1,2} & a_{1,3} & a_{1,4} & 0 & a_{1,6} & 0 & 0 & 0 & 0 & 0 & 0 \\ a_{2,1} & a_{2,2} & a_{2,3} & 0 & a_{2,5} & 0 & 0 & 0 & 0 & 0 & 0 & 0 \\ a_{3,1} & a_{3,2} & a_{3,3} & a_{3,4} & 0 & a_{3,6} & 0 & 0 & 0 & 0 & 0 & 0 \\ a_{4,1} & 0 & a_{4,3} & a_{4,4} & 0 & 0 & a_{4,7} & 0 & 0 & 0 & 0 & 0 \\ 0 & a_{5,2} & 0 & 0 & a_{5,5} & a_{5,6} & 0 & a_{5,8} & a_{5,9} & 0 & 0 & 0 \\ a_{6,1} & 0 & a_{6,3} & 0 & a_{6,5} & a_{6,6} & 0 & a_{6,8} & a_{6,9} & 0 & 0 & 0 \\ 0 & 0 & 0 & a_{7,4} & 0 & 0 & a_{7,7} & 0 & a_{7,9} & a_{7,10} & 0 & a_{7,12} \\ 0 & 0 & 0 & 0 & a_{8,5} & a_{8,6} & 0 & a_{8,8} & a_{8,9} & 0 & a_{8,11} & 0 \\ 0 & 0 & 0 & 0 & a_{9,5} & a_{9,6} & a_{9,7} & a_{9,8} & a_{9,9} & a_{9,10} & 0 & a_{9,12} \\ 0 & 0 & 0 & 0 & 0 & 0 & a_{10,7} & 0 & a_{10,9} & a_{10,10} & 0 & a_{10,12} \\ 0 & 0 & 0 & 0 & 0 & 0 & 0 & a_{11,8} & 0 & 0 & a_{11,11} & 0 \\ 0 & 0 & 0 & 0 & 0 & 0 & a_{12,7} & 0 & a_{12,9} & a_{12,10} & 0 & a_{12,12} \end{bmatrix} \cdot \begin{bmatrix} u_3 \\ v_3 \\ \varphi_3 \\ u_4 \\ v_4 \\ \varphi_4 \\ u_5 \\ v_5 \\ \varphi_5 \\ u_6 \\ v_6 \\ \varphi_6 \end{bmatrix} = \underline{F}$$

Die Matrix hat infolge der gewählten Knotennumerierung eine Bandstruktur mit einer halben Bandbreite von $m=5$. Bei der bandorientierten Speicherung sind 57 Matrizenwerte zu speichern. Bei der hüllenorientierten Speicherung wird Speicherplatz für 47 Matrizenwerte und 12 ganzzahlige Werte benötigt, die die 'Spaltenhöhe' angeben.

Ein zusätzlicher Fachwerkstab nach Bild 5-7b verbindet die Freiheitsgrade u_3 und u_6, so daß sich in der Systemsteifigkeitsmatrix folgende Werte ändern:

$$a_{1,1}^* = a_{11} + EA/l$$
$$a_{1,10}^* = \phantom{a_{11}} - EA/l$$
$$a_{10,1}^* = \phantom{a_{11}} - EA/l$$
$$a_{10,10}^* = a_{10,10} + EA/l$$

$$\begin{bmatrix} a_{1,1}^* & a_{1,2} & a_{1,3} & a_{1,4} & 0 & a_{1,6} & 0 & 0 & 0 & a_{1,10}^* & 0 & 0 \\ a_{2,1} & a_{2,2} & a_{2,3} & 0 & a_{2,5} & 0 & 0 & 0 & 0 & 0 & 0 & 0 \\ a_{3,1} & a_{3,2} & a_{3,3} & a_{3,4} & 0 & a_{3,6} & 0 & 0 & 0 & 0 & 0 & 0 \\ a_{4,1} & 0 & a_{4,3} & a_{4,4} & 0 & 0 & a_{4,7} & 0 & 0 & 0 & 0 & 0 \\ 0 & a_{5,2} & 0 & 0 & a_{5,5} & a_{5,6} & 0 & a_{5,8} & a_{5,9} & 0 & 0 & 0 \\ a_{6,1} & 0 & a_{6,3} & 0 & a_{6,5} & a_{6,6} & 0 & a_{6,8} & a_{6,9} & 0 & 0 & 0 \\ 0 & 0 & 0 & a_{7,4} & 0 & 0 & a_{7,7} & 0 & a_{7,9} & a_{7,10} & 0 & a_{7,12} \\ 0 & 0 & 0 & 0 & a_{8,5} & a_{8,6} & 0 & a_{8,8} & a_{8,9} & 0 & a_{8,11} & 0 \\ 0 & 0 & 0 & 0 & a_{9,5} & a_{9,6} & a_{9,7} & a_{9,8} & a_{9,9} & a_{9,10} & 0 & a_{9,12} \\ a_{10,1}^* & 0 & 0 & 0 & 0 & 0 & a_{10,7} & 0 & a_{10,9} & a_{10,10}^* & 0 & a_{10,12} \\ 0 & 0 & 0 & 0 & 0 & 0 & 0 & a_{11,8} & 0 & 0 & a_{11,11} & 0 \\ 0 & 0 & 0 & 0 & 0 & 0 & a_{12,7} & 0 & a_{12,9} & a_{12,10} & 0 & a_{12,12} \end{bmatrix} \cdot \begin{bmatrix} u_3 \\ v_3 \\ \varphi_3 \\ u_4 \\ v_4 \\ \varphi_4 \\ u_5 \\ v_5 \\ \varphi_5 \\ u_6 \\ v_6 \\ \varphi_6 \end{bmatrix} = \underline{F}$$

Bandbreitenorientierte Speicherung: 75 Werte
Hüllenorientierte Speicherung: 51 Werte

Bild 5-8 Anzahl der Werte für bandbreiten- und hüllenorientierte Speicherung

Bei bandbreitenorientierter Speicherung erhöht sich die halbe Bandbreite auf $m=9$. Es sind somit fast alle Werte der halben Matrix abzuspeichern, während bei der hüllenorientierten Speicherung lediglich sechs Werte hinzukommen, Bild 5-8. Selbstverständlich wäre bei dem hier vorliegenden kleinen System selbst das Speichern der vollen Matrix unproblematisch. Hingegen führt bei großen Finite-Element-Modellen der Verlust der Bandstruktur zu einem deutlich spürbaren Anstieg der Rechenzeit und des Speicherbedarfs, sofern nicht anschließend eine Bandbreitenoptimierung durchgeführt wird.

Bei sehr großen Gleichungssystemen, wie sie bei der Finite-Element-Methode häufig auftreten, ist auch bei bandbreiten- oder hüllenorientierter Speicherung der Kernspeicher zu

5.3 Rechnerinterne Behandlung von Gleichungssystemen

klein, um alle Terme des Gleichungssystems zu speichern. Man teilt dann das Gleichungssystem in Blöcke auf, wobei die Blockgröße entsprechend dem zur Verfügung stehenden Kernspeicherplatz gewählt wird und speichert die nicht benötigten Blöcke temporär auf Festplatte. Dadurch wird die Lösung großer Gleichungssysteme möglich. Allerdings wird die Rechengeschwindigkeit durch die zusätzlich erforderlichen Lese- und Schreibzugriffe auf die Festplatte reduziert, und es wird Speicherplatz auf der Festplatte benötigt. Eine blockweise erfolgende Bearbeitung der Steifigkeitsmatrix ist sowohl bei bandbreiten- als auch bei hüllenorientierter Speicherung möglich. Es gibt aber auch Verfahren, die von einer beliebigen Blockaufteilung ausgehen (Bild 5-9), sowie mathematische Methoden zur effizienten Speicherung und mathematischen Behandlung schwach besetzter Matrizen [5.26].

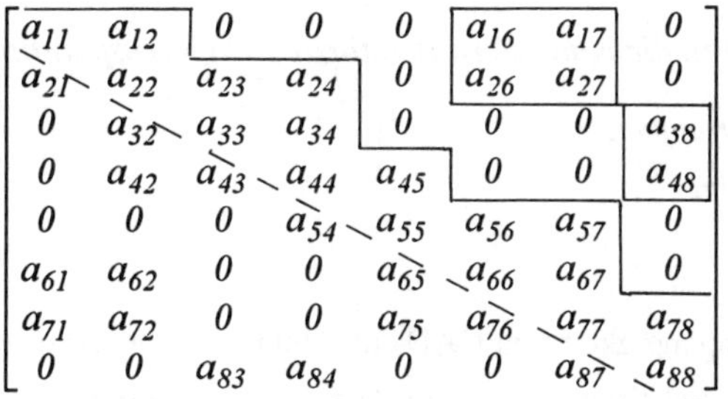

$$\begin{bmatrix} a_{11} & a_{12} & 0 & 0 & 0 & a_{16} & a_{17} & 0 \\ a_{21} & a_{22} & a_{23} & a_{24} & 0 & a_{26} & a_{27} & 0 \\ 0 & a_{32} & a_{33} & a_{34} & 0 & 0 & 0 & a_{38} \\ 0 & a_{42} & a_{43} & a_{44} & a_{45} & 0 & 0 & a_{48} \\ 0 & 0 & 0 & a_{54} & a_{55} & a_{56} & a_{57} & 0 \\ a_{61} & a_{62} & 0 & 0 & a_{65} & a_{66} & a_{67} & 0 \\ a_{71} & a_{72} & 0 & 0 & a_{75} & a_{76} & a_{77} & a_{78} \\ 0 & 0 & a_{83} & a_{84} & 0 & 0 & a_{87} & a_{88} \end{bmatrix}$$

Alle Werte innerhalb der 'Blöcke' werden gespeichert

Bild 5-9 Allgemeine blockorientierte Speicherung der Systemsteifigkeitsmatrix

Ein spezielles Verfahren, das die Auflösung des Gleichungssystems mit der Berechnung der Elementsteifigkeitsmatrizen verbindet, ist das 'Frontlösungsverfahren'. Bei diesem Verfahren werden zur Eliminierung eines einzelnen Freiheitsgrades aus dem Gleichungssystem ausschließlich die hierzu benötigten Elementsteifigkeitsmatrizen unter gleichzeitiger Berücksichtigung der Auflagerbedingungen aufgestellt und im Kernspeicher abgespeichert. Gleichzeitig benötigt werden danach nur die Steifigkeitsmatrizen aller Elemente, die mit dem betreffenden Freiheitgrad verbunden sind. Nacheinander werden auf diese Weise alle Freiheitsgrade einzeln aus dem Gleichungssystem eliminiert. Die Steifigkeitsmatrizen aller Elemente, die beim Eliminierungsprozeß bereits benötigt wurden und für die noch nicht alle Freiheitsgrade eliminiert wurden, werden hierbei im Kernspeicher vorgehalten. Da die rechnerische Bearbeitung in der Reihenfolge der Elementnummern erfolgt, wird der benötigte Kernspeicherplatz somit von der Elementnumerierung bestimmt. Beim 'Frontlösungsverfahren' sollten daher die Unterschiede der Nummern benachbarter Elemente klein sein. Bei ungünstiger Numerierung kann die erforderliche Kernspeicherkapazität überschritten werden, so daß auch hier temporäres Zwischenspeichern auf der Festplatte erforderlich wird.

5.4 Integration in die computerunterstützte Tragwerksplanung

Bei einer computerunterstützten Gebäudeplanung entstehen verschiedenartige Datenmodelle des Bauwerks. Im Rahmen der Tragwerksplanung sind dies vor allem CAD-Daten unterschiedlicher Planarten sowie Berechnungsdaten von statischen Untersuchungen, zu denen auch Finite-Element-Berechnungen zählen. Ziel einer integrierten computerunterstützten Tragwerksplanung ist ein einheitliches konsistentes Datenmodell, das diese Daten möglichst redundanzfrei zu speichern und allen Anwendungsprogrammen zugänglich zu machen erlaubt. Für eine durchgängige Nutzung von Daten bei Finite-Element-Berechnungen gibt es folgende Ansätze [5.27]:

Konzepte zur Integration der FEM in die computerunterstützte Tragwerksplanung
- *Datenschnittstelle zu CAD-Programmen*
- *Integration in ein CAD-Programm*
- *Baustatik-Datenbank*

Die einfachste Möglichkeit, eine Durchgängigkeit von CAD- und Finite-Element-Software zu erreichen, ist der Datenaustausch über Schnittstellen [5.28]. Hierbei werden entweder Daten der Strukturgeometrie oder auch vollständiger Finite-Element-Netze im CAD-Programm erstellt und über Textdateien an das Finite-Element-Programm übergeben. Nach der Finite-Element-Berechnung, die unabhängig vom CAD-System erfolgt, können Bewehrungsergebnisse an das CAD-System zurück übertragen werden. Die Datenübertragung erfolgt wieder mit Dateien. Für die Übertragung von Geometriedaten können neutrale CAD-Datenformate wie DXF und STEP-2DBS verwendet werden [5.29]. Selbstverständlich muß außer dem CAD-System auch das Finite-Element-Programm in der Lage sein diese Daten zu interpretieren oder es muß ein geeignetes Konvertierungsprogramm zur Verfügung stehen [5.30]. Als neutrales Datenformat für Finite-Element-Daten steht zur Zeit ausschließlich FEDIS [5.1] zur Verfügung, das im Bauwesen jedoch nicht gebräuchlich ist. Finite-Element-Datensätze, die mit einem CAD-Preprocessor erstellt wurden, werden daher im speziellen Datenformat des Finite-Element-Programms übergeben [5.31].

Eine weiter fortgeschrittene Integration von Finite-Element-Software in die computerunterstützte Planung stellen Softwaresysteme dar, bei denen das Finite-Element-Programm unter einer CAD-Benutzeroberfläche als CAD-Modul implementiert ist. Im Maschinenbau werden derartige Systeme bereits seit längerem eingesetzt. Im Bauwesen ermöglicht dieses Konzept die unmittelbare Nutzung von bereits vorhandener Gebäudegeometrie für das Finite-Element-

5.4 Integration in die computerunterstützte Tragwerksplanung

Modell und die Verwendung von CAD-Grundoperationen und -benutzeroberfläche zur Erstellung und Visualisierung der Finite-Element-Daten. Nach der Durchführung der Finite-Element-Berechnung steht die ermittelte Bewehrung im CAD-Programm für die Erstellung des Bewehrungsplanes unmittelbar zur Verfügung [5.32, 5.33].

Die Entwicklung der Softwareintegration im Bauwesen ist noch in der Entwicklung begriffen [5.34]. Entwicklungsziel ist eine Baustatik-Datenbank, möglicherweise als Teil einer weitere Planungsdaten umfassenden Ingenieurdatenbank des Bauwerks, die auch Finite-Element-Daten und -Ergebnisse enthält.

Literatur

[1.1] Bronstein, I.N., K.A. Semendjajew, G. Musiol, H. Mühlig, Taschenbuch der Mathematik, Verlag Harry Deutsch, Frankfurt am Main 1993

[1.2] Schwarz, H.R., Methode der finiten Elemente, B.G. Teubuer, Stuttgart 1984

[2.1] Filonenko-Boroditsch, M.M., Elastizitätstheorie, Fachbuchverlag Leipzig 1967

[2.2] Schneider/Schweda, Statisch bestimmte ebene Stabwerke, Werner-Verlag, Düsseldorf 1985

[2.3] Schweda, Baustatik - Fertigkeitslehre, Werner-Verlag, Düsseldorf 1987

[2.4] Lekhnitskii, S. G., Theory of Elasticity of an Anisotropic Elastic Body, Holden Day, San Francisco 1963

[2.5] Girkmann, K. G., Flächenwerke, Springer, Berlin 1986

[2.6] Mindlin R. D., Influence of Rotatory Inertia and Shear on Flexural Motions of Isotropic, Elastic Plates, ASME Journal of Applied Mechanics 18, 1951, 31-38

[2.7] Reissner E., On Bending of Elastic Plates, Quart. Applied Math. 5, 1947, 55-68

[2.8] Hinton E., D.R.J. Owen, G. Krause, Finite Element Programme für Platten und Schalen, Springer-Verlag, Berlin 1990

[2.9] Beyer M., D. Scharpf, Zur Frage der Drillmomente an freien Rändern dünner Platten, Finite Elemente - Anwendungen in der Baupraxis (München 1984), Verlag Ernst&Sohn, Berlin 1985

[3.1] Krätzig W. B., Tragwerke 2, Springer, Berlin 1990

[3.2] Przemieniecki, J. S., Theory of Matrix Structural Analysis, McGraw-Hill, New York 1968

[3.3] Oldenburg W., Die Finite-Element-Methode auf dem PC, Vieweg, Braunschweig 1989

[3.4] Ahlert H., Finite Elemente in der Stabstatik, Werner-Verlag, Düsseldorf 1992

[3.5] Meißner U., A. Menzel, Die Methode der finiten Elemente, Springer, Berlin, 1989

[3.6] Wilson, E. L., A. Habibullah, SAP90 Users Manual, CSI, Computers & Structures, Berkeley, California, 1989

[3.7] Waas G., H. Werkle, Maschinenfundamente auf inhomogenem Boden, VDI-Schwingungstagung, Bad Soden 1984

[3.8] Duddeck H., H. Ahrens, Statik der Stabtragwerke, Betonkalender 1994, Verlag Ernst&Sohn, Berlin 1994

[3.9] Hirschfeld K., Baustatik, Springer-Verlag, Berlin 1969

[3.10] Kneidl R., Träger mit nachgiebigem Verbund - eine Diskretisierung mit STAR2, Sofistik, 7. Anwender-Seminar, Nürnberg 1994

[4.1] Argyris J.H., Die Matrizentheorie der Statik, Ingenieurarchiv 25, Springer, Berlin 1957, 174-194

[4.2] Turner, M.J., R.W. Clough, H.C. Martin, L.J. Topp, Stiffness and Deflection Analysis of Complex Structures, Journal of Aeronautic Science, 23, 1956, 803-823, 853

[4.3] Clough R.W., The Finite Element in Plane Stress Analysis, Proceedings 2nd A.S.C.E. Conference on Electronic Computation, Pittsburgh, Pa., 1960

[4.4] Clough R.W., Areas of Application of the Finite Element Method, Computers & structures 4, Pergamon Press, Oxford 1970

[4.5] Zienkiewicz O. C., Methode der Finiten Elemente, Carl Hanser Verlag, München 1984

[4.6] Argyris J., H.-P. Mlejnek, Die Methode der Finiten Elemente, Vieweg, Braunschweig 1986

[4.7] Bathe K.-J., Finite-Element-Methoden, Springer-Verlag, Berlin 1986

[4.8] Meißner U., A. Menzel, Die Methode der finiten Elemente, Springer, Berlin, 1989

[4.9] Thieme, D., Einführung in die Finite-Element-Methode für Bauingenieure, Verlag für Bauwesen, Berlin 1990

[4.10] Knothe K., H. Wessels, Finite Elemente, Springer, Berlin 1992

[4.11] Gallagher, R.H., Finite-Element-Analysis, Springer-Verlag, Berlin 1976

[4.12] Schweizerhof K., S. Andrussow, M. Baumann, Moderne Elementkonzepte für ebene und achsensymmetrische Probleme, Finite Elemente, Anwendungen in der Baupraxis (Karlsruhe 1991), Verlag Ernst&Sohn, Berlin 1992

[4.13] Taylor, R.L., Beresford, P.J., Wilson, E.L.: A Non-Conforming Element for Stress Analysis, International Journal for Numerical Methods in Engineering Vol. 10, 1976, 1211-1219

[4.14] Krishnamoorthy C.S., Finite Element Analysis, Mc. Graw Hill, New Delhi, 1987

[4.15] Ibrahimbegovic A., E.L. Wilson, A Modified Method of Incompatible Modes, Comm. Appl. Num. Meth., Vol. 7, 1991, 187-194

[4.16] Pian, T.H.H., Derivation of Element Stiffness Matrices by Assumed Stress Distribution, AIAA Journal, July 1964

[4.17] Pian, T.H.H., K. Sumihara, Rational Approach for Assumed Stress Finite Elements, Intern. Journal for Numerical Methods in Engineering, Vol. 20, 1984, 1685-1695

[4.18] Walder, U., Beitrag zur Berechnung von Flächentragwerken nach der Methode der Finiten Elemente, Dissertation, ETH Zürich, 1977

[4.19] Hauptmann R., K. Schweizerhof, Aktuelle Finite Elemente für lineare Plattenberechnungen mit Interpolationsfunktionen niederer Ansatzordnung, Finite Elemente in der Baupraxis (Stuttgart 1995), Verlag Ernst&Sohn, Berlin 1995

[4.20] Hughes, T.J.R., Taylor, R.L., Kanoknukulchai W., A Simple and Efficient Finite Element for Plate Bending, Intern. Journal for Numerical Methods in Engineering, Vol. 11, 1977, 1529-1543

[4.21] Tessler, A., Hughes T.J.R., An Improved Trestment of Transverse Shear in the Mindlin-Type Four-Node Quadrilateral Element, Intern. Journal for Numerical Methods in Engineering, Vol. 39, 1983, 311-335

[4.22] Bathe K.-J., Dvorkin, E., A Four-Node Plate Bending Element Based on Mindlin/Reissner Plate Theory and a Mixed Interpolation, Intern. Journal for Numerical Methods in Engineering, Vol. 21, 1985, 367-383

[4.23] Batoz J.-L., P. Lardeur, A Discrete Shear Triangular Nine D.O.F. Element for the Analysis of Thick to very Thin Plates, Intern. Journal for Numerical Methods in Engineering, 28, 1989, 533-560

[4.24] Heil W., R. Sauer, K. Schweitzerhof, U. Vogel, Berechnungssoftware für den Konstruktiven Ingenieurbau, Bauingenieur 70, Springer, Berlin 1995, 55-64

[4.25] Hinton, E., Owen D.R.J., Krause G., Finite Element Programme für Platten und Schalen, Springer-Verlag, Berlin 1990

[4.26] Batoz J.-L., K.-J. Bathe, L.-W. Ho, A Study of Three-Node Triangular Plate Bending Elements, Intern. Journal for Numerical Methods in Engineering, 15, 1980, 1771-1812

[4.27] Batoz J.-L., An Explicit Formulation for an Efficient Triangular Plate-Bending Element, Intern. Journal for Numerical Methods in Engineering, 18, 1982, 1077-1089

[4.28] Batoz J.-L., M. B. Tahar, Evaluation of a New Quadrilateral thin Plate Bending Element, Intern. Journal for Numerical Methods in Engineering, 18, 1982, 1655-1677

[4.29] Falter, B., Statikprogramme für Personalcomputer, Werner-Verlag, Düsseldorf, 1992

[4.30] Clough R.W., Tochter, J., Finite Element Stiffness Matrices for the Analysis of Plate Bending, Proceedings First Conference on Matrix Methods in Structural Mechanics, AFFDL TR 66-80, 1965, 515-546

[4.31] Clough, R.W., Felippa, C.A., A Refined Quadrilateral Element for Analysis of Plate Bending, Proceedings second Conference on Matrix Methods in Structural Mechanics, Air Force Inst. of Techn., Wright Patterson A.F. Base, Ohio, 1968

[4.32] Kohnke, P.C., ANSYS Theoretical Manual, Swanson Analysis Systems, Inc., Houston, P.A. DN-R244;44

[4.33] Pian T.H.H., Element Stiffness Matrices for Boundary Compatibility and for Prescribed Boundary Stresses, Proceedings First Conference on Matrix Methods in Structural Mechanics, AFFDL TR 66-80, 1965

[4.34] Hughes, T.J.R., Tezduyar T.E., Finite Elements based upon Mindlin Plate Theory with Particular Reference to the Four-Node Bilinear Isoparametric Element, Jounal of Applied Mechanics, 48/3, 1981, 587-596

[4.35] Czerny, F., Tafeln für Rechteckplatten, Betonkalender 1990, Verlag Ernst&Sohn, Berlin 1990

[4.36] Girkmann, K., Flächentragwerke, Springer-Verlag, Wien 1986

[4.37] Ramm E., N. Fleischmann, A. Burmeister, Modellierung mit Faltwerkselementen, Baustatik-Baupraxis, Tagung Universtät München, 1993

[4.38] Johnson, K.L., Contact Mechanics, Cambridge University Press, Cambridge 1985

[4.39] Timoshenko S.P., Goodier J.N., Theory of Elasticity, McGraw-Hill, Cambridge 1985

[4.40] Rank E., R. Krause, M. Schweinegruber, Netzadaption durch intelligentes Pre- und Postprocessing, Finite Elemente, Anwendungen in der Baupraxis (Karlsruhe 1991), Verlag Ernst&Sohn, Berlin 1992

[4.41] Hughes T.J., Akin J.E., Techniques for Developing Special Finite Element Shape Functions with Particular Reference to Singularities, Intern. Journal for Numerical Methods in Engineering, Vol. 15, 1980, 733-751

[4.42] Katz, C., T. Fink, Benutzerhandbuch ASS, Statik allgemeiner Scheibensysteme, Sofistik GmbH, Oberschleißheim, 1988

[4.43] Robinson, J., The Cre Method of Testing and the Jakobian Shape Parameters, Reliability of Methods for Engineering Analysis, Proc. Int. Conf., Swansea 1986, Pineridge Press, 1986, 407-424

[4.44] Macneal R., R.L. Harder, A Proposed Standard Set of Problems to test Finite Element Accuracy, Finite Elements in Analysis and Design, Elsevier (North-Holland), Amsterdam 1985

[4.45] Hauser, M., Spannungen im Auflagerbereich von ausgeklinkten Brettschichtholzträgern, Diplomarbeit, FH Konstanz, (Referent Prof. Dr.-Ing. H. Werkle), 1992

[4.46] Werkle, H., Die FEM in der Lehre an Fachhochschulen, FEM-CAD, Darmstadt 1994

[4.47] Williams, M.L., Stress Singularities resulting from various Boundary Conditions in Angular Corners of Plates in Extension, Journal of Applied Mechanics, 1952, 526-528

[4.48] Schäfer K., FE-Berechnung oder Stabwerkmodelle?, Finite Elemente in der Baupraxis, (Stuttgart 1995), Verlag Ernst&Sohn, Berlin 1995

[4.49] Thieme D., Erfahrungen aus 100 Scheibenberechnungen, Finite Elemente, Anwendungen in der Baupraxis (Karlsruhe 1991), Verlag Ernst&Sohn, Berlin 1992

[4.50] Melzer H., R. Rannacher, Spannungskonzentrationen in Eckpunkten der Kirchhoffschen Platte, Bauingenieur 55, Springer, Berlin 1980, 181-184

[4.51] Williams M.L., Surface Stress Singularities resulting from Various Boundary Conditions in Angular Corners of Plates under Bending, First US Congress of Applied Mechanics, Illinois Institute of Technology, New York/Chicago 1951, 325-329

[4.52] Morley, L.S.D., Skew Plates and Structures, Pergamon Press, Oxford 1963

Literatur

[4.53] Ramm E., N. Stander, H. Stegmüller, Gegenwärtiger Stand der Methode der Finiten Elemente, Finite Elemente, Anwendungen in der Baupraxis (Bochum 1988), Verlag Ernst&Sohn, Berlin 1988

[4.54] Ramm E., J. Müller, Flachdecken und Finite Elemente - Einfluß des Rechenmodells im Stützenbereich, Finite Elemente - Anwendungen in der Baupraxis (München 1984), Verlag Ernst&Sohn, Berlin 1985

[4.55] Glahn H., H. Trost, Zur Berechnung von Pilzdecken, Der Bauingenieur, Springer, Berlin 1974

[4.56] Grasser E., G. Thielen, Hilfsmittel zur Berechnung der Schnittgrößen und Formänderungen von Stahlbetontragwerken nach DIN 1045, Deutscher Ausschuß für Stahlbetonbau, Heft 240, Verlag Ernst & Sohn, Berlin 1988

[4.57] Konrad A., W. Wunderlich, Erfahrungen bei der baupraktischen Anwendung der FE-Methode bei Platten- und Scheibentragwerken, Finite Elemente in der Baupraxis (Stuttgart 1995), Verlag Ernst&Sohn, Berlin 1995

[4.58] Tompert K., Beispiele aus der Praxis, Landesvereinigung der Prüfingenieure für Baustatik Baden-Württemberg, Tagungsbericht 10, Freudenstadt 1985

[4.59] Scharpf, D., Anwendungsorientierte Grundlagen der Methode Finiter Elemente, Landesvereinigung der Prüfingenieure für Baustatik Baden-Württemberg, Tagungsbericht 10, Freudenstadt 1985

[4.60] Zimmermann S., Parameterstudie an Platte mit Unterzug, 1. FEM-Tagung Kaiserslautern, Tagungsband, 1989

[4.61] Katz C., J. Stieda, Praktische FE-Berechnung mit Plattenbalken, Bauinformatik 1/1992

[4.62] Wunderlich W., G. Kiener, W. Ostermann, Modellierung und Berechnung von Deckenplatten mit Unterzügen, Bauingenieur 89, Springer, Berlin 1994

[4.63] Rothe H., Anwendungen von FE-Programmen und ihre Grenzen, Seminar Tragwerksplanung der Vereinigung der Prüfingenieure für Baustatik in Hessen, 1994

[4.64] Katz C., Neues zu Plattenbalken, Sofistik-Seminar, Nürnberg 1994, Sofistik GmbH

[4.65] Bachmaier T., Verfahren zur Bemessung von Unter- und Überzügen in FEM-Platten, 3. FEM/CAD-Tagung, TH Darmstadt, 1994

[4.66] Bechert H., A. Bechert, Kopplung von Platten-, Scheiben- und Balkenelementen - das Problem der mittragenden Breite, Finite Elemente in der Baupraxis (Stuttgart 1995), Verlag Ernst&Sohn, Berlin 1995

[4.67] Ma Gupta, Error in Eccentric Beam Formulation, Intern. Journal of Numerical Methods in Engineering, 11, 1977, 1473-1477

[4.68] Toutounji S., J. Quade, Die wirksame Aufstandsbreite einer Knotenlast beim hybriden Spannungsmodell der Finite-Element-Methode für dünne Platten, Beton- und Stahlbeton 86, Verlag Ernst&Sohn, Berlin 1991

[4.69] Stiglat K., Beitrag zur numerischen Berechnung der Schnittkräfte von rechteckigen und schiefen Platten mit Randbalken, Dissertation, TH Karlsruhe, 1962

[4.70] Rank E., A. Roßmann, Fehlerschätzung und automatische Netzanpassung bei Finite-Element-Berechnungen, Bauingenieur 62, Springer, Berlin, 1987, 449-454

[4.71] Stein E., S. Ohnimus, B. Seifert, R. Mahnken, Adaptive Finite-Element-Methoden im konstruktiven Ingenieurbau, Baustatik-Baupraxis, Tagung Universtät München, 1993

[4.72] Zienkiewicz O.C., Z. Zhu, A Simple Error Estimator and Adaptive Procedure for Practical Engineering Analysis, Intern. Journal for Numerical Methods in Engineering, Vol. 24, 1987, 337-357

[4.73] Zienkiewicz O.C., Z. Zhu, Error Estimates and Adaptive Refinement for Plate Bending Problems, Intern. Journal for Numerical Methods in Engineering, Vol. 28, 1989, 2893-2853

[4.74] Katz C., Fehlerabschätzungen Finiter Element Berechnungen, 1. FEM-Tagung Kaiserslautern, Tagungsband, 1989

[4.75] Hartmann F., S. Pickardt, Der Fehler bei finiten Elementen, Bauingenieur 60, Springer, Berlin 1985, 463-468

[4.76] Holzer S., E. Rank, H. Werner, An Implementation of the *hp*-Version of the Finite Element Method for Reissner-Mindlin Plate Problems, Intern. Journal for Numerical Methods in Engineering, Vol. 30, 1990, 459-471

[4.77] Stein E., S. Ohnimus, Zuverlässigkeit und Effizienz von Finite-Element-Berechnungen durch adaptive Methoden, Finite Elemente in der Baupraxis (Stuttgart 1995), Verlag Ernst&Sohn, Berlin 1995

[4.78] Polónyi S., E. Reyer, Zuverlässigkeitsbetrachtungen und Kontrollmöglichkeiten (Prüfung) zu praktischen Berechnung mit der Finite-Element-Methode, Bautechnik 11, Verlag Ernst&Sohn, Berlin 1977

[4.79] Meißner U., M. Heller, Zur Beurteilung von Finite-Element-Ergebnissen, 1. FEM-Tagung, Universität Kaiserslautern, 1989

[4.80] DIN 1045, Beton und Stahlbeton, Bemessung und Ausführung, Ausgabe Juli 1988

[4.81] Eisenbiegler G., Gleichgewichtskontrollen bei punktgestützten Platten, Beton- und Stahlbetonbau 83, Verlag Ernst&Sohn, Berlin 1988

[5.1] Groth P., Hilber H.M., Katz C., Werner H., FEDIS - Finite Element Data Interface Standard, Kernforschungszentrum Karlsruhe, KfK-PFT 114, November 1985

[5.2] Müller G., Finite Elemente, Hüthig-Verlag, Heidelberg, 1989

[5.3] Szilard R., Anforderungen an Software für die Tragwerksanalyse, Bautechnik 70, Verlag Ernst & Sohn, Berlin 1993

[5.4] Heil W., R. Sauer, K. Schweitzerhof, U. Vogel, Berechnungssoftware für den Konstruktiven Ingenieurbau, Bauingenieur 70, Springer, Berlin 1995, 55-64

[5.5] Bathe K.-J., E. L. Wilson, Numerical Methods in Finite Element Analysis, Prentice-Hall, Englewood Cliffs (New Jersey) 1976

[5.6] Schwarz H.R., FORTRAN-Programme zur Methode der finiten Elemente, Teubner Studienbücher Mathematik, B.G. Teubner, Stuttgart 1981

[5.7] Adam J., Basic-Programme zur Methode der finiten Elemente, Teubner, Stuttgart 1986

[5.8] Krishnamoorthy C.S., Finite Element Analysis, Tata McGraw-Hill, New Delhi 1987

[5.9] Oldenburg W., Die Finite-Element-Methode auf dem PC, Vieweg, Braunschweig, 1989

[5.10] Hinton E., D.R.J. Owen, G. Krause, Finite Element Programme für Platten und Schalen, Springer, Berlin 1990

[5.11] Clemens G., Technische Mechanik in Pascal, Werner-Verlag, Düsseldorf 1992

[5.12] Falter B., Statikprogramme für Personalcomputer, Werner-Verlag, Düsseldorf 1992

[5.13] Bremer C., Algorithmen zum effizienten Einsatz der Finite-Element-Methode, Dissertation, Universität Braunschweig, 1986

[5.14] Zienkiewicz O.C., D.V. Phillips, An Automatic Mesh Generation Scheme for Plane and Curved Surfaces by Isoparametric Coordinates, International Journal for Numerical Methods in Engineering, Vol. 3, 1971, 519-528

[5.15] Werkle H., D. Gong, CAD-unterstützte Generierung ebener Finite-Element-Netze auf der Grundlage von Makroelementen, Bauingenieur 68, Springer, Berlin 1993, 351-358

[5.16] Arendt P., Generierung von vollständigen FEM-Datensätzen, 1. FEM-Tagung Kaiserslautern, 2./3. März 1989, Universität Kaiserslautern

[5.17] Talbert J.A., A.R. Parkinson, Development of an Automatic Two-Dimensional Finite Element Mesh Generator Using Quadrilateral Elements and Bézier Curve Boundary Definition, Intern. Journal for Numerical Methods in Engineering, Vol. 29, 1990, 1551-1567

[5.18] Lo S.H., A New Mesh Generator Scheme for Arbitrary Planar Domains, Intern. Journal for Numerical Methods in Engineering, Vol. 21, 1985, 1403-1426

[5.19] Zhu J. Z., O. Zienkiewicz, E. Hinton, J. Wu, A New Approach to the Development of Automatic Quadrilateral Mesh Generation, Intern. Journal of Numerical Methods in Engineering, 32, 1991, 849-866

[5.20] Rank E., M. Rücker, M Schweingruber, Automatische Generierung von Finite-Element-Netzen, Bauingenieur 69, Springer, Berlin 1994

[5.21] Baehmann P. L., S.L. Wittchen, M.S. Shephard, K.R. Grice, M.A. Yerry, Robust, Geometrically Based Mesh Generation, Intern. Journal for Numerical Methods in Engineering, Vol. 24, 1987, 1043-1078

[5.22] Rust W., E. Stein, 2D-Finite-Element Mesh Adaption in Structural Mechanics Including Shell Analysis and Non-Linear Calculations, in: P. Ladeveze, O.C. Zienkiewicz, Proc. Conf. europ. sur les nouvelles advancées en calcul des structures, 1992

[5.23] Rank E., R. Krause, M. Schweingruber, Netzadaption durch intelligentes Pre- und Postprocessing, Finite Elemente - Anwendungen in der Bautechnik (Karlsruhe 1991), Verlag Ernst&Sohn, Berlin 1992

[5.24] Cheng F., J.W. Jaromczyk, J.-R. Lin, S.-S. Chang, J.-Y. Lu, A Parallel Mesh Generation Algorithm Based on the Vertex Label Assignment Scheme, Intern. Journal for Numerical Methods in Engineering, Vol. 28, 1989, 1429-1448

[5.25] Tilander, S., A Finite Element Mesh Generation Program, Interner Bericht, FH Konstanz, FB Bauingenieurwesen, 1994

[5.26] Schwarz H.R., Methode der finiten Elemente, Teubner Studienbücher Mathematik, Teubner, Stuttgart 1981

[5.27] Beucke K., Stand der Integration von Statik und Bemessung im Entwurfs- und Konstruktionsprozess, Baustatik-Baupraxis, Tagung Universität München, 1993

[5.28] Wassermann K., Voraussetzungen und Lösungsmöglichkeiten für eine praxisgerechte CAD/FEM-Kopplung, 2. FEM/CAD-Tagung an der Universität Kaiserslautern, März 1992

[5.29] Haas W., CAD-Datenaustausch-Knigge, Springer, Berlin 1993

[5.30] Rüppel, U., Objektorientiertes Modellmanagement von Produktmodellen der Tragwerksplanung, Bericht 1/94 des Instituts für Numerische Methoden im Bauwesen, TH Darmstadt, 1993

[5.28] Werkle H., A. Vellasco, Zum Einsatz von CAD bei Finite-Element-Berechnungen, Bauingenieur 65, Springer 1990, 109-114

[5.32] Nemetschek G., G. Gold, Computerunterstützter Entwurf (CAD) und Kopplung mit FE-Berechnungen, Finite Elemente - Anwendungen in der Baupraxis (Bochum 1988), Ernst & Sohn, Berlin, 1988

[5.33] Pfeiffer T., CAD für Bauingenieure, Vieweg, Braunschweig 1989

[5.34] Beucke K., B. Firmenich, S. Holzer, D. Ranglack, Methodik zur Unterstützung heterogener Teilprozesse in der Bauplanung, Finite Elemente in der Baupraxis, (Stuttgart 1995), Verlag Ernst&Sohn, Berlin 1995

Finite-Element-Software

[P1] ARS-Programmsystem, Version V2.0-93, SOFiSTiK GmbH, Oberschleißheim

[P2] MicroFe, Version 5.12, mb-Programme, Software im Bauwesen GmbH, Hameln

[P3] Software nach [5.12], 1992

Sachwortverzeichnis

Adaptive Netzverdichtung 257ff, 273
Äquivalente Knotenkräfte 153, 194
Arbeitsgleichung 42, 50
Auflager, Definition 69, 76 ff
   - Modellbildung bei Platten 237ff
   - Modellbildung bei Scheiben 231ff
   - Modellbildung bei Stabwerken 101ff
   - schiefe 101
Auflagerkräfte 76, 77, 232
Auflagerverschiebung 76, 102
Äußere virtuelle Arbeit 39, 41

Bandbreite 274
Bandbreitenoptimierung 275
Bandbreitenorientierte Speicherung 273
Belastungsumordnungsverfahren 110
Biegebalken
   - mit nachgiebigem Verbund 108
   - elastisch gebettet 108
   - exzentrische Lage 106ff
   - Gelenke 93 ff
   - Modellbildung 106 ff
   - Steifigkeitsmatrix 83ff, 84, 90
Biegezustand mit Scheibenelementen 169
Blockorientierte Speicherung 279

Cholesky-Verfahren 26 ff, 273
Computerorientierte Berechnungsverfahren 9

Deformationsmodelle 180
Deformationsverfahren 53
Determinante 19
Diagonalmatrix 13
Diskretisierungsfehler 162, 257, 261

DKT-Element 196
Dokumentation einer FE-Berechnung 120ff, 262ff
Drehungsinvarianz 163, 168
Dreidimensionale Kontinua 35, 53
Dreidimensionale Stabwerke 100
Drillmomente am Plattenrand 50

Ebener Dehnungszustand 35 ff
Ebener Spannungszustand 35 ff
Eigenschaften der FEM-Lösung 123, 143
Einflußlinien 93
Eingabefehler 112
Einheitsmatrix 13
Einspringende Ecken 216, 228
Einzelstützen 242
Elastisch gebettete Balken 108
Elastische Bettung für Lager 233, 237
Elementkräfte u. -spannungen 60, 79
Elementlasten
   - allgem. Verfahren 87
   - beim Biegebalken 85
   - beim Rechteck-Plattenelement 194
   - beim Rechteck-Scheibenelement 153
Elementsteifigkeitsmatrix 57
Eliminieren eines Freiheitsgrades 94
Energienorm 257
Ergebnisausgabe 254
Ersatzlasten für beliebige Elementlasten 87
Ersatzquerkräfte an Plattenrändern 50, 235, 236

Fachwerke 58 ff
Fachwerkstab, Grundgleichungen 33 ff
Falksches Schema zur Matrizenmultiplikation 14
Federn, Ersatz für Stäbe 105ff

Federn
- hintereinander geschaltet 105
- bei Schalenelementen 208
- Modellbildung 103ff, 108
- parallel geschaltet 105
- Steifigkeitsmatrix 81ff

FEDIS 280

Fehler 140
- Fehler, global 257
- Fehler, lokal 260
- -abschätzung 167, 257ff
- -indikatoren 258, 262
- -norm 257

Fehlermöglichkeiten 112ff, 257

Finite-Element-Methode, Berechnungsschritte 58

Finites Element, Bezeichnung 121

Flächenlasten 153

Flächentragwerke 121

Formänderungsgrößenverfahren 53

Formfaktoren 221

Formfunktionen 147, 173, 191

Fourier-Entwicklung 209

Freiheitsgrad 55

Frontlösungsverfahren 266, 279

Fundamente 103

Gauß-Integration 175

Gauß-Seidel-Verfahren 28 ff

Gaußsche Integrationspunkte 176, 242, 245, 256

Gaußsches Verfahren 20 ff, 273

Gelenke in Balken 93 ff, 117

Gleichgewichtsbedingungen 38, 67, 122

Globale Koordinaten 54, 64

h-Adaption 260

Historische Entwicklung der FEM 121

Homogene Gleichungssysteme 18

Hooksches Gesetz 34

Hourglass modes 177

hp-Adaption 260

Hülle 276

Hüllenorientierte Speicherung 276

Hybride Elemente 179ff, 185, 187, 266

Hybride Scheibenelemente mit
    Verdrehungsfreiheitsgraden 187

Hybride Spannungsmodelle 180

Inhomogene Gleichungssysteme 18

Innere virtuelle Arbeit 40, 49

Integrationskonzepte 280

Inverse Matrix 17

Isoparametrische Elemente 171

Isotropes Material 37

Isotropie, geometrische 163, 168

Jakobi-Matrix 174

Kinematische Modelle 180

Kinematische Systeme 61, 78, 95, 97, 115, 117

Kirchhoffsche Plattentheorie 44

Knotenpunkt 54

Knotenspannungen 255

Koeffizientenmatrix 11

Koinzidenztabelle 68, 70

Kompatibilität der Verschiebungen 67, 122

Konstante Verzerrungen 163, 165

Kontrollen bei FEM-Berechnungen 116, 261

Kontur 276

Konvergenz der FEM 167, 187

Koordinatentransformation 62, 63, 91

Kraftgrößenverfahren 53

Lagrange-Elemente 176

Langzeitverformungen 103

Sachwortverzeichnis

Lastvektor 55
Lineare Abhängigkeit 19
Lineare Gleichungssysteme 18 ff
Linearer Verschiebungsansatz 128
Linienlasten 153
Lokale Koordinaten 64
Lösung linearer Gleichungssysteme 20

Makroelemente 269
Materialgesetze 37, 46
Matrizen 11ff
   -addition 14
   -inversion 17
   -multiplikation 14, 16
Mindlinsche Plattentheorie 44
Modellbildung
   - für Einzelstützen 242
   - für Lasten auf Platten 252ff
   - für Unterzüge 245ff
   - von Platten 234
   - von Scheiben 227
Momenten-Krümmungs-Beziehung 47, 48

Nachgiebiger Verbund im Holzbau 108
Näherungsansätze, andere als Verschiebungen
   122, 162, 179, 260
Netzgenerierung 268
Nichtkonforme Scheibenelemente 178, 218, 220
Nullmatrix 13
Numerische Fehler 113
Numerische Integration 174

Orthotrope Platten 48
Orthotropes Material 37

p-Adaption 260
Patch-Test 167, 187

Platten mit Hohlquerschnitt 48
Plattenelemente
   - isoparametrische 197
   - Lagrange 197
   - DKT und DKQ 196
   - hybride Elemente 200
   - mit Verschiebungsansatz 198
   - nichtkonformes Rechteckelement 199
   - schubstarre Dreieckelement. 199
   - schubstarre Viereckelement. 200
   - schubstarre Rechteckelement. 198
   - schubweiche 196
Plattenfelder 235
Plattenränder, Ersatzquerkräfte 50
Plattenschnittgrößen 43ff
Polynomterme d. Verschiebungsansatzes 168, 260
Prinzip der virtuellen Kräfte 43, 182ff
Prinzip der virtuellen Verschiebungen
   39 ff, 49ff, 129ff, 136ff, 150ff
Prinzip von St. Venant 215
Profilorientierte Speicherung 276
Programmaufbau 265
Programmfehler 115, 119
Programmiersprache 268
Programmquellen 267
Punktförmige Lager 162

Quadratischer Verschiebungsansatz 134
Quadratmatrix 13
Qualitätssicherung bei FEM-Berechn. 112, 257ff
Querkraft-Scherwinkel-Beziehung 47, 48

Rahmenecken, Modellbildung 106
Randdrillmomente 50, 235, 236
Räumliche Stabwerke 100
Raumtragwerke 121

Rechenoperationen für Gleichungslösung 275, 276

Rechteckelement
- für Platten 188
- für Scheiben 144ff

Reduktionssatz 118

Reduzierte Integration 169, 176, 177ff, 194

Regelmäßigkeit des FE-Netzes 222, 225

Regeln für Finite-Element-Netze 225

Reguläre Matrix 19

Reißnersche Plattentheorie 44

Richardson-Extrapolation 262

Rotationssymmetrische Schalenelemente 209

Sandwichplatten 48

Schalenelemente 205

Schalentragwerke 205ff, 270

Scheibe Grundgleichungen 33 ff

Scheiben-Dreieckelement 170

Scheibenelement 144ff, 169

Scheibenfelder 227

Schiefe Auflager 101

Schiefwinklige Platten 238

Schnittgrößen bei Balken und Platte 47

Schnittgrößenmatrix beim Biegebalken 86

Schubblockieren 194, 208

Schubstarre Platte 50

Schubweiche Platte 44

Schubweicher Balken 46

Selektive Integration 194

Shear Locking 194

Singuläre Matrix 19

Singularität der Steifigkeitsmatrix
61, 69, 78, 97, 115, 117

Singularität der Zustandsgrößen
162, 214ff, 228, 234, 232, 237

Skyline 276

Spannungen 33
- bei Fachwerkstab und Scheibe 34
- beim Rechteck-Scheibenelement 148

Spannungsansätze 162, 180

Spannungsmatrix des Fachwerkstabes 60, 65

Spannungssprünge 123, 143, 157ff

Speicherungstechniken für
Systemsteifigkeitsmatrix 273

Stahlbeton 228

Starre Kopplungen 106

Starrkörperverschiebungen 163, 164

Statische Kondensation 94

Steifemodulverfahren 109

Steifigkeitsmatrix 57, 84, 156

Steifigkeitsmatrix
- Fachwerkstabes 59ff, 61, 65
- Biegebalken 83ff, 90, 93
- hybrides Scheibenelement 185
- isoparametrisches Scheibenelement 174
- Rechteck-Plattenelement 192ff, 194
- Rechteck-Scheibenelement 148, 150ff, 152

Steifigkeitssprünge 226

Steifigkeitsunterschiede, extreme 108, 113, 114

Stetigkeit des Verschiebungsansatzes 163, 166

Symmetrische Matrix 13

Symmetrische Systeme 109

Symmetrie der Steifigkeitsmatrix 61, 129

Systemsteifigkeitsmatrix 57, 67, 97, 99

Temperaturlasten 87

Torsionsbeanspruchtes Stabelement 100

Torsionsträgheitsmoment 108

Tragwerksmodell 212

Transformationsmatrix 63, 91

Transponierte Matrix 13

Sachwortverzeichnis

Unterbrochene Stützung 238

Unterzüge 245ff

Vektor 11ff

Verschiebungsansatz

   - bilinear 144

   - linear 128

   - quadratisch 134

Verschiebungsgrößenverfahren 53

Verschiebungsvektor 55

Verzerrungen 34, 47, 148

Virtuelle Arbeit 39 ff

Vollständige Polynome 168

Weggrößenverfahren 53

Zero energy modes 177

Methode der Finiten Elemente und der Randelemente

Theorie und Beispiele aus der Praxis

von Peter Lorenz, Victor Poterasu und Nicu Mihalache

1995. XII, 248 Seiten mit 116 Abbildungen. (Beiträge zur Theoretischen Mechanik) Kartoniert. ISBN 3-528-06630-X

Aus dem Inhalt: Allgemeiner Algorithmus der FEM – FEM bei Elastizitätsproblemen – Modellierung – FEM in der Elastohydrodynamik – Die Randelementemethode – Industrielle Anwendungen – Beispiele zu den Kapiteln.

Das Buch füllt eine Lücke in der technischen Literatur der Strukturanalyse. Die dargestellten Beispiele entstammen zum überwiegenden Teil dem Maschinenbau. Das Buch wendet sich an Ingenieure in Ausbildung und Praxis.

Über den Autor: Prof. Dr.-Ing. Peter Lorenz ist an der Hochschule für Technik und Wirtschaft des Saarlandes tätig.

Verlag Vieweg · Postfach 15 46 · 65005 Wiesbaden